記号表

物理量	記号	単位
電気量，電荷	Q, q	C
電流	I	A
電圧	V	V
起電力	E	V
電力	P	W
電力量	W	J
抵抗	R	Ω
抵抗率	ρ	Ω·m
コンダクタンス	G	S
$G = 1/R$		
キャパシタンス	C	F
交流電圧, 瞬時電圧	v	V
交流電圧の最大値，振幅	V_m	V
交流電圧の平均値	V_{av}	V
$V_{av} = (2/\pi)V_m$		
交流電圧の実効値	V_e, V	V
$V_e = (1/\sqrt{2})V_m$		
交流電流, 瞬時電流	i	A
交流電流の最大値，振幅	I_m	A
交流電流の平均値	I_{av}	A
$I_{av} = (2/\pi)I_m$		
交流電流の実効値	I_e, I	A
$I_e = (1/\sqrt{2})I_m$		
位相，角度	θ, ϕ	rad
角周波数	ω	rad/s
時定数	τ	s
周期	T	s
周波数	f	Hz
磁束	Φ	Wb
自己インダクタンス	L	H
相互インダクタンス	M	H
誘導性リアクタンス	X_L	Ω
$X_L = \omega L$		

物理量	記号	単位
容量性リアクタンス	X_C	Ω
$X_C = 1/\omega C$		
複素電圧	$\boldsymbol{V}$	V
複素電流	$\boldsymbol{I}$	A
インピーダンス	$\boldsymbol{Z}$	Ω
アドミタンス	$\boldsymbol{Y}$	S
$\boldsymbol{Y} = G + jB$		
コンダクタンス	G	S
サセプタンス	B	S
瞬時電力	p	W
有効電力，交流電力	P	W
皮相電力	P_a	VA
無効電力	P_r	var
複素電力	$\boldsymbol{P}$	W
$\boldsymbol{P} = \boldsymbol{V}\bar{\boldsymbol{I}}$		
共振角周波数	ω_0	rad/s
$\omega_0 = 1/\sqrt{LC}$		
共振周波数	f_0	Hz
$f_0 = 1/(2\pi\sqrt{LC})$		
共振電流	I_0	A
$I_0 = \|\boldsymbol{V}\|/R$		
共振電圧	V_0	V
$V_0 = R\|\boldsymbol{I}\|$		
尖鋭度	Q	
$Q = (1/R)\sqrt{L/C}$ （直列共振）		
$Q = R\sqrt{C/L}$ （並列共振）		
複素数	$\boldsymbol{Z}$	
複素数の大きさ	$\|\boldsymbol{Z}\|, r$	
複素数の偏角	θ	
共役複素数	$\overline{\boldsymbol{Z}}$	
虚数単位	j	

例題と演習で学ぶ

基礎 電気回路

服藤 憲司［著］

森北出版株式会社

まえがき

電気回路は，理工系の学生にとって，大切な基幹となる科目の一つです．とくに，電気電子工学や通信工学を専攻しようとする学生にとっては，基礎的な項目を網羅しながら，深く理解する必要があります．一方，機械系や情報系を専門とする学生にとっては，他の履修すべき科目とのバランスから，重要な項目はしっかり理解しながらも，負担なく要点を勉強していく必要があります．

本書は，2011 年に森北出版から上梓し，幸いにも多くの読者のご支持を頂きました，「例題と演習で学ぶ 電気回路」および「例題と演習で学ぶ 続・電気回路」の 2 分冊を，とくに重要と思われる部分を選択しながら，1 冊にまとめたものです．もちろん，この 2 分冊において尊重してきた説明のわかりやすさという点は，十分に保つように留意しました．

理工系の学生にとって，電気回路は，現代の先端的なエレクトロニクス関連科目のような派手さはありません．古典中の古典ともいうべき，とても地味な科目です．しかし，その重要度と，理工系関連分野への応用発展の可能性を考えますと，格段に高い価値をもった学問といえるでしょう．

本書は，大学低学年の，この分野を初めて学ぼうとする学生を対象にして，半年のカリキュラムで履修できるように書かれたものです．重要ないくつかのポイントを確実におさえながら，電気回路の体系の基礎を，無理なく理解できるように，いろいろな工夫をしました．

(1) 内容を精選しました．学ぶべきことは多いのですが，重要度の高い項目を，学生が納得し余裕をもって勉強できるようにしました．学生にとって負担の重い部分は割愛しています．
(2) 基本的ではあるものの，学生が十分に納得しにくい項目に対しては，紙面を十分に割いて解説しました．たとえば，交流回路に複素数を導入することの必要性や，混乱しそうな相互誘導回路の極性が挙げられます．過渡現象を表す式の導出や，求められた電流や電圧の時間変化の解釈についても，丁寧に説明を加えました．
(3) 確実にマスターしなければならない項目に対しては，囲みをつけ，予復習の便宜を図りました．
(4) 図はなるべく大きく描きました．読者が，必要に応じて，考え方の確認を行うために書き込めるようにしました．

(5) 考え方の流れが理解しやすいように，複数の図を組み合わせて説明する方法を随所に採用しました．
(6) 問題の解答は，読者が自習しやすいように，丁寧に記載しました．

この本は，前述しましたように，電気回路のとくに重要と思われる部分を選択して書かれています．三相交流回路，電気回路の双対性，ひずみ波交流，ラプラス変換を用いた解析，あるいは伝送線路などの，やや高度な項目については，この本の姉妹書である「例題と演習で学ぶ 電気回路」および「例題と演習で学ぶ 続・電気回路」の2分冊で取り上げています．この本と合わせてご覧ください．この本が，電気回路の要点を，皆さんが納得して理解できる一助となりますと幸いです．

最後になりますが，本書の出版の機会を与えてくださり，また執筆に関しまして，不断の激励と，数々の適切なアドバイスを頂きました，森北出版の宮地亮介さん，および富井晃さんに深く感謝致します．

2020年7月

著　者

目　次

1 章　直流回路の要素　1

1.1　乾電池と豆電球の回路　1
1.2　電　流　2
1.3　電圧と電位　5
1.4　電力と電力量　7
1.5　オームの法則　8
演習問題　12

2 章　直流回路の解析法と電源　13

2.1　乾電池の直列接続と並列接続　13
2.2　抵抗の直列接続　14
2.3　抵抗の並列接続　15
2.4　直列回路における分圧の法則　17
2.5　並列回路における分流の法則　18
2.6　キルヒホッフの法則　20
2.7　電池の内部抵抗　23
2.8　電圧源と電流源　25
2.9　最大電力の法則　28
演習問題　29

3 章　正弦波交流とその複素数表示　32

3.1　正弦波交流の表現法　32
3.2　回転運動と正弦波曲線　33
3.3　正弦波交流の位相　35
3.4　平均値と実効値　37
3.5　複素数の基礎　39
3.6　複素数の指数関数表現　41
3.7　複素数の四則演算　42
3.8　共役複素数　44
3.9　回転オペレータ　45

3.10 正弦波交流の複素数表示 …… 47
演習問題 …… 52

4章 基本素子の交流回路 54

4.1 抵抗 R のみの回路 …… 54
4.2 インダクタンス L のみの回路 …… 56
4.3 キャパシタンス C のみの回路 …… 59
4.4 インピーダンス …… 62
演習問題 …… 65

5章 組み合わせ素子の交流回路 66

5.1 RL 直列回路 …… 66
5.2 RC 直列回路 …… 69
5.3 RLC 直列回路 …… 72
5.4 並列回路とアドミタンス …… 76
演習問題 …… 81

6章 交流の電力 83

6.1 瞬時電力 …… 83
6.2 有効電力 …… 84
6.3 皮相電力，無効電力と力率 …… 85
6.4 電力の複素数表示 …… 87
演習問題 …… 89

7章 回路方程式と定理 90

7.1 交流のキルヒホッフの法則 …… 90
7.2 枝電流法 …… 91
7.3 閉路電流法 …… 94
7.4 節点電位法 …… 97
7.5 重ね合わせの理 …… 99
7.6 テブナンの定理 …… 102
7.7 ノートンの定理 …… 105
演習問題 …… 106

8 章　共振回路とブリッジ回路　108

8.1　直列共振回路 ・・・ 108
8.2　Q 値(尖鋭度) ・・・ 111
8.3　インピーダンス軌跡 ・・・ 115
8.4　並列共振回路 ・・・ 115
8.5　交流ブリッジ回路 ・・・ 122
演習問題 ・・・ 124

9 章　相互誘導回路　127

9.1　自己誘導 ・・・ 127
9.2　相互誘導 ・・・ 128
9.3　直列接続したインダクタンスの合成 ・・・ 134
演習問題 ・・・ 136

10 章　2 端子対回路の行列表現　138

10.1　2 端子対回路とは ・・・ 138
10.2　インピーダンス行列($\boldsymbol{Z}$ 行列) ・・・ 139
10.3　$\boldsymbol{Z}$ 行列の直列接続 ・・・ 143
10.4　アドミタンス行列($\boldsymbol{Y}$ 行列) ・・・ 144
10.5　$\boldsymbol{Y}$ 行列の並列接続 ・・・ 147
10.6　伝送行列($\boldsymbol{F}$ 行列) ・・・ 148
10.7　$\boldsymbol{F}$ 行列の縦続接続 ・・・ 151
10.8　相反性と対称性 ・・・ 153
10.9　$\boldsymbol{Z}$ 行列と $\boldsymbol{Y}$ 行列の変換 ・・・ 154
10.10　$\boldsymbol{Z}$ 行列と $\boldsymbol{F}$ 行列の変換 ・・・ 157
演習問題 ・・・ 158

11 章　回路の過渡現象　161

11.1　定数係数線形微分方程式 ・・・ 161
11.2　RL 直列回路の過渡現象 ・・・ 163
11.3　RC 直列回路の過渡現象 ・・・ 170
演習問題 ・・・ 178

演習問題解答 180

付 録 207

A.1 三角関数 207
A.2 マクローリン展開 210
A.3 クラメールの公式 210

参考文献 212

索 引 213

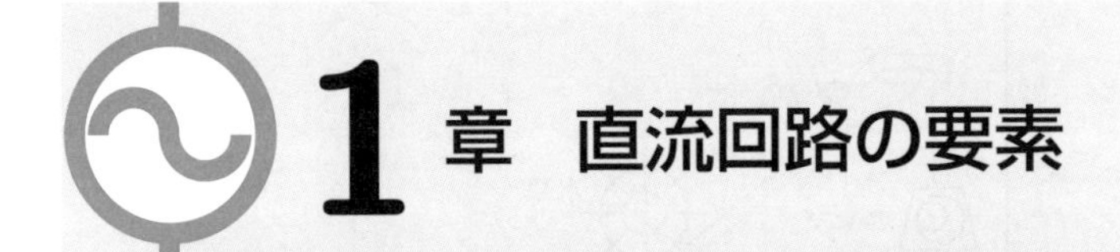

1章　直流回路の要素

直流とは，流れる大きさがほぼ一定であり，かつ，その流れる方向がつねに一定方向である電流のことをいう．なお，電流には，この直流以外に，流れる向きと大きさが時間的に変化する交流がある．本書の主題は，むしろ交流を用いた回路の話であるが，これは少し複雑である．まず，直流回路について，しっかりと勉強をして基礎を固めてから，交流回路に取り組んでいくことにしよう．この章では，もっとも簡単な乾電池と豆電球で構成された直流の流れる回路を取り上げ，電気回路の基本を勉強していく．電気の流れを水回路の水の流れと対比させながら，電気回路の大切なエッセンスを理解することにしよう．

1.1　乾電池と豆電球の回路

図 1.1 に示すように，豆電球をソケットにはめ，乾電池の正極（プラス極）と負極（マイナス極）に導線をつなぐと，豆電球内のフィラメントは明るく光る．この回路は，とても身近なものであり，おそらく小学生のころに試した人もいるだろう．しかし，この単純な回路の中に，これから学んでいく電気回路のとても大切なエッセンスが数多く含まれている．

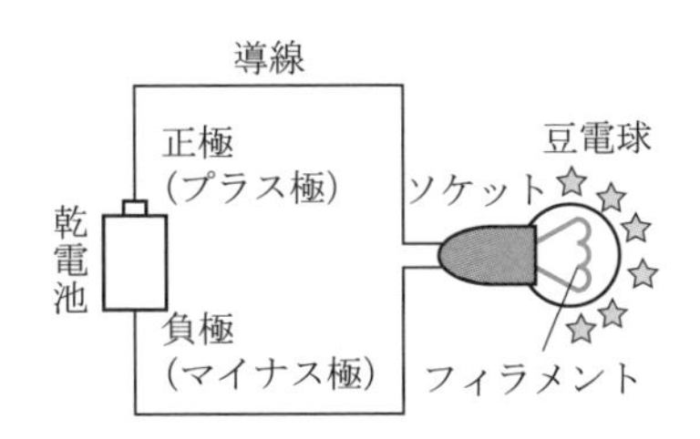

図 1.1　乾電池と豆電球の回路

そもそも，電池とは何だろうか．文字通りに読んでいけば，「電気をためておく池」ということになる．物理的には適切な言葉であるとはいえないが，じつは，直観的にはきわめて的を射た用語である．池は池でも，低いところにある電気を，高いところにもち上げるポンプ付きの池である．以降に，電気の流れを，水の流れと対比させて説明しよう．

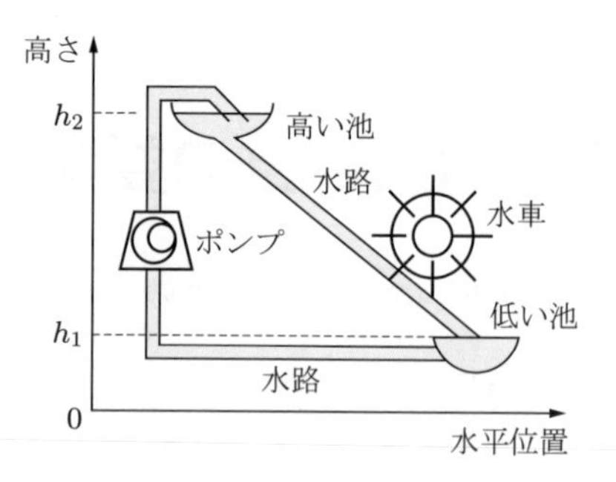

図 1.2　池と水車からなる水回路

図 1.2 は，ある「池と水車」の装置である．この装置には，上下に二つの池がある．二つの池をつなぐように水路があり，この水路の途中には水車が置かれている．また，低い池にたまった水を高い池にもち上げるポンプが備えられている．この装置全体を水回路とよぼう．以下，図 1.1 と比べながら，この図を見ていく．

この水回路において，水は高い池から低い池へ向かって水路を流れる．これに対応するように，電気は正極から負極へ向かって流れる．高い池は，乾電池の正極に相当し，ここから電気が押し出される．一方，流れてきた水が回収される低い池は乾電池の負極に相当し，電気を回収する口となる．また，水路に相当するものが，電気が流れる導線である．水路を水が流れると水車が回転する．流れる水が水車の回転という仕事をしている．これは，導線を電気が流れると豆電球が明るく光ることに対応し，流れる電気が豆電球を光らせるという仕事をしている．図 1.2 の装置全体を水回路とよんだように，図 1.1 は，これから学んでいく電気回路の一つの例であるといえる．

以上のように，電気回路において生じる現象は，「池と水車」のある水回路と対比させることで，概念的に理解することができる．次に，それぞれの現象をより物理的な面から明らかにしていこう．

1.2　電　流

図 1.1 に示した乾電池と豆電球で構成された電気回路においては，導線中を電気が流れることにより，豆電球を点灯させることができた．この電気の流れのことを**電流**という．電流は，図 1.2 の水回路で考えると，水路を流れる水流に相当する．あらためて，この電流が流れる回路を**電気回路**とよぶ．電気回路は，一般に，いくつかの**回路要素**で構成されている．図 1.1 を例にとると，乾電池と豆電球が回路要素にあたる．電流とは，電気の流れであると述べたが，この物理的な中身をもう少し明確にしていくことにする．

水回路において，水流は，微視的に見た水分子の集団の流れである．この水分子に相当する，電気回路において電気を担った実体のことを**電荷**という．あるいは，帯電した物体がもっている電気のことを電荷という．電流とは，この電荷の集団の流れのことである．具体的にいうと，負の電荷をもった**電子**の集団の流れである．

物体を構成している原子は，図 1.3 に示すように，その中心に正の電荷をもった原子核があり，その周りを複数個の負の電荷をもった電子が周回しているというモデルでとらえられる．周回する電子軌道は複数個存在し，とびとびの半径をもっている．この原子の大きさは，およそ 10^{-10}[m] 程度である．

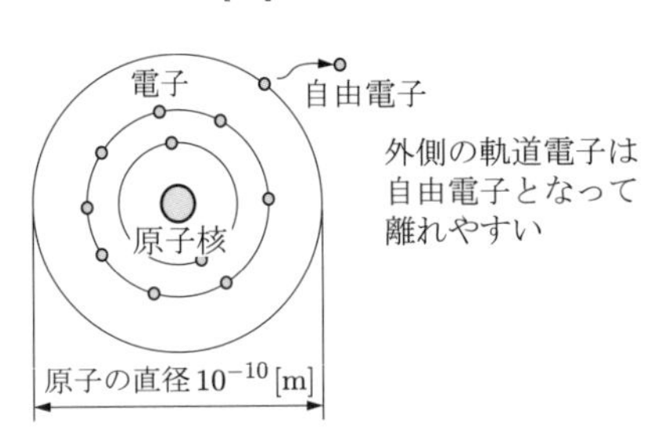

図 1.3　原子モデルと自由電子

原子核は複数個の陽子と中性子で構成され，正の電荷はすべて陽子が担っている．なお，電荷の量のことを**電気量**という．この電気量の単位として，**クーロン** [C] を用いる．陽子と電子がもっている電気量は，お互いにその大きさが等しく符号が逆である．この電気量の大きさを e で表し，これ以上細分することのできない最小単位として，**電気素量**とよぶ．原子の中にある陽子の個数と電子の個数はお互いに等しいので，原子は電気的な中性を保っている．

▶ 電子がもつ電気素量の大きさ

$$e = 1.602 \times 10^{-19} \text{ [C]} \tag{1.1}$$

さて，電子の質量は，陽子や中性子に比べて 1/2000 程度ときわめて軽い．よって，電子は動きやすく，これが電流の担い手となる．正に帯電した原子核と負の電荷をもつ電子の間にはたらくクーロン引力は，両者の距離の 2 乗に反比例する．このため，半径の大きい外側の軌道を走る電子にはたらく束縛は比較的弱い．とくに，金属原子の一番外側の軌道を走る電子は，容易に軌道から外れ，電流の担い手としての**自由電子**となる．金属が電気をよく通すのは，このためである．

電流は自由電子の集団の流れであることを述べた．この電流の大きさを表す単位

をアンペア [A] といい，導線の断面を 1 秒間に電気量 Q [C] の電荷が通過するときに，Q [A] と定義される．短い時間に多くの電子が導線の断面を通過すると，大きな電流が流れたことになる．すなわち，電流の大きさ I [A] は，計測する時間を t [s]（秒），この間に通過した電気量を Q [C] とすると，次のように与えられる．

▶ 電気量と電流

電流の大きさ I は，導線の断面を通過する電気量 Q を計測時間 t で割ったものである．

$$I = \frac{Q}{t}\ [\mathrm{A}] \tag{1.2}$$

この式より，断面を通過する電気量 Q は

$$Q = It\ [\mathrm{C}] \tag{1.3}$$

で与えられる．

図 1.4 は，図 1.1 をあらためて描き直した乾電池と豆電球の回路である．導線を乾電池と接続することにより，負極 → 豆電球 → 正極という閉回路を電子の集団が流れ，電流が作り出される．電子は負極から出て，豆電球を通り正極に入る．ここで注意すべきことは，この場合に，**電流は正極から出て負極に向かう**，と定義される点である．すなわち，**電子の流れる方向と電流の流れる方向とは，お互いに逆向きである**．実際に電流を作り出しているものは電子の流れであるので，この方向を電流の流れる方向とするのが自然なように感じられる．しかし，あくまでも，正の電荷の流れる方向を電流の流れる方向と定義することになっている．この観点から，電流の流れる方向は，電子の流れる方向と逆向きなのである．図 1.2 の水回路にあてはめると，負の電荷をもつ電子の集団が，低い池から高い池に向かって駆け登ることにより電流を作り出している．

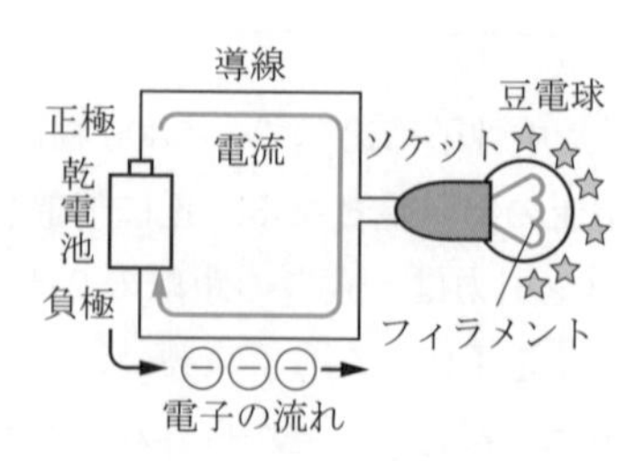

図 1.4　電子の流れと電流

例題 1.1 ある導線に 30 [mA] の電流が流れている．この導線の断面を通過する自由電子の個数は毎秒およそ何個か．

解答 計算を行う際には，すべての物理量を MKSA 単位系（SI 単位系）に直してから始めることが，正しい計算を行うための第一歩である．

$$30 \ [\mathrm{mA}] = 30 \times 10^{-3} \ [\mathrm{A}]$$

式 (1.3) より，毎秒導線の断面を通過する電気量 Q は

$$Q = 30 \times 10^{-3} \times 1.0 = 30 \times 10^{-3} \ [\mathrm{C}]$$

となる．1 個の電子の電気量は，式 (1.1) で与えられるので，通過する自由電子の個数 N は，次のようになる．

$$N = \frac{Q}{e} = \frac{30 \times 10^{-3}}{1.602 \times 10^{-19}} = 1.873 \times 10^{17} \ [\text{個}]$$

1.3 電圧と電位

乾電池の正極とは電気を押し出す口であり，負極とは電気を回収する口であると述べた．つまり，乾電池は，電気を押し出す力，すなわち電流を流そうとする力をもっているといえる．この力の源泉を，図 1.2 の水回路に戻って，あらためて考えてみよう．

高い池と低い池を水路でつなぐと，低い池の水路につながる入口には，水が押し寄せようとする強い力がはたらく．この力は水圧とよばれる．高い池と低い池の高さの差が大きいほど，この水圧は大きくなる．それぞれの池の高さが水位に相当する．水圧の大きさを与える重要な要素は，二つの池の水位差である．二つの池の水位の値それ自身は，本質的に重要ではない．

図 1.2 において，高い池と低い池の水位を，それぞれ h_2, h_1 とする．たとえば，高い池が $h_2 = 1000$ [m] の地点にあっても，低い池が $h_1 = 998$ [m] の地点にあれば，水圧は，$\Delta h = 1000$ [m] $- 998$ [m] $= 2$ [m] の落差相当分に過ぎない．高い池が $h_2 = 50$ [m] という低い地点であっても，低い池が $h_1 = 2$ [m] の地点にあれば，$\Delta h = 50$ [m] $- 2$ [m] $= 48$ [m] の大きな落差相当分の水圧が発生する．繰り返すが，二つの池の水位差が，発生する水圧を決める要素なのである．

図 1.1 の乾電池と豆電球の電気回路においては，乾電池の正極から電気を押し出す力がはたらく．この電気を押し出す力は，水回路の水圧に対応し，**起電力**あるいは電源の**電圧**とよばれる．水回路の水位に相当するものとして，**電位**を導入する．正極のもつ高電位と，負極のもつ低電位との差である**電位差**が，電圧を作り出す．ここで導入した，起電力，電圧，電位，および電位差の単位として，**ボルト** [V] を用いる．

電圧の物理的な意味について説明しよう．正の電荷を準備し，これを導線中の電位の高いある位置に置く．すると，正電荷は自然に電位の低い位置に移動する．これは，水回路において，水分子が自然に水位の高い位置から低い位置に移動することに相当する．逆に，この正電荷を，電位の低い位置から高い位置に移動させようとすると，外部からエネルギーを供給して仕事をさせる必要がある．q [C] の電気量をもつ正電荷を，低電位のある位置から高電位のある位置に移動させたとき，W [J]（ジュール）の仕事を要したとする．このときの 2 点間の電圧 V [V] は，次のように定義される．

▶ 電圧の定義

電圧 V は，正電荷を移動させる際に必要なエネルギー W を，この電荷の電気量 q で割ったものである．

$$V = \frac{W}{q}\ [\mathrm{V}] \tag{1.4}$$

このようにして，電圧とその単位であるボルトが導入される．電気回路においては，導線中の 2 点間の電位差，すなわち電圧が重要である．なお，電荷の集団の電気量を大文字の Q，ミクロな電荷の電気量を小文字の q で表しているが，電気量という意味では同等のものである．

電位の値を決めるためには，その基準点を指定する必要がある．まず，図 1.2 の水回路で，このことについて考えてみよう．地図などでは，東京湾の平均海水面を高さ 0 m として高度の基準にとり，山の頂上の高さは何 m である，などと表示されている．基準点を決めないと，山の高さや，図 1.2 の池の水位 h_2, h_1 などを決めることができないからである．しかし，水回路で大切なものは，水位ではなく水圧に相当する水位差であったから，基準点のとり方はどのように選択してもかまわない．

同様に，電位の基準点は任意でよい．一方，電位の基準点の採用方法に柔軟性があると，電位の値がそのつど変わってくるので，かえって不都合をきたしそうである．しかし，本質的に重要なものは電位ではなく，電位差，すなわち電圧である．

たとえば，**図 1.5**(a) のように，乾電池の底の負極を電位の基準点，すなわち 0 [V] とした場合と，図 (b) のように，正極を電位の基準点とした場合を比べてみよう．ただし，乾電池の起電力を 1.5 [V] とする．図 (a) の場合，乾電池の正極の電位は 1.5 [V] となる．そして，正極と負極の電位差 V は次のように計算できる．

$$V = 1.5 - 0 = 1.5\ [\mathrm{V}] \tag{1.5}$$

図 (b) の場合，乾電池の負極の電位は -1.5 [V] となる．そして，両電極の電位差は

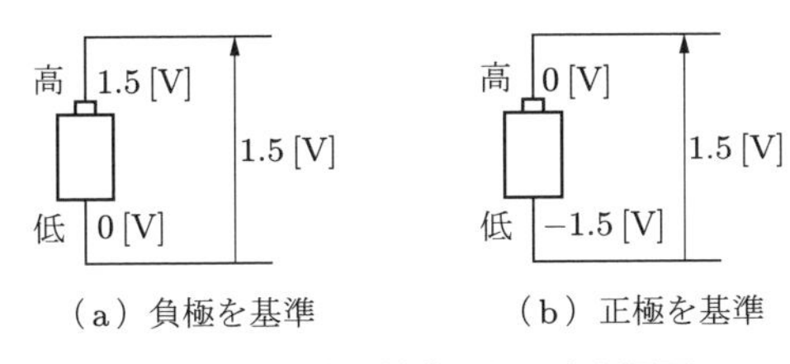

（a）負極を基準　（b）正極を基準

図 1.5 電位の基準のとり方と電圧

次のようになる．

$$V = 0 - (-1.5) = 1.5\ [\mathrm{V}] \tag{1.6}$$

このように，電位差すなわち電圧は，電位の基準点のとり方に依存しない．

1.4 電力と電力量

乾電池は，接続した導線中に電位差を発生させ，電荷の集団を電流として流す電気的なエネルギーをもっている．この電気エネルギーが，単位時間あたりにする仕事，すなわち仕事率のことを**電力**という．電力の単位には**ワット** [W] が用いられる．1 [W] とは，1 秒間に 1 [J] の仕事をする電力のことである．一般に，t 秒間に W[J] の仕事をするとき，その電力 P[W] は次式で与えられる．

▶ 電力の定義

電力 P とは，電気エネルギーが単位時間に行う仕事のことである．

$$P = \frac{W}{t}\ [\mathrm{W}] \tag{1.7}$$

式 (1.7) に，式 (1.4) および式 (1.2) を順に代入することにより，

$$P = \frac{QV}{t} = IV\ [\mathrm{W}] \tag{1.8}$$

となる．すなわち，**電力は電流と電圧の積**で与えられる．

単位時間あたりにする仕事を電力というのに対し，ある一定時間経過後の積算した仕事のことを**電力量**という．電力の単位は [W] = [J/s] であるので，電力量の単位は**ジュール** [J] または [W·s] となる．この単位は，仕事の単位と同じである．式 (1.7) を電力量 W について表現し直すと，次のようになる．

$$W = Pt\ [\mathrm{J}] = Pt\ [\mathrm{W \cdot s}] \tag{1.9}$$

一般の家庭で使用された電力量には，**キロワット時** [kW·h] という単位がよく使わ

れている．この理由は，[W·s] の単位では，その値が大きくなりすぎて実用的でないためである．ここで，

$$1\ [\mathrm{kW}] = 10^3\ [\mathrm{W}] \tag{1.10}$$

$$1\ [\mathrm{kW{\cdot}h}] = 10^3\ [\mathrm{W}] \times 3600\ [\mathrm{s}] = 3.6 \times 10^6\ [\mathrm{W{\cdot}s}] \tag{1.11}$$

である．すなわち，1 [kW·h] とは，たとえば，1000 [W] の電子レンジを 1 時間使ったときに消費される電力量のことである．

例題 1.2　9 月に，60 [W] のランプを毎日 3 時間ずつ点灯させたとする．この月にランプが消費した電力量は，何 [kW·h] か．

解答　60 [W] は，0.06 [kW] である．1 日に消費する電力量は，

$$0.06\ [\mathrm{kW}] \times 3\ [\mathrm{h}] = 0.18\ [\mathrm{kW{\cdot}h}]$$

である．9 月は 30 日あるので，この月に消費する電力量は次のようになる．

$$0.18\ [\mathrm{kW{\cdot}h}] \times 30 = 5.4\ [\mathrm{kW{\cdot}h}]$$

1.5　オームの法則

電気回路で使う記号を用いると，図 1.1 に示す乾電池と豆電球の回路は，**図 1.6** のように表現される．豆電球は，この回路において電気抵抗 R としてはたらく．**電気抵抗**（あるいは**抵抗**）とは，導線内の電気の流れを妨げ，導線を流れる電気エネルギーを熱エネルギーや光エネルギーとして消費してしまうものである．ここで，回路の導線内を流れる電流を I，乾電池の電圧を E としている．電圧のうち，とくに電源の電圧，すなわち起電力の大きさを表す場合には，これを E と表記することにする．乾電池は 2 本の平行線で表現するが，長いほうが正極，太くて短いほうが負極である．

この回路を流れる電流の大きさ I は，電気抵抗 R の大きさに反比例し，電気抵抗の両端の電圧 V に比例する．この関係は，ドイツの物理学者オームによって初めて見出された実験式であり，**オームの法則**という．

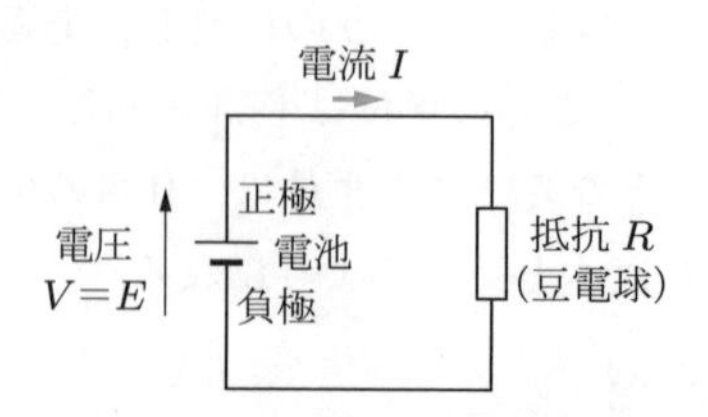

図 1.6　電池と抵抗の電気回路

▶ **オームの法則**

電流の大きさ I は，電気抵抗 R の大きさに反比例し，電気抵抗の両端の電圧 V に比例する．

$$I = \frac{V}{R}\ [\mathrm{A}] \tag{1.12}$$

オームの業績を記念し，電気抵抗 R の単位には**オーム** [Ω] を用いる．導線の 2 点間に 1 [V] の電圧を与えたとき，1 [A] の電流が流れる場合の電気抵抗が 1 [Ω] である．

図 1.6 に表される電圧と電流の矢印の向きに注意されたい．**電圧の矢印の先端は電位の高いほうを表す．電流の矢印の先端は，正電荷の流れていく方向を表す．**

図 1.6 の電気回路に流れる電流と電圧を測定するための，電流計と電圧計の接続方法をそれぞれ確認しよう．すなわち，**図 1.7** のように，電流計は回路に沿って配置し，一方，電圧計は，測定する 2 点間をまたぐように，乾電池や電気抵抗に並行して配置する．以下，豆電球のフィラメント導線の電気抵抗 R に着目する．

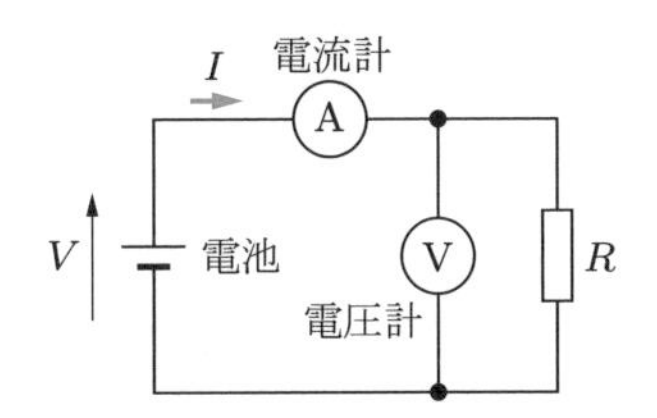

図 1.7　電圧計と電流計の配置の仕方

式 (1.12) に現れた導線の電気抵抗 R は，次のように表される．

$$R = \rho \frac{l}{S}\ [\Omega] \tag{1.13}$$

ここで，S [m^2] は導線の断面積であり，l [m] は導線の長さを表す．また，ρ [Ω·m] は比例定数で，**抵抗率**とよばれる．

電気抵抗が生み出される原因について少し述べる．金属導線内では，金属を構成している原子から自由電子が放出されて，原子は正に帯電したイオンとなっている．これら**正イオン**は，それぞれの位置の周りで熱振動を行っている．この様子を**図 1.8** に示す．すなわち，金属導線内では，規則正しく並んでいる正イオン群が，自由電子の海の中に浸っていると考えてもよい．

導線の 2 点間に電圧が印加されると，負の電荷をもつ自由電子は，一斉に電位の低いほうから高いほうへ向かって走り出す．もし，自由電子の走行通路に障害物がなければ，自由電子はどんどん加速されるだろう．しかし，走行通路である金属導線内に

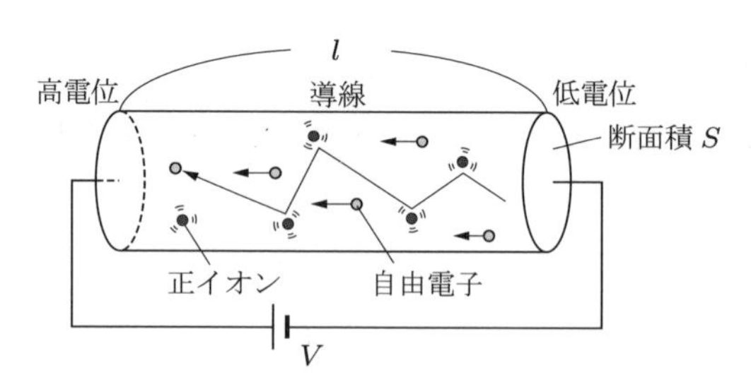

図 1.8　熱振動を行う正イオン群と衝突を繰り返しながら進む自由電子

は，熱振動している正イオンが規則正しく並んでいるため，自由電子は正イオンと繰り返し衝突する．これが，自由電子の流れ，すなわち電流に対する電気抵抗としてはたらく．自由電子は衝突を繰り返しながらも，全体としては低電位から高電位のほうへ向かって流れ，ある一定の速度をもつようになる．

式 (1.12) と式 (1.13) が表す内容を検討してみよう．式 (1.12) より，2 点間の電圧 V が一定のとき，単位時間に導線の断面を通過する自由電子の数は，電気抵抗 R が大きいほど少なくなる．式 (1.13) より，導線の長さ l が長くなるほど，自由電子が正イオンと衝突する回数が多くなるため，電気抵抗 R は大きくなる．また，導線の断面積 S が大きくなるほど，断面を通過できる自由電子の数が増えるため，電気抵抗 R は小さくなる．

図 1.9 は，図 1.7 で与えられる回路の電気抵抗 R の部分を，太さと長さの異なる 4 種類の抵抗線で置き換えて，それぞれについて電圧と電流の関係を測定した結果のグラフである．ただし，抵抗線の材質はすべて同じである．いずれの場合も，電圧の増加に対して電流は直線的に増加している．すなわち，電流は電圧に比例している．

抵抗線 B は，その断面積 S を抵抗線 A の 2 倍に大きくしたものである．さらに，抵抗線 C は，その断面積を抵抗線 A の 3 倍に大きくしたものである．ただし，抵抗線 A, B および C の長さ l はお互いに等しい．ある同じ印加電圧 V に対して，抵抗

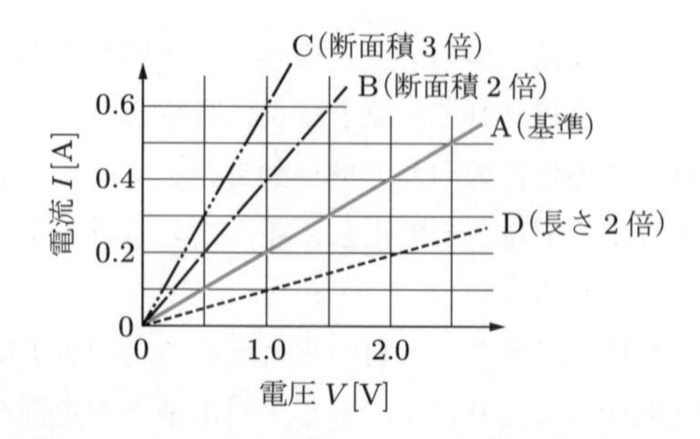

図 1.9　4 種類の抵抗線に対する電圧と電流の関係

線 B および C に流れる電流の大きさ I が，基準となる抵抗線 A に比べて，それぞれ 2 倍および 3 倍に増加していることが読み取れる．この理由は，式 (1.13) に従って，抵抗値 R がそれぞれ 1/2，および 1/3 になったからである．

一方，抵抗線 D は，その断面積 S は抵抗線 A と同じであるが，その長さ l を 2 倍にしたものである．この場合には，ある同じ印加電圧 V に対する電流の大きさ I は，1/2 に減少している．

例題 1.3　図 1.9 に示される抵抗線の電圧対電流のグラフについて考える．

(1)　抵抗線 D の電気抵抗は，抵抗線 C のそれの何倍になるかを，グラフの数値を具体的に読み取って計算せよ．

(2)　この計算結果が，抵抗線 D と抵抗線 C の断面積および長さの違いから，式 (1.13) に従うことを確認せよ．

(3)　抵抗線 A の長さ l_A が 0.6 [m] であるとする．抵抗線 C の電気抵抗が抵抗線 A のそれと同じ値になるためには，抵抗線 C の長さ l_C をいくらに変更すべきか．

解答　(1)　抵抗線 C および D の電気抵抗を，それぞれ R_C および R_D とする．電圧が 1.0 [V] のときの抵抗線 C および抵抗線 D の電流値 I_C および I_D を読み取ると，それぞれ 0.6 [A] および 0.1 [A] である．オームの法則 (1.12) により，電流の大きさは電気抵抗の大きさに反比例するので，次のようになる．

$$\frac{R_D}{R_C} = \frac{I_C}{I_D} = \frac{0.6}{0.1} = 6$$

よって，6 倍．

(2) 抵抗線 C および D の断面積を，それぞれ S_C および S_D，また長さを，それぞれ l_C および l_D とする．式 (1.13) より，以下の関係が成立する．

$$\frac{R_D}{R_C} = \frac{\rho l_D/S_D}{\rho l_C/S_C} = \frac{l_D}{l_C} \times \frac{S_C}{S_D} = 2 \times 3 = 6$$

すなわち，抵抗線 D の電気抵抗は，抵抗線 C のそれの 6 倍になる．この結果は，(1) の結果と一致する．

(3) 式 (1.13) より，電気抵抗は抵抗線の長さに比例する．(1) の方法に従ってグラフの数値を読みとると，抵抗線 C の電気抵抗は抵抗線 A の 1/3 である．よって，抵抗線 C の長さを抵抗線 A の 3 倍にすれば，お互いの電気抵抗は等しくなる．以上より，求める l_C は次のように計算できる．

$$l_C = 0.6 \times 3 = 1.8 \text{ [m]}$$

抵抗 R の逆数 G をコンダクタンスという．単位はジーメンス [S] である．

$$G = \frac{1}{R} \text{ [S]} \tag{1.14}$$

これを用いると，オームの法則 (1.12) は

$$I = GV \text{ [A]} \tag{1.15}$$

と表される．抵抗が電流の流れにくさを表すのに対して，コンダクタンスは電流の流れやすさを表す．

演習問題

1.1　**【電流の定義】** 20 [A] の電流が流れている導線の断面を，2 秒間に通過する電気量を求めよ．また，このときに通過した電子の個数は，およそ何個か．

1.2　**【電流の定義】** 導線の断面を 5 秒間に電気量 50 [C] の電荷が通過する．この間の平均電流を求めよ．

1.3　**【電圧の定義】** 電気量 2 [C] の電荷を，点 A から点 B まで移動させたときに，20 [J] の仕事を要した．これら 2 点間の電位差，すなわち電圧を求めよ．

1.4　**【電位差と仕事】** 5 [V] の電位に置いた 100 個の電子を，1 [V] の電位の地点まで移動させた．このときに要した仕事を求めよ．

1.5　**【電力】** 図 1.1 に示される乾電池と豆電球の回路において，図 1.7 のように電流計と電圧計を配置して測定したところ，電流値は 200 [mA]，電圧値は 1.5 [V] であった．豆電球のフィラメントで消費される電力を求めよ．

1.6　**【電力量】** 60 [W] のランプを 3 時間点灯させたときの電力量を求めよ．

1.7　**【電力】** 電圧が 100 [V] で消費電力が 1.5 [kW] の電熱器の電熱線に流れる電流を求めよ．

1.8　**【オームの法則】** ある抵抗器に 5 [V] の電圧を印加すると，10 [A] の電流が流れた．この抵抗器の電気抵抗値を求めよ．

1.9　**【オームの法則】** 10 [Ω] の抵抗器に 30 [A] の電流を流した．この抵抗器の両端に発生する電圧を求めよ．

1.10　**【電気抵抗】** ある抵抗器は円柱状で，その断面は円であると仮定する．この抵抗器の断面の半径を 3 倍にし，さらに抵抗器の長さを 27 倍にする．このとき，その抵抗値は，もとの抵抗器の何倍になるか．

1.11　**【抵抗率】** 円柱状の抵抗器の抵抗値は 30 [Ω] である．この抵抗器の断面積は 2 [mm^2] であり，また，長さが 10 [cm] である．この抵抗器を作っている材質の抵抗率を求めよ．

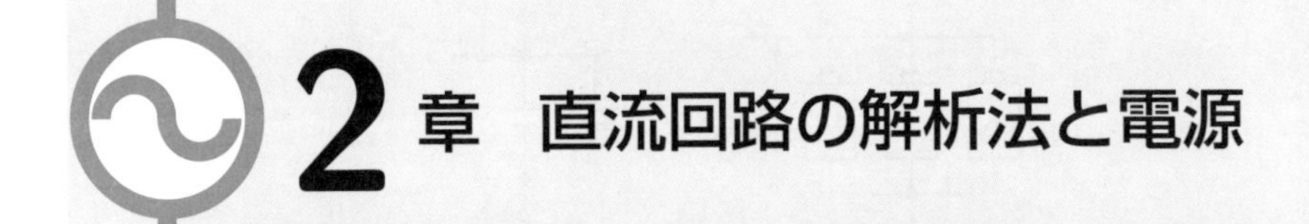

2章　直流回路の解析法と電源

この章では，電気回路の構成のもっとも基本的な概念である直列接続と並列接続について，乾電池と抵抗を取り上げて説明する．とくに，直列および並列接続された抵抗の合成抵抗の計算は，あとで学ぶ回路計算の基本になるので，しっかり理解し，活用できるようになってほしい．次に，直列接続回路における分圧の法則と，並列接続回路における分流の法則を学ぶ．これは，回路中の電圧や電流を決めるときには欠かせない知識である．さらに，複雑な回路網の解析にとって強い力を発揮するキルヒホッフの法則について学ぶ．オームの法則と，このキルヒホッフの法則があれば，ほとんどの回路解析が行える．

また，これらの電流や電圧を生み出す電源に焦点を当て，その機能と特徴について確認する．まず，直流電源である電池のもつ内部抵抗が，起電力と端子電圧の関係に及ぼす影響を整理する．次に，電源を電圧源と電流源という二つの側面からとらえ，両者の等価な変換関係を導き出す．

2.1　乾電池の直列接続と並列接続

図 **2.1**(a) のように，三つの乾電池を直線的に配列して接続したものを，乾電池の**直列接続**という．乾電池の起電力を 1.5 [V] とする．このとき，乾電池 A の正極と乾電池 C の負極の間に発生する電圧は，1 個の乾電池の両端の起電力の 3 倍である 4.5 [V] となる．すなわち，直列接続をすると，全体の電圧は，接続したそれぞれの乾電池の電圧の足し算になる．図 (b) は，この電気接続を記号で表現したものである．

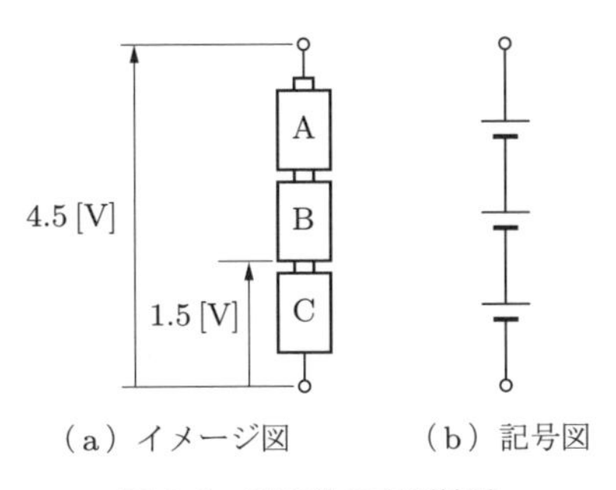

図 2.1　乾電池の直列接続

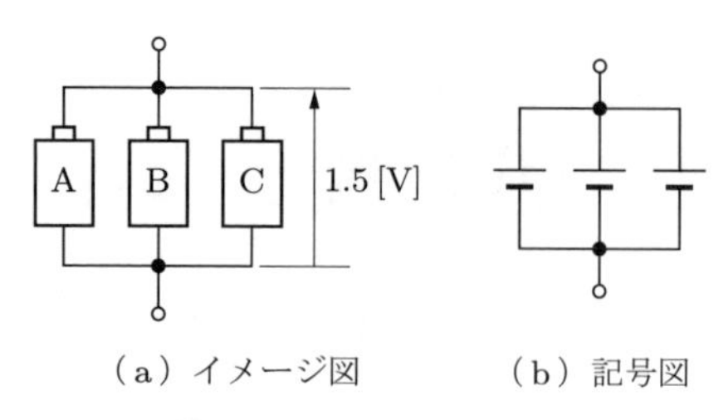

（a）イメージ図　（b）記号図

図 2.2　乾電池の並列接続

一方，**図 2.2**(a) のように，三つの乾電池を横に並べて配列し，正極どうしを接続し，また負極どうしを接続したものを，乾電池の**並列接続**という．接続した三つの乾電池の正極と負極の間に発生する電圧は，1 個の乾電池の両端の電圧と等しく 1.5 [V] となる．すなわち，同じ乾電池をいくつ並列接続しても，この両端の電圧は，1 個の乾電池の電圧と等しい．図 (b) は，この電気接続を記号で表現したものである．

図 2.1，図 2.2 の回路図において，白丸と黒丸が描かれている．白丸は，他の回路と接続し得る点を表し，**端子**という．一方，黒丸は，三つ以上の導線が電気的に接続されていることを表し，**節点**という．

さて，**図 2.3**(a) に示されるように，端子 a–b 間を導線で接続した状態を**短絡**という．このとき，a–b 間の抵抗 R は零であり，また電圧 V も零となる．

一方，図 (b) に示されるように，端子 a–b 間を接続しない状態を**開放**という．このとき，a–b 間の抵抗 R は無限大であり，また電流 I は零となる．

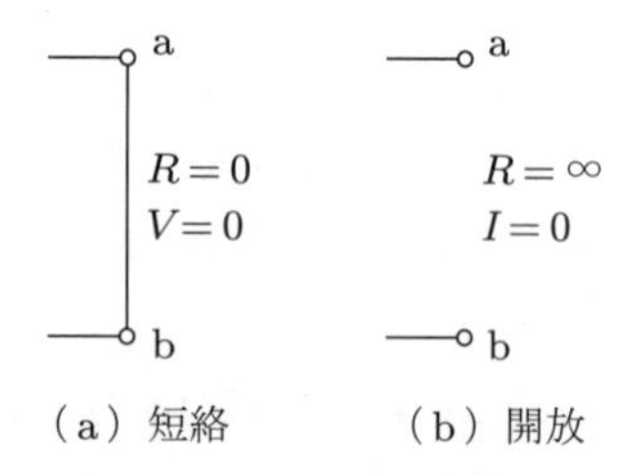

（a）短絡　（b）開放

図 2.3　短絡と開放の記号図

2.2　抵抗の直列接続

図 2.4 のように，抵抗 R_1, R_2, R_3 を接続し，**共通の電流** I が流れるようにしたものを，抵抗の**直列接続**という．1 章で学んだオームの法則 (1.12) を思い出し，これを電圧 V についての式に書き換えると，次のようになる．

$$V = RI \tag{2.1}$$

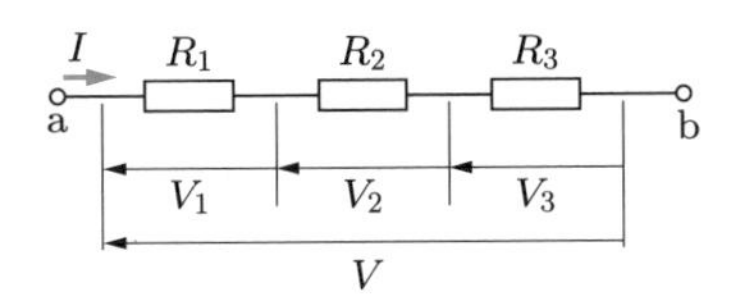

図 2.4　抵抗の直列接続

これは，抵抗 R に電流 I を流したときに，この抵抗の両端に発生する電圧である．よって，図 2.4 において，抵抗 R_1, R_2, R_3 の両端に発生する電圧を，それぞれ V_1, V_2, V_3 とすると，以下のような関係式が成り立つ．

$$V_1 = R_1 I, \quad V_2 = R_2 I, \quad V_3 = R_3 I \tag{2.2}$$

端子 a-b 間の電圧を V とする．これは V_1, V_2, V_3 を足し合わせたものであるから，次のようになる．

$$V = V_1 + V_2 + V_3 \tag{2.3}$$

この式に，式 (2.2) を代入すると，次のようになる．

$$V = R_1 I + R_2 I + R_3 I = (R_1 + R_2 + R_3) I \tag{2.4}$$

この結果を式 (2.1) と比べてみよう．すると，端子 a-b 間の合成抵抗 R は，次のように表される．

$$R = R_1 + R_2 + R_3 \tag{2.5}$$

合成抵抗とは，このように複数の抵抗の集合体を，ただ一つの抵抗で置き換えた際の抵抗のことである．以上の内容を一般化すると，次のようになる．

▶ 直列接続の合成抵抗

n 個の抵抗 $R_1, R_2, \cdots, R_n$ が直列接続されている．この場合の合成抵抗 R は，次式で与えられる．

$$R = R_1 + R_2 + \cdots + R_n = \sum_{k=1}^{n} R_k \tag{2.6}$$

2.3　抵抗の並列接続

図 2.5 のように，抵抗 R_1, R_2, R_3 を接続し，**共通の電圧** V を印加したものを，抵抗の**並列接続**という．抵抗 R_1, R_2, R_3 に流れる電流を，それぞれ I_1, I_2, I_3 とする．

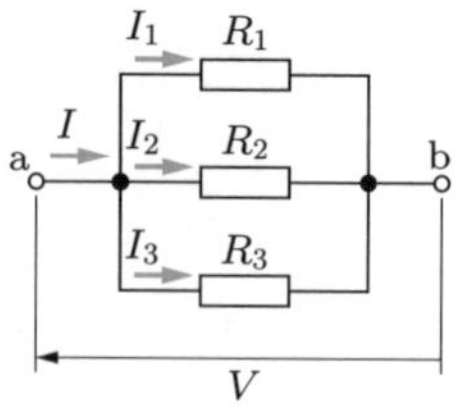

I₁ R₁ I R₂ I₂ a b I₃ R₃ V

図 2.5　抵抗の並列接続

オームの法則 (1.12) を用いると，各電流は次のように表現できる．

$$I_1 = \frac{V}{R_1}, \quad I_2 = \frac{V}{R_2}, \quad I_3 = \frac{V}{R_3} \tag{2.7}$$

端子 a-b 間の電流 I は，これら三つの電流を加え合わせたものであるから，次の関係が成立する．

$$I = I_1 + I_2 + I_3 \tag{2.8}$$

この式に，式 (2.7) を代入すると，次のようになる．

$$I = \frac{V}{R_1} + \frac{V}{R_2} + \frac{V}{R_3} = \left(\frac{1}{R_1} + \frac{1}{R_2} + \frac{1}{R_3}\right)V \tag{2.9}$$

この結果を，式 (1.12) と比べてみよう．すると，端子 a-b 間の合成抵抗 R は，次のように表される．

$$\frac{1}{R} = \frac{1}{R_1} + \frac{1}{R_2} + \frac{1}{R_3} \tag{2.10}$$

したがって，これを一般化すると，次のようになる．

▶ 並列接続の合成抵抗

n 個の抵抗 $R_1, R_2, \cdots, R_n$ が並列接続されている．この場合の合成抵抗 R は，次式で与えられる．

$$\frac{1}{R} = \frac{1}{R_1} + \frac{1}{R_2} + \cdots + \frac{1}{R_n} = \sum_{k=1}^{n} \frac{1}{R_k} \tag{2.11}$$

例題 2.1　図 2.5 の回路において，$R_1 = 100\ [\Omega], R_2 = 200\ [\Omega], R_3 = 600\ [\Omega]$ であった．この回路の合成抵抗を求めよ．

解答　並列接続の合成抵抗を求めればよい．式 (2.11) を用いて，

$$\frac{1}{R} = \frac{1}{100} + \frac{1}{200} + \frac{1}{600} = \frac{6+3+1}{600} = \frac{10}{600} = \frac{1}{60}$$

よって，$R = 60\ [\Omega]$ となる．

2.4　直列回路における分圧の法則

図 **2.6**(a) は，二つの抵抗を直列接続し，さらに，起電力 V の乾電池を接続して閉回路を構成したものである．このとき，各抵抗の両端に発生する電圧を計算してみよう．式 (2.6) より，合成抵抗は

$$R = R_1 + R_2 \tag{2.12}$$

となるので，この回路に流れる電流 I は，

$$I = \frac{V}{R_1 + R_2} \tag{2.13}$$

である．よって，抵抗 R_1, R_2 の端子電圧 V_1, V_2 は，次のようになる．

$$V_1 = R_1 I = \frac{R_1}{R_1 + R_2} V \tag{2.14}$$

$$V_2 = R_2 I = \frac{R_2}{R_1 + R_2} V \tag{2.15}$$

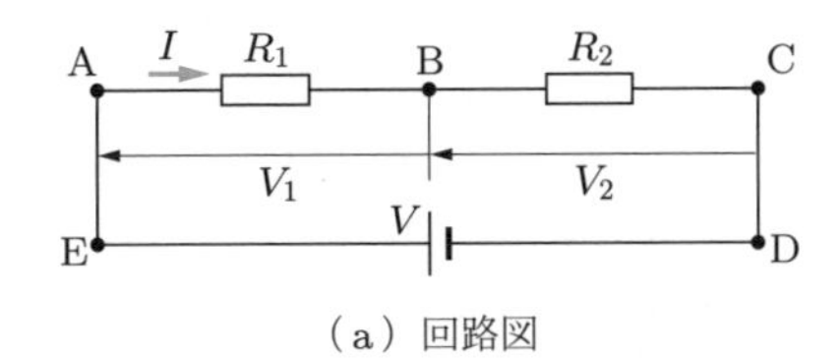

（a）回路図

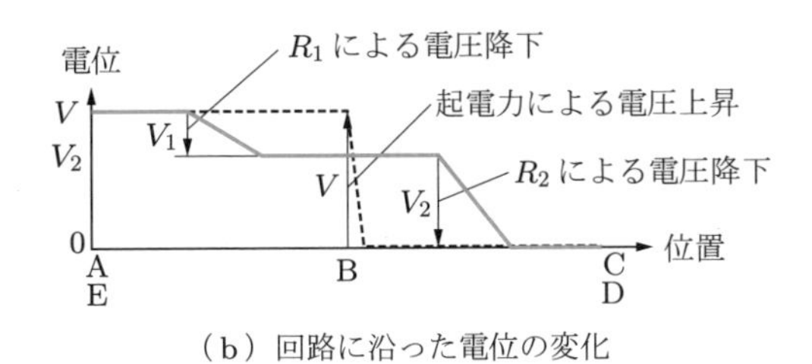

（b）回路に沿った電位の変化

図 2.6　抵抗の直列接続における分圧の法則と電圧降下

ここで，**端子電圧**とは，抵抗 R_1, R_2 のそれぞれの両端に発生する電圧のことである．式 (2.14) と式 (2.15) を見比べることにより，合成抵抗の両端に印加された電圧は，二つの抵抗の大きさに比例して，それぞれの抵抗に分配されていることがわかる．これを，直列回路における**分圧の法則**という．以上の内容を一般化すると，次のように表現できる．

▶ 直列回路における分圧の法則

n 個の抵抗 $R_1, R_2, \cdots, R_n$ が直列接続された回路の両端に，電圧 V が印加されている．このとき，k 番目の抵抗 R_k の端子電圧 V_k は，合成抵抗 R に対する R_k の割合に，電圧 V を掛けることにより得られる．

$$V_k = \frac{R_k}{R} \times V = \frac{R_k}{R_1 + R_2 + \cdots + R_n} V \tag{2.16}$$

すなわち，直列接続された各抵抗の端子電圧は，各抵抗の大きさに比例して分配される．

図 2.6(b) は，図 (a) の閉回路における電位の変化を示したものである．横軸は，閉回路中における位置を表している．ここで，青い実線は，A → B → C の経路に沿って，また，破線は D → E の経路に沿っての変化を示す．図 (b) では，点 C の電位を基準にとっている．すなわち，点 C の電位を 0 [V] としている．

点 A を出発し点 B まで来ると，式 (2.14) に従って電位が $V_1 = R_1 I$ だけ下がる．これを，抵抗による**電圧降下**という．同様に，点 B を出発し点 C まで来ると，電圧降下により電位がさらに $V_2 = R_2 I$ だけ下がり，電位は基準である 0 [V] になる．点 C と点 D は導線でつながれているだけなので，電位はお互いに等しい．点 D と点 E の間には，起電力が V [V] の電池が入っているので，破線で示すように**電圧上昇**が生じ，点 E の電位は V [V] となる．点 A と点 E の電位はもちろん等しい．

2.5　並列回路における分流の法則

図 2.7 は，二つの抵抗を並列接続し，さらに，起電力 V の乾電池を接続して閉回路を構成したものである．このときの各抵抗に流れる電流を計算してみよう．式 (2.11) より，合成抵抗 R を与える式は，

$$\frac{1}{R} = \frac{1}{R_1} + \frac{1}{R_2} = \frac{R_1 + R_2}{R_1 R_2} \tag{2.17}$$

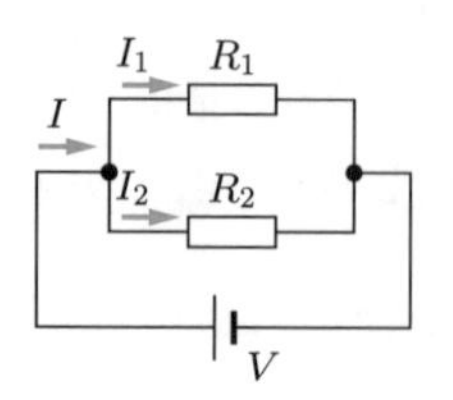

図 2.7　抵抗の並列接続における分流の法則

となる．この式を R について解くと，

$$R = \frac{R_1 R_2}{R_1 + R_2} \tag{2.18}$$

となる．二つの抵抗を並列に接続した回路は，以降しばしば現れる．よって，**この合成抵抗を与える式 (2.18) は，覚えておくと，とても役立つ**．

さて，この回路に流れる電流は，オームの法則から，

$$I = \frac{V}{R} = \frac{R_1 + R_2}{R_1 R_2} V \tag{2.19}$$

である．式 (2.19) を電圧 V について解くと，

$$V = \frac{R_1 R_2}{R_1 + R_2} I \tag{2.20}$$

となる．一方，抵抗 R_1, R_2 に流れる電流 I_1, I_2 は，式 (1.12) と式 (2.20) から，次のようになる．

$$I_1 = \frac{V}{R_1} = \frac{1}{R_1} \times \frac{R_1 R_2}{R_1 + R_2} I = \frac{R_2}{R_1 + R_2} I \tag{2.21}$$

$$I_2 = \frac{V}{R_2} = \frac{1}{R_2} \times \frac{R_1 R_2}{R_1 + R_2} I = \frac{R_1}{R_1 + R_2} I \tag{2.22}$$

すなわち，

$$\frac{I_1}{I_2} = \frac{R_2}{R_1} \tag{2.23}$$

となり，各抵抗に流れる電流は，その抵抗の大きさに反比例して分配される．これを，並列回路における**分流の法則**という．これらを一般化すると，次の大切な法則が導かれる．

▶ 並列回路における分流の法則

n 個の抵抗 $R_1, R_2, \cdots, R_n$ が並列接続された回路に，電流 I が流れている．このとき，k 番目の抵抗 R_k に流れる電流 I_k は，合成抵抗 R に対する R_k の割合の逆数に，電流 I を掛けることにより得られる．

$$I_k = \frac{R}{R_k} \times I = \frac{\dfrac{1}{R_k}}{\dfrac{1}{R_1} + \dfrac{1}{R_2} + \cdots + \dfrac{1}{R_n}} I \tag{2.24}$$

すなわち，並列接続された各抵抗に流れる電流は，各抵抗の大きさに反比例して分配される．

2.6 キルヒホッフの法則

ここまでに取り上げた回路は，とても単純なものであった．しかし，回路が複雑になってくると，その中の電流や電圧の解析も困難になってくる．一般に，比較的大規模かつ複雑な回路構成をもつ回路のことを**回路網**とよぶ，さて，この回路網の回路解析に強い力を発揮する重要な法則が，ここで述べる**キルヒホッフの法則**である．キルヒホッフの法則は，電流の保存を表す第一法則と，電圧の保存を表す第二法則から成り立っている．

2.6.1 キルヒホッフの第一法則

まず，いくつかの回路用語を定義しておこう．**節点**とは，2.1 節で説明したように，3 個以上の配線が接続された点のことであった．ある節点と他の節点を結んでできる線を**枝路**（えだろ）という．また，枝路を流れる電流を**枝電流**（えだでんりゅう）という．

図 **2.8** では，三つの枝路を通して，それぞれ I_1, I_2, I_3 の電流が節点に流入し，他の二つの枝路を通して，それぞれ I_4, I_5 の電流が節点から流出している．節点に電流がたまる，ということはないので，節点に流入する電流の総和と流出する電流の総和は等しい．よって，次式が成り立つ．

$$I_1 + I_2 + I_3 = I_4 + I_5 \tag{2.25}$$

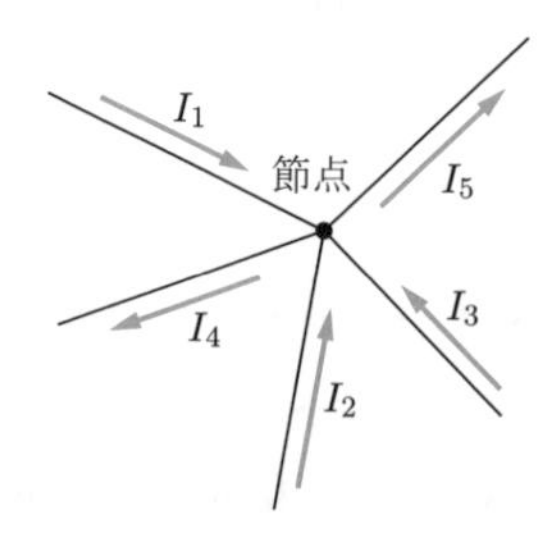

図 2.8　キルヒホッフの第一法則

ここで，式 (2.25) の右辺の I_4 と I_5 を左辺に移項すると，次のようになる．

$$I_1 + I_2 + I_3 - I_4 - I_5 = 0 \tag{2.26}$$

この式は，節点に流入する電流の向きを正，節点から流出する電流の向きを負としたとき，これら正と負の符号をもった節点に流入する電流の総和が 0，すなわち，この節点に電荷はたまらない，ということを表す．結局，キルヒホッフの第一法則は，電流の向きを表す符号を考慮すると，次のように表現できる．

▶ キルヒホッフの第一法則

回路網の任意の節点に流入する電流の総和と，流出する電流の総和を足し合わせたものは零になる．

$$\sum_{k=1}^{n} I_k = 0 \tag{2.27}$$

2.6.2 キルヒホッフの第二法則

図 2.9 に示す回路網において，A → B → C → D → E → A のように時計回りに 1 周する回路を考える．このように，1 周してもとに戻る回路を**閉回路**（あるいは**閉路**）という．点 A を電位の基準点とする．このとき，電圧が増加する場合を正，減少する場合を負とすると，

$$-R_1I_1 + E_1 - R_2I_2 - E_2 - R_3I_3 - R_4I_4 + E_3 + E_4 = 0 \tag{2.28}$$

が成立する．ここで，R_1, R_2, R_3, R_4 は，図 2.9 の回路に配置されたそれぞれの抵抗の値を，また E_1, E_2, E_3, E_4 は，それぞれの乾電池の起電力を表している．なお，A, B, C, D, E の各節点には，この閉回路以外からの配線が接続され，外部から電流が流入あるいは流出している．よって，R_1, R_2, R_3, R_4 を通過する電流 I_1, I_2, I_3, I_4 は，お互いに異なることに注意されたい．点 A が基準点であるから，この点の電位は 0 [V] である．この点を出発し，抵抗 R_1 を越えた点 G では，この抵抗による電圧降下のために，電位が R_1I_1 だけ下がる．よって，点 G の電位は $-R_1I_1$ である．このことを，式 (2.28) の左辺の第 1 項が表している．さらに進んで，点 G から起電力 E_1 の乾電池を越えた点 B では，点 G に比べて電位が E_1 だけ高い．このことを，左辺の第 2 項が表している．以下，同様に考えればよい．ただし，起電力のうち E_2 の向きのみは，閉回路の 1 周する方向に沿って逆になっているため，E_2 は電圧降下をもたらす．よって，式 (2.28) の E_2 の前にはマイナスの符号が付いている．

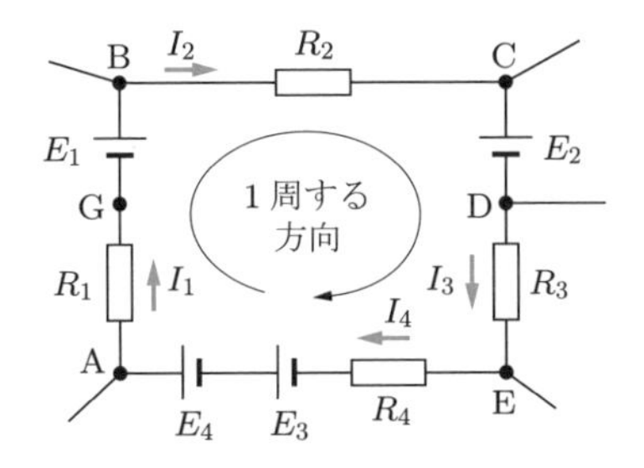

図 2.9　キルヒホッフの第二法則

結局，式 (2.28) において，抵抗による電圧降下を左辺に，また乾電池による電圧上昇および電圧降下を右辺にもってきて整理すると，次のようになる．

$$R_1I_1 + R_2I_2 + R_3I_3 + R_4I_4 = E_1 - E_2 + E_3 + E_4 \tag{2.29}$$

以上を一般化すると，次の法則が導かれる．

▶ キルヒホッフの第二法則

回路網中の任意の閉回路に沿って 1 周したとき，電圧降下の総和と，起電力の総和は等しい．

$$\underbrace{\sum_{k=1}^{n} R_k I_k}_{\text{電圧降下の総和}} = \underbrace{\sum_{i=1}^{m} E_i}_{\text{起電力の総和}} \tag{2.30}$$

例題 2.2　図 2.10 の回路において，電流を図のように定義する．このとき，各電流の値，および D–E 間の電圧を求めよ．

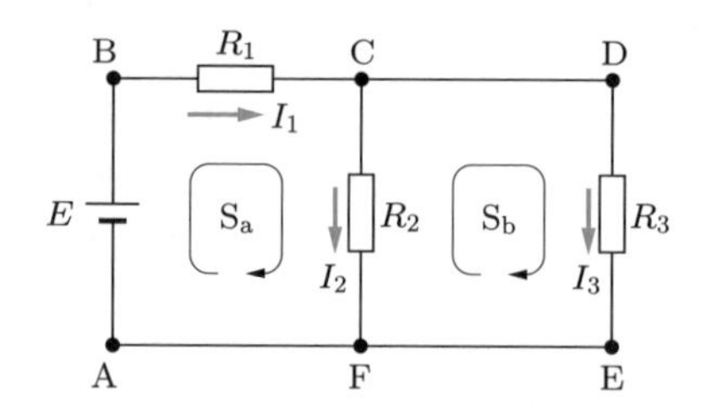

図 2.10　例題 2.2

解答　キルヒホッフの第一法則 (2.27) を節点 C に適用すると，次のようになる．

$$I_1 - I_2 - I_3 = 0 \tag{1}$$

キルヒホッフの第二法則 (2.30) を，A → B → C → F → A の閉回路 S_a に適用して，

$$R_1I_1 + R_2I_2 = E \tag{2}$$

同様に，F → C → D → E → F の閉回路 S_b に適用すると，次式が得られる．

$$-R_2I_2 + R_3I_3 = 0 \tag{3}$$

式 (1) を I_1 について解くと，

$$I_1 = I_2 + I_3 \tag{4}$$

これを式 (2) に代入して整理すると，

$$(R_1 + R_2)I_2 + R_1I_3 = E \tag{5}$$

次に，式 (3) と式 (5) を連立させ，I_2 および I_3 を未知数として解く．式 (3) より，

$$I_3 = \frac{R_2}{R_3} I_2 \tag{6}$$

となるので，これを式 (5) に代入して，

$$(R_1 + R_2) I_2 + \frac{R_1 R_2}{R_3} I_2 = E \tag{7}$$

となり，この式を I_2 について解くと，次式が得られる．

$$I_2 = \frac{R_3}{R_1 R_2 + R_2 R_3 + R_3 R_1} E \tag{8}$$

式 (8) を式 (6) に代入して，

$$I_3 = \frac{R_2}{R_1 R_2 + R_2 R_3 + R_3 R_1} E \tag{9}$$

さらに，式 (8) および式 (9) を式 (4) に代入すると，次式が得られる．

$$I_1 = I_2 + I_3 = \frac{R_2 + R_3}{R_1 R_2 + R_2 R_3 + R_3 R_1} E$$

D–E 間の電圧は，抵抗 R_3 における電圧降下と等しい．よって，式 (2.1) を用いて，

$$V_{\mathrm{DE}} = R_3 I_3 = \frac{R_2 R_3}{R_1 R_2 + R_2 R_3 + R_3 R_1} E$$

となる．

回路を解析するということは，具体的には，回路中の配線を流れる電流を求めたり，あるいは任意の節点における電位を決定したりすることである．回路が複雑になってくると，それにともなって解析も複雑になる．しかし，1 章で勉強したオームの法則と，この章で勉強したキルヒホッフの法則を使えば，基本的には，どのような回路に対しても解析することができる．このキルヒホッフの法則は，それぐらい大切な法則なのである．

2.7 電池の内部抵抗

ここまでで，直流回路の電流や電圧の解析法について学んだ．次に，これらを生み出す電源に焦点を当て，その機能と特徴について詳しく学ぶことにしよう．

これまでは，電池は一定の起電力 E をもつ電圧源として扱ってきた．たとえば，乾電池では，その中で生じる化学反応の結果として電力が発生しているが，このとき，乾電池自身の中も電流が流れており，この経路は抵抗体である．この抵抗のことを**内部抵抗**という．このことから，**図 2.11** に示すように，電池は起電力 E と内部抵抗 r の直列接続で表現される．

図 2.12 は，このような電池に負荷抵抗 R を接続した閉回路である．**負荷抵抗**とは，

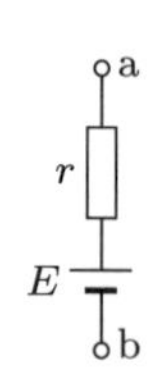

図 2.11　電池の起電力と内部抵抗

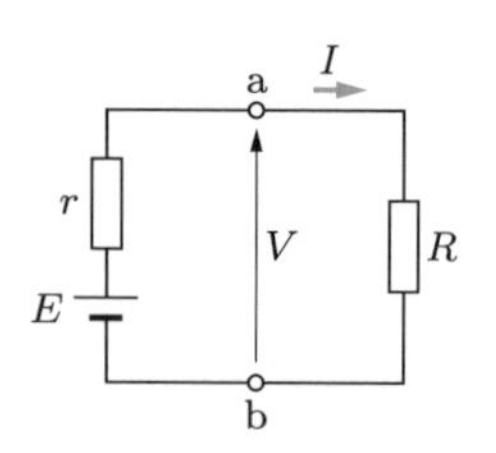

図 2.12　電池と負荷抵抗の回路

電池の外部に接続された抵抗であり，電池内の内部抵抗と対比的に用いる．この回路は，内部抵抗 r と負荷抵抗 R を直列に接続した回路に，起電力 E を加えたものとみなせる．よって，この回路を流れる電流 I は，

$$I = \frac{E}{r + R} \tag{2.31}$$

となる．電池の端子 a–b 間に現れる電圧 V は，電池の起電力 E から，内部抵抗 r による電圧降下分を差し引いた値になるので，次式で与えられる．

$$V = E - rI \tag{2.32}$$

電流 I が流れている場合には，電池の内部抵抗 r のために，電池の内部で電圧降下 rI が発生する．このため，電池の起電力 E と端子電圧 V は異なる．端子電圧 V は回路を流れる電流の大きさに依存するので，負荷抵抗が変われば端子電圧 V も変化する．もちろん，端子を開放した場合，すなわち，電流が流れていない場合には，起電力と端子電圧は一致することになる．

例題 2.3　図 2.12 の回路で，負荷抵抗 R の値を変化させながら，電流 I と端子電圧 V を測定する実験を行ったところ，**表 2.1** のような結果が得られた．この実験結果が式 (2.32) に従うとする．電流対電圧のグラフを描くことにより，この実験で用いた電源の起電力 E と内部抵抗 r を求めよ．

表 2.1　実験結果

電流 I [A]	端子電圧 V [V]
0.10	1.8
0.20	1.6
0.30	1.4
0.40	1.2

解答　表 2.1 の結果をグラフに描くと，**図 2.13** のようになる．この結果は直線の式で表される．この直線を電流 $I = 0$ の点まで破線のように外挿すると 2.0 [V] となる．この直

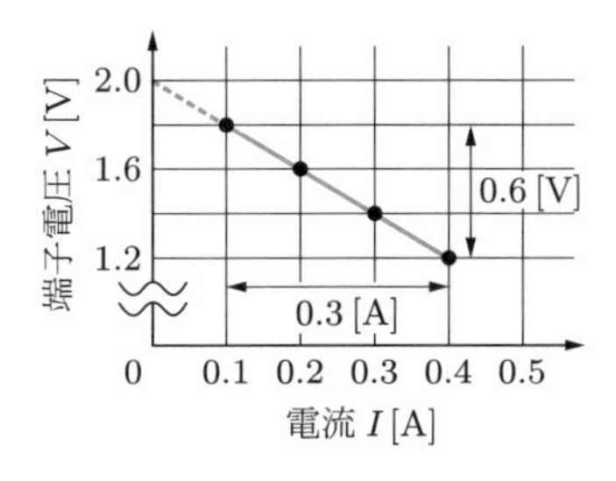

図 2.13　例題 2.3 の解答図

線の傾きは -2.0 [V/A] である．一方，式 (2.32) は電流 I の変化に対する端子電圧 V の線形な変化を与える直線式である．この式において，$-r$ はこの直線の傾きを表し，また E は $I = 0$ の軸との切片の値である．この値は電源を開放した際の電圧（開放端電圧）で，電源の起電力 E と一致する．以上より，内部抵抗 r は 2.0 [Ω]，電源の起電力 E は 2.0 [V] と求められる．

2.8　電圧源と電流源

一般の電池は内部抵抗 r をもつので，この電圧降下のために，式 (2.32) が示すように，電流 I の値が増加すると端子電圧 V は減少する．**図 2.14** のように，負荷抵抗に流れる電流 I の値が変化しても，つねに一定の端子電圧 V をもつ仮想的な電源を考え，これを**定電圧源**という．すなわち，内部抵抗 r が零になった理想的な電池が，定電圧源といえる．

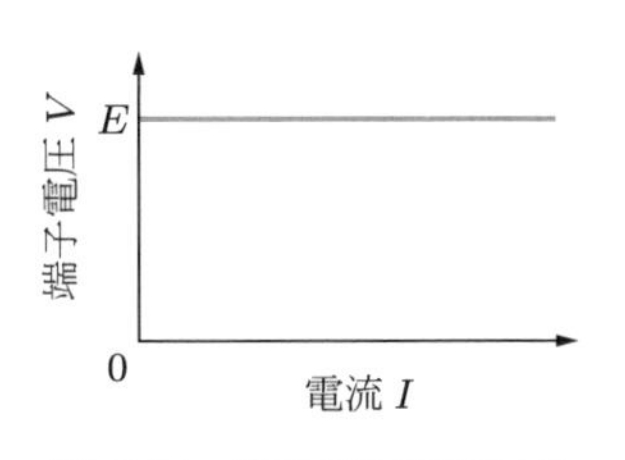

図 2.14　定電圧源における電流対電圧の関係

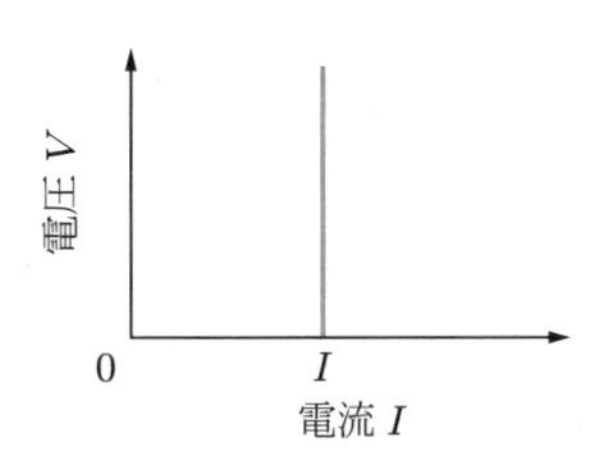

図 2.15　定電流源における電流対電圧の関係

一方，**図 2.15** のように，電圧 V の値が変化しても，つねに一定の電流を流す仮想的な電源を，**定電流源**という．**図 2.16** に定電圧源と定電流源の記号を示す．

電源は電力を供給するものであるから，それを**電圧源**と考えてもよく，また，**電流源**と考えてもよいはずである．われわれの日常生活に則した立場では，たとえば電池は電圧源と考えるほうが自然である．しかし，電子回路で学ぶトランジスタなどの能

（a）定電圧源　（b）定電流源

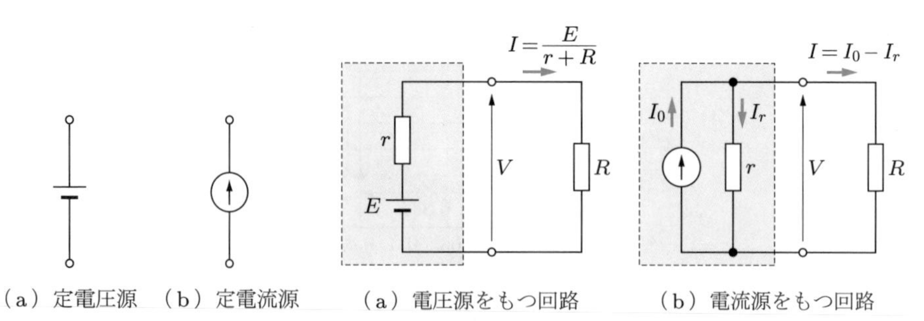

図 2.16　定電圧源と定電流源の記号図

（a）電圧源をもつ回路　（b）電流源をもつ回路

図 2.17　電圧源から電流源への変換

動素子を含む回路では，電流源というもう一方の考え方がとても大切になってくる．

現実の電源は，すでに述べたように，内部抵抗 r をもつために，理想的な電源とは異なる．次に，電圧源から電流源への変換法について勉強しよう．

式 (2.32) は，電源が，起電力 E という定電圧源と，電圧降下をもたらす内部抵抗 r をもち，起電力 E から電圧降下分を差し引いた残りの電圧 V が負荷に印加されることを表している．**図 2.17**(a) は，電圧源に負荷抵抗 R を接続した回路を表す．青い網かけの部分が，定電圧源と内部抵抗 r が直列に接続された現実の電圧源である．R には

$$I = \frac{E}{r+R} \tag{2.33}$$

という電流が流れる．

一方，式 (2.32) を電流 I について解くと，次のように表すことができる．

$$I = \frac{E}{r} - \frac{V}{r} = I_0 - I_r \tag{2.34}$$

ここで，

$$\frac{E}{r} = I_0 \tag{2.35}$$

$$\frac{V}{r} = I_r \tag{2.36}$$

とおいた．

式 (2.34) は，次のような意味をもっている．電源は I_0 の大きさの電流を発生させる定電流源と，そこから I_r の大きさの電流が分流する回路を備えている．2.5 節で学んだ分流の法則を思い出そう．分流回路を作るためには，内部抵抗 r を定電流源に並列に配置すればよい．I_0 から I_r を差し引いた残りの電流 I が負荷抵抗 R に流れ込む．すなわち，定電流源を用いて表した電源は，図 (b) のように表現できる．青い網かけの部分が，定電流源と内部抵抗 r が並列に接続された現実の電流源である．

以上をまとめると，式 (2.35)，すなわち

$$E = rI_0 \tag{2.37}$$

という条件が，定電圧源 E をもつ図 2.17(a) の電圧源と，定電流源 I_0 をもつ図 (b) の電流源の両者が，外部回路に対して，お互いに等価な役割を担うことができる条件となる．このことを別の観点から確認してみよう．すなわち，図 2.17 において，負荷抵抗 R の両端にかかる端子電圧 V，あるいは，負荷抵抗 R に流れる電流 I が，電圧源および電流源それぞれの場合に対して，等しくなる条件を導いてみる．

図 (a) の電圧源をもつ回路に対しては，式 (2.33) および分圧の法則を用いると，

$$I = \frac{E}{r+R} \tag{2.38}$$

$$V = RI = \frac{R}{r+R}E \tag{2.39}$$

が成り立つ．一方，図 (b) の電流源をもつ回路に対しては，分流の法則を用いると，

$$I = \frac{r}{r+R}I_0 \tag{2.40}$$

$$V = RI = \frac{R}{r+R}rI_0 \tag{2.41}$$

となる．以上より，式 (2.38) と式 (2.40) どうしが，あるいは式 (2.39) と式 (2.41) どうしが，お互いに等しくなるためには，式 (2.37) の条件を満たすことが必要になる．

例題 2.4 **図 2.18** の回路は，20 [A] の定電流源をもつ電流源回路である．この電流源の内部抵抗は $r = 0.3$ [Ω] である．この電流源回路と等価な電圧源回路を示せ．

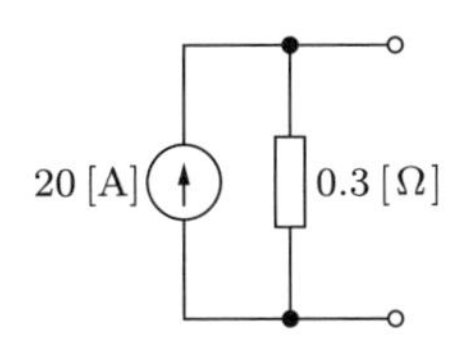

図 **2.18** 例題 2.4

解答 式 (2.37) が，電圧源と電流源の両者が等価であるための条件を与える．

$$E = rI_0 = 0.3 \times 20 = 6 \text{ [V]}$$

よって，求める電圧源回路は，**図 2.19** となる．

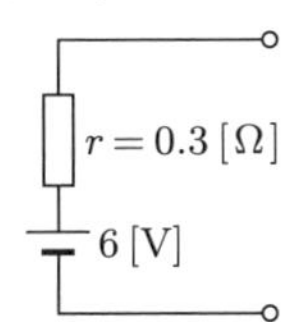

図 **2.19** 等価な電圧源回路

2.9 最大電力の法則

1章の式 (1.8) において，電力は電流と電圧の積で与えられることを述べた．

$$P = IV \text{ [W]} \tag{2.42}$$

この式とオームの法則 (1.12) を組み合わせることにより，電力 P は次のようにも表現できる．

$$P = \frac{V}{R} \times V = \frac{V^2}{R} = I^2 R \tag{2.43}$$

式 (2.43) は，抵抗 R で消費される電力が，電圧の 2 乗を R で割ったもの，あるいは，電流の 2 乗に R を掛けたもので表されることを示している．

さて，**図 2.20** に示す乾電池に豆電球を接続した回路を再度取り上げ，この豆電球をもっとも明るく光らせる条件を導いてみよう．**図 2.21** は，図 2.20 の等価回路である．この回路を流れる電流 I は，

$$I = \frac{E}{r + R} \tag{2.44}$$

であるので，豆電球に相当する負荷抵抗 R で消費される電力は，式 (2.44) を式 (2.43) に代入して，

$$P = I^2 R = \left(\frac{E}{r + R}\right)^2 R = \frac{R}{(r + R)^2} E^2 \tag{2.45}$$

となる．豆電球で消費される電力は，豆電球の明るさに相当する．式 (2.45) は，これが抵抗 R に依存することを示している．豆電球で消費される電力が最大となる条件を求めてみよう．このために，P の極値を与える R の値を探すことにする．すなわち，P を R で微分し，それが零となる R の値を求めればよい．

$$\begin{aligned}\frac{\mathrm{d}P}{\mathrm{d}R} &= \frac{\mathrm{d}}{\mathrm{d}R}\left\{\frac{E^2 R}{(r + R)^2}\right\} = E^2 \frac{(r + R)^2 - R \times 2(r + R)}{(r + R)^4} \\ &= E^2 \frac{r^2 - R^2}{(r + R)^4} = E^2 \frac{(r + R)(r - R)}{(r + R)^4} = E^2 \frac{r - R}{(r + R)^3}\end{aligned} \tag{2.46}$$

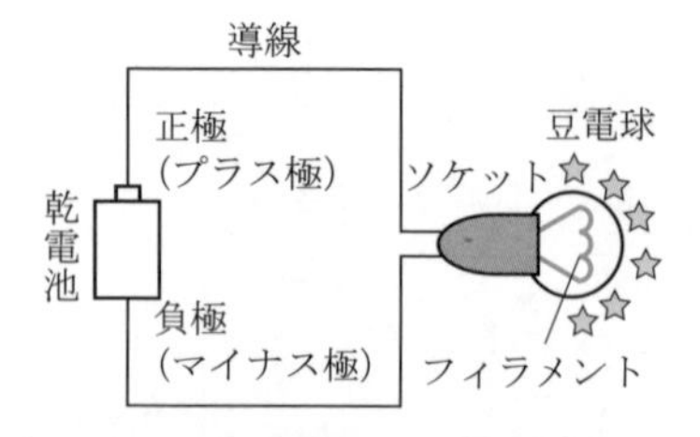

図 2.20　乾電池と豆電球の回路

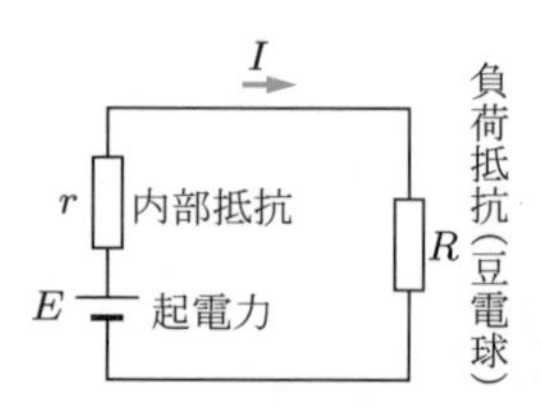

図 2.21　乾電池と豆電球の等価回路

表 2.2 負荷抵抗と電力の関係

R	$R<r$	$R=r$	$R>r$
$\dfrac{\mathrm{d}P}{\mathrm{d}R}$	正	0	負
P	増加	最大値	減少

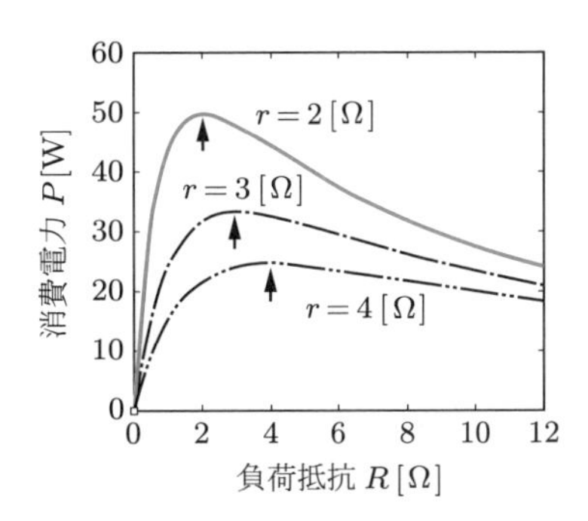

図 2.22 負荷抵抗と消費電力の関係

R の値に対する $\mathrm{d}P/\mathrm{d}R$ と P の変化をまとめたものが，**表 2.2** である．

これから，電力 P は

$$R = r \tag{2.47}$$

の条件を満たすとき，すなわち，R が電池の内部抵抗 r と等しいときにもっとも大きくなり，豆電球はもっとも明るく光る．これを**最大電力の法則**とよぶ．

式 (2.47) を式 (2.45) に代入すると，

$$P = \frac{r}{(r+r)^2}E^2 = \frac{r}{4r^2}E^2 = \frac{E^2}{4r} \tag{2.48}$$

となり，これが**最大電力**を与える．以上の結果をグラフにしたものが，**図 2.22** である．$E = 20$ [V] として，内部抵抗 r が 2, 3, 4 [Ω] のそれぞれの場合について，R の変化に対する消費電力 P の変化を，式 (2.45) に従って示している．矢印は最大電力を与える R の値を示しており，これから $R = r$ の条件が満たされていることがわかる．r の減少とともに P の最大値は増加し，また，グラフのピークも鋭くなっている．

演習問題

2.1 **【合成抵抗】** **図 2.23** に示す回路において，端子 a-b 間の合成抵抗を求めよ．

2.2 **【合成抵抗】** **図 2.24** に示す回路において，端子 a-b 間の合成抵抗を求めよ．

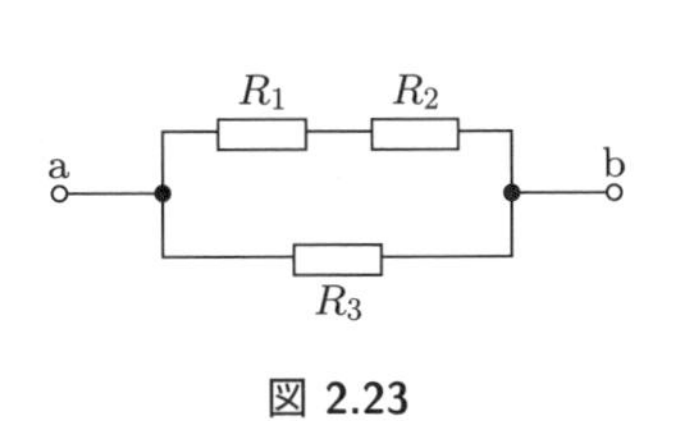

図 2.23

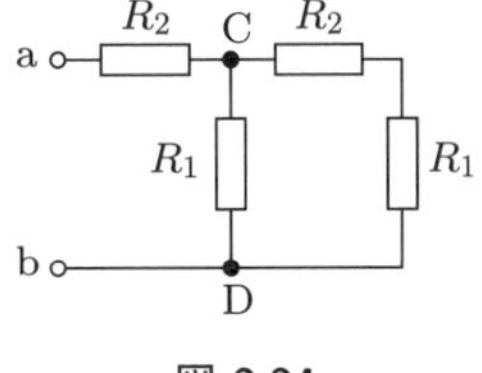

図 2.24

2.3【**合成抵抗**】 **図 2.25** に示す回路において，端子 a–b 間の合成抵抗を求めよ．

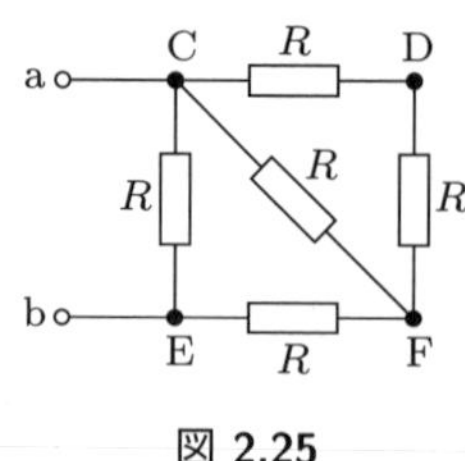

図 2.25

2.4【**乾電池の接続**】 **図 2.26** において，この回路を流れる電流を求めよ．

2.5【**乾電池の接続**】 **図 2.27** のように，起電力 E の乾電池が接続されている．端子 a–b 間に現れる電圧を求めよ．また，図のように抵抗 R を接続するとき，この抵抗を流れる電流 I を求めよ．

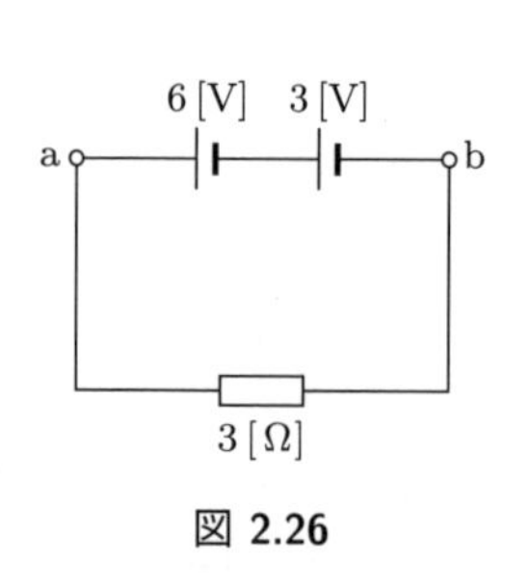

図 2.26

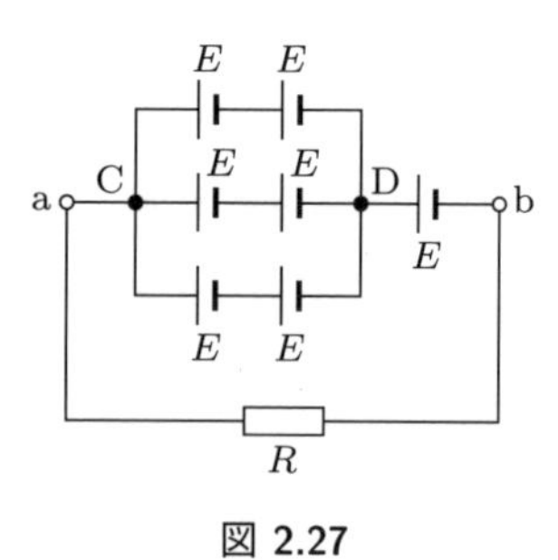

図 2.27

2.6【**分圧および分流の法則**】 **図 2.28** の回路において，C → D → E の経路を流れる電流 I_1 を求めよ．また，10 [Ω] の抵抗の両端の電圧はいくらか．

2.7【**キルヒホッフの法則**】 **図 2.29** の回路において，各抵抗を流れる電流を求めよ．

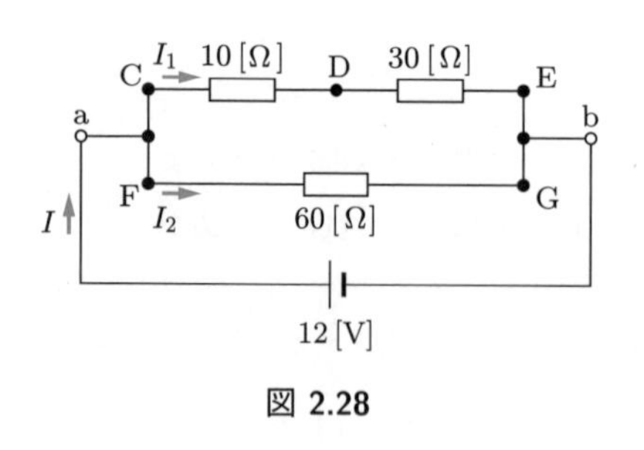

図 2.28

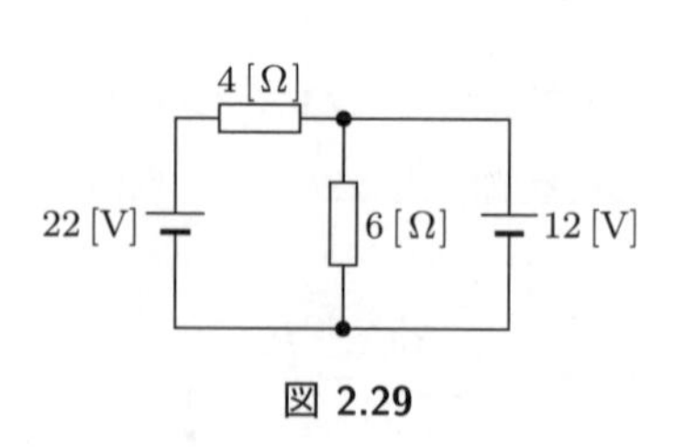

図 2.29

2.8 【分流と電流計】 最大目盛が I [A] で，内部抵抗が r の電流計がある．この電流計に対して，**図 2.30** のように，分流器となる抵抗 R を並列に接続することにより，m 倍までの電流を測定できるようにしたい．この条件を満たす R を求めよ．また，$m=50$, $r=49$ [mΩ] のとき，R の値を求めよ．

2.9 【分圧と電圧計】 最大目盛が V_0 [V] で，内部抵抗が r の電圧計がある．この電圧計に対して，**図 2.31** のように，分圧器となる抵抗 R を直列に接続することにより，m 倍までの電圧を測定できるようにしたい．この条件を満たす R を求めよ．また，$m=50$, $r=10$ [kΩ] のとき，R の値を求めよ．

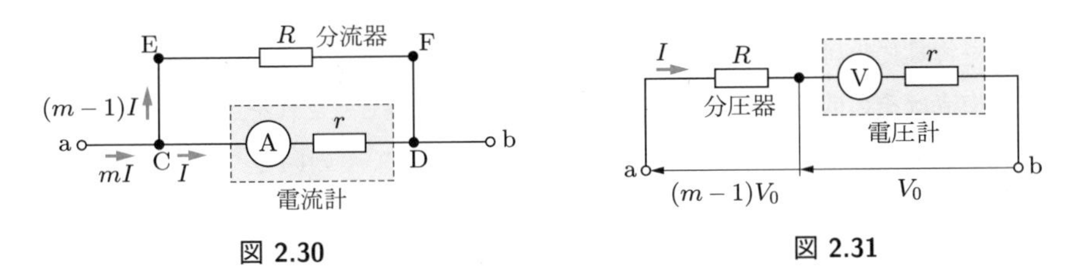

図 2.30　　図 2.31

2.10 【内部抵抗をもつ電圧源】 起電力 E が 4 [V]，内部抵抗 r が 1 [Ω] の電源がある．この電源の両端に，その値が 1 [Ω] から始まって，1 [Ω] ずつ増加する九つの負荷抵抗 R を順番に付け替えながら接続した．横軸に R をとって，この回路に流れる電流 I をプロットし，電流の変化をグラフに描け．また，R が 1 [Ω] と 3 [Ω] であるプロット点に対して，その抵抗値の数字を記載せよ．

2.11 【内部抵抗をもつ電圧源】 問題 2.10 において，負荷抵抗 R を変化させた際に流れる電流 I を横軸にとって，電源の端子電圧 V をプロットし，電圧の変化をグラフに描け．また，R が 1 [Ω] と 3 [Ω] であるプロット点に対して，その抵抗値の数字を記載せよ．

2.12 【電圧源から電流源への変換】 **図 2.32**(a) に示す，160 [V] の定電圧源と，2 [Ω] の内部抵抗をもつ電圧源がある．これと等価な電流源を，図 (b) のように表す．このとき，定電流源の大きさ I_0 と，内部コンダクタンス G を求めよ．

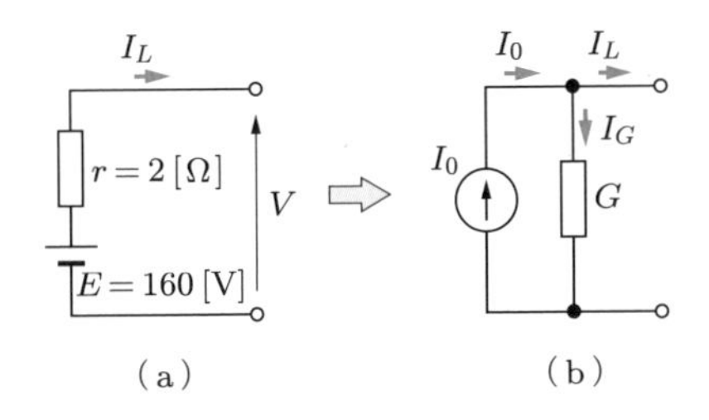

図 2.32

3章 正弦波交流とその複素数表示

テレビや洗濯機，冷蔵庫などの家電製品の電源として使われる電気は，電圧や電流の向きが一定時間ごとに変化する交流である．この交流は，磁場中でコイルを回転させることにより簡単に発生させることができ，トランスとよばれる変圧器を使えば，その電圧を容易に上げ下げすることができる．しかし，いままで勉強してきた直流と比べて，交流はその向きや大きさが時間的に変化するので，これを用いた回路の解析は少し複雑になる．この章では，サインカーブに従ってその向きや大きさが変化する，正弦波交流の基礎について学ぶ．

正弦波交流は三角関数を用いて表現することにより，電圧や電流の変化を，直観的に理解できる．一方，三角関数のままでは，交流回路のさまざまな計算が大変に複雑になる．交流回路の計算では，同一周波数をもった電圧や電流どうしの加減乗除の演算をおもに行う．このような計算は，複素数を用いると，とても簡単に行うことができる．交流回路を学ぶうえでは，必要不可欠な考え方であるので，しっかりと身につけてほしい．

3.1 正弦波交流の表現法

電圧や電流が，一定の時間ごとに向きを変えながら同じ変化を繰り返すものを，交流という．とくに，図 **3.1** に示すように，その電圧の変化が，正弦波曲線，すなわちサインカーブである式 (3.1) に従うものを，正弦波交流という．この図において，横軸は時間 t に比例する量 ωt である．また，縦軸は電圧 v を表している．

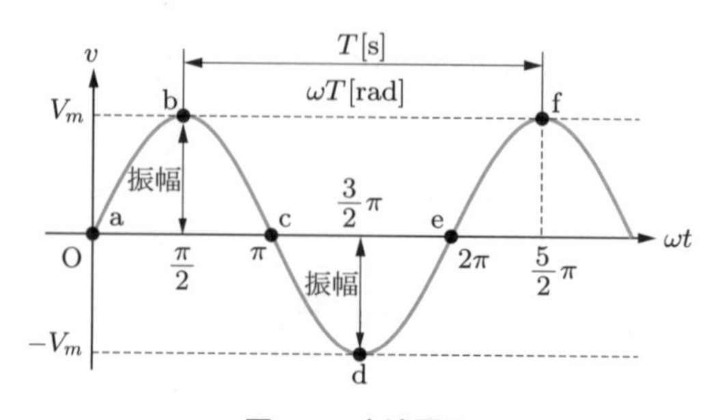

図 3.1　交流電圧

$$v = V_m \sin \omega t \tag{3.1}$$

式 (3.1) において，v は，ある時間 t における瞬間の値という意味で，電圧の**瞬時値**という．本書では，**瞬時電圧**という表現も用いる．これからは，瞬時値を表すときには，このように小文字を用いることにする．また，V_m は，瞬時値の中の最大の値という意味で，電圧の**最大値**あるいは**振幅**という．図において，点 b および点 f が，電圧の最大値 V_m をとる点である．また，点 d において負の最大値 $-V_m$ をとる．点 b, d, f における電圧の最大の振れ幅が振幅である．

さて，図の正弦波曲線は，点 a から点 e まで，あるいは点 b から点 f までを一つの単位として，これが繰り返された曲線である．この一つの単位の間の時間を**周期**といい，T で表すことにする．その単位は秒である．ω は**角周波数**あるいは**角速度**とよばれるもので，この正弦波曲線の変化の速さを決めている．次の節で，この角周波数について少し詳しく説明する．ωt を，この正弦波曲線の**位相**という．図 3.1 の横軸は時間に比例した値であるが，ωt で表現されているので，正確には位相の進行を表している．この図では，ωt が $\pi/2$ および $5\pi/2$ となる点で電圧は最大値 V_m をとる．以上は，電圧の向きが一定の変化を繰り返す場合（交流電圧）であるが，電流の向きが一定の変化を繰り返す場合（交流電流）についても同様に考えることができる．

3.2　回転運動と正弦波曲線

図 3.2(a) に示す xy 平面上で，点 P が，点 O を中心とする半径 V_m の円周上を毎秒 n 回転している場合を考える．このとき，この回転の速さは n [s^{-1}] となるので，回転角度の速さ，すなわち角周波数は次のように表される．

$$\omega = 2\pi n \text{ [rad/s]} \tag{3.2}$$

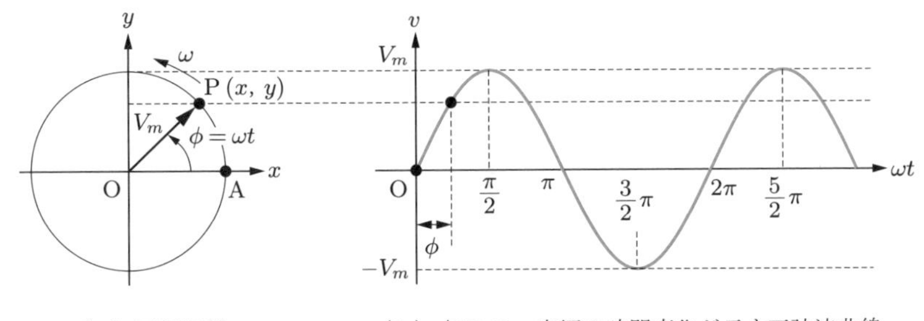

（a）回転運動　（b）点 P の y 座標の時間変化が示す正弦波曲線

図 3.2　回転運動と正弦波曲線との関係

たとえば，1 秒間に 2 回転する場合には，式 (3.2) に $n = 2$ を代入して，その角周波数は 4π [rad/s] となる．また，角周波数 ω で t 秒間経過したときの回転角 ϕ は，次のようになる．

$$\phi = \omega t \text{ [rad]} \tag{3.3}$$

この円周上の回転運動と，正弦波曲線の関係について考えてみよう．図 (a) は，$t = 0$ のときに点 A にあった点 P が，角周波数 ω で円周上を回転している様子を示している．一方，図 (b) は，この回転する点 P の y 座標の時間変化をグラフに描いたものである．ある時刻 t における回転角を ϕ とすると，その y 座標の変化は，次のようにまとめることができる．

▶ 正弦波曲線

半径 V_m の円周上を角周波数 ω で回転する点 P の y 座標

$$y = V_m \sin\phi = V_m \sin\omega t \tag{3.4}$$

を，時間の経過に従って描いたものが**正弦波曲線**である．点 P が 1 回転すると，正弦波曲線は 1 周期分を描く．

これにより，回転運動と正弦波曲線との 1 対 1 の関係を理解することができる．交流の 1 回の変化に要する時間を周期とよぶことを述べた．これを用いて，変化の速さを示す次の大切な量が導入される．

▶ 周波数

交流において，1 秒間に変化する回数のことを**周波数**といい，f で表すことにする．周波数の単位は**ヘルツ** [Hz] を用いる．周波数は周期 T の逆数で与えられる．

$$f = \frac{1}{T} \text{ [Hz]} \tag{3.5}$$

例題 3.1　周波数が 10 [Hz] の交流の周期はいくらか．

解答　周波数が 10 [Hz] ということは，1 秒間に 10 回同じ変化が繰り返されることを表す．よって，1 回の変化に要する時間は，この 1 秒間を 10 で割ったものになる．これが周期である．式 (3.5) より，次のように求められる．

$$T = \frac{1}{f} = \frac{1}{10} = 0.1 \text{ [s]}$$

3.2 節の最初に述べた回転の速さ n は，ここで定義した周波数 f と同じ内容であることが確認できる．よって，式 (3.2) に従い，周波数と角周波数との間には次の関係が成立する．

▶ 周波数と角周波数の関係

1 回転は 2π [rad] であるので，角周波数を 2π で割ったものが周波数である．

$$f = \frac{\omega}{2\pi} \ [\mathrm{Hz}] \tag{3.6}$$

また，式 (3.5) および式 (3.6) から，角周波数と周期の間には，次の関係が成り立つ．

▶ 角周波数と周期の関係

$$\omega = \frac{2\pi}{T} \ [\mathrm{rad/s}] \tag{3.7}$$

例題 3.2 周期が 10 [ms] の交流電圧の角周波数はいくらか．

解答 題意より，

$$T = 10 \ [\mathrm{ms}] = 10 \times 10^{-3} \ [\mathrm{s}]$$

である．式 (3.7) を用いて，次のように求められる．

$$\omega = \frac{2\pi}{T} = \frac{2\pi}{10 \times 10^{-3}} = 628 \ [\mathrm{rad/s}]$$

3.3 正弦波交流の位相

円周上に二つの点 P と Q があり，点 P は点 Q に対して最初の回転角が θ だけ進んでいる場合を考えてみよう．ただし，二つの点は，反時計回りに同じ角周波数 ω で回転しているとする．よって，二つの点の角度差 θ はつねに一定に保たれている．**図 3.3** は，これら二つの点の回転によって描かれる二つの正弦波交流電圧の曲線を，比較しながら示している．

$t = 0$ のとき，点 Q は x 軸上の点 A にあり，よって，点 Q の回転角すなわち位相 ϕ は，式 (3.3) から零である．このとき，点 P はすでに θ だけ反時計回りに回転した位置にある．よって，任意の時刻 t における点 P の位相 ϕ は

$$\phi = \omega t + \theta \tag{3.8}$$

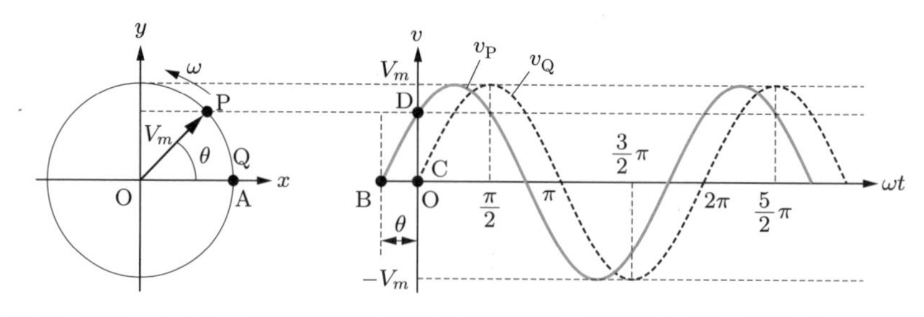

図 3.3　二つの正弦波曲線と位相差

で与えられる．

点 Q の y 座標が時間の経過とともに描く交流電圧の曲線 v_{Q} は破線で表され，これは図 3.2 の正弦波曲線と同じである．この曲線は式 (3.4) に従って，次のように表される．

$$v_{\mathrm{Q}} = V_m \sin \omega t \tag{3.9}$$

一方，点 P の y 座標が時間の経過とともに描く曲線 v_{P} は，青い実線の正弦波曲線で与えられる．これは次式で表される．

$$v_{\mathrm{P}} = V_m \sin(\omega t + \theta) \tag{3.10}$$

$t = 0$ における回転角 θ は**初期位相**とよばれる．また，式 (3.10) の正弦波曲線は，式 (3.9) のそれに比べて，θ だけ**位相が進んでいる**という．逆に，式 (3.9) の正弦波曲線は，式 (3.10) のそれに比べて，θ だけ**位相が遅れている**という．二つの正弦波曲線の位相の違いを**位相差**という．なお，電圧や電流の位相の進みや遅れは，一般に，$-\pi \leqq \theta < \pi$ の範囲で表される．

v_{Q} に比べて θ だけ位相が進んでいる v_{P} の正弦波曲線は，θ のぶんだけ v_{Q} に比べて左側へシフトしていることに注意しよう．二つの正弦波曲線が与えられていて，どちらのほうが位相が進んでいるのか迷ってしまったら，次のように考えるとよい．すなわち，$\omega t = 0$ のとき，v_{Q} の曲線はようやく負の値から点 C で与えられる $v = 0$ の点になったばかりであるが，v_{P} の曲線はすでに点 D で与えられる正の値になっている．v_{P} がいつ零であったかというと，過去にさかのぼった $\omega t = -\theta$ のときである．

以上の内容をまとめると，次のようになる．

▶ 正弦波交流の瞬時値

正弦波交流の電圧の瞬時値 v は，次のように表される．

$$v = V_m \sin(\omega t + \theta) = V_m \sin(2\pi f t + \theta) = V_m \sin\left(\frac{2\pi}{T}t + \theta\right) \tag{3.11}$$

同様にして，正弦波交流の電流の瞬時値 i は，次のように表される．

$$i = I_m \sin(\omega t + \theta) = I_m \sin(2\pi f t + \theta) = I_m \sin\left(\frac{2\pi}{T}t + \theta\right) \tag{3.12}$$

例題 3.3　正弦波交流電流 i および正弦波交流電圧 v が，それぞれ次のように与えられる．お互いの位相差を求めよ．

$$i = 20\sin\left(\omega t + \frac{\pi}{3}\right)$$

$$v = 50\sin\left(\omega t - \frac{\pi}{4}\right)$$

解答　電流の初期位相から電圧のそれを引いて，その差を調べる．

$$\frac{\pi}{3} - \left(-\frac{\pi}{4}\right) = \frac{4\pi}{12} + \frac{3\pi}{12} = \frac{7\pi}{12}$$

よって，電流は電圧に対して，$7\pi/12$ [rad] だけ位相が進んでいる．

3.4　平均値と実効値

図 3.4 は，周期が T の正弦波交流電圧の変化を，横軸を時間 t にとって示している．この交流電圧の大きさの，1 周期についての平均を考えてみる．a → b → c → a で囲まれる面積 A と，c → d → e → c で囲まれる面積 B は等しいが，お互いの符号が異なる．よって，これら二つを足し合わせたものは，相殺して零となる．このため，交流電圧の**平均値**は，半周期についての平均値で定義される．a → b → c → a の面

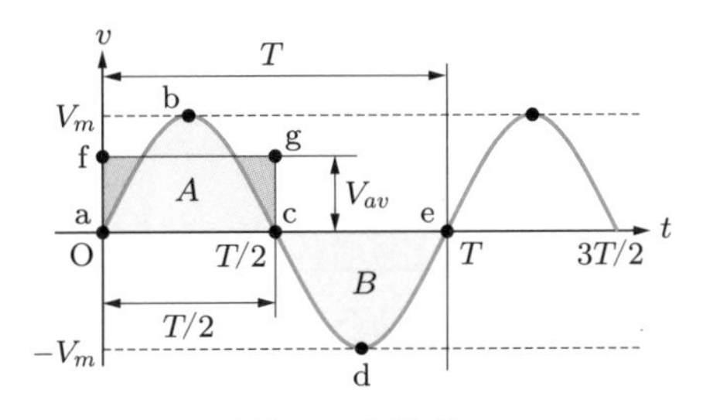

図 3.4　平均値

積 A と等しくなるような長方形 a → f → g → c → a を考える．このときの長方形の高さに相当する電圧を平均値 V_{av} と定義すると，V_{av} は次式のように計算される．ただし，式 (3.7) で与えられる $\omega T = 2\pi$ を用いている．

$$\begin{aligned} V_{av} &= \frac{1}{(T/2)} \int_0^{T/2} V_m \sin\omega t \, \mathrm{d}t = \frac{2}{T} \left[-\frac{V_m}{\omega} \cos\omega t \right]_0^{T/2} \\ &= -\frac{2V_m}{\omega T} \left(\cos\frac{\omega T}{2} - 1 \right) = \frac{4V_m}{\omega T} = \frac{4V_m}{2\pi} = \frac{2}{\pi} V_m \fallingdotseq 0.637 V_m \end{aligned} \tag{3.13}$$

▶ 正弦波交流の平均値

正弦波交流電圧の平均値 V_{av} は，半周期についての平均値で定義され，最大値 V_m の $2/\pi$ 倍である．

$$V_{av} = \frac{2}{\pi} V_m \fallingdotseq 0.637 V_m \tag{3.14}$$

同様にして，正弦波交流電流の平均値 I_{av} は，半周期についての平均値で定義され，最大値 I_m の $2/\pi$ 倍である．

$$I_{av} = \frac{2}{\pi} I_m \fallingdotseq 0.637 I_m \tag{3.15}$$

正弦波交流の電力について考えてみよう．直流の場合には，抵抗で消費される電力は式 (2.43) に従って，電流の 2 乗に比例することを学んだ．交流においては，電流の向きや大きさが時間的に変化するので，電流の瞬時値の 2 乗の平均を，まず考えることにする．次に，この電流の瞬時値の 2 乗の平均値の平方根をとることにより，平均電力の尺度となる電流値を求める．このようにして求められた電流値を，電流の**実効値**という．交流電流が式 (3.12) に従う場合について，その実効値を計算すると，次式のようになる．

$$I_e = \sqrt{\frac{1}{T} \int_0^T i^2 \, \mathrm{d}t} = \sqrt{\frac{1}{T} \int_0^T \{ I_m \sin(\omega t + \theta) \}^2 \, \mathrm{d}t} = \frac{I_m}{\sqrt{2}} \fallingdotseq 0.707 I_m \tag{3.16}$$

正弦波交流電圧の実効値も同様に定義される．したがって，次のようになる．

▶ 正弦波交流の実効値

正弦波交流電流の実効値 I_e は，最大値 I_m の $1/\sqrt{2}$ 倍である．

$$I_e = \frac{I_m}{\sqrt{2}} \fallingdotseq 0.707 I_m \tag{3.17}$$

同様にして，正弦波交流電圧の実効値 V_e は，最大値 V_m の $1/\sqrt{2}$ 倍である．

$$V_e = \frac{V_m}{\sqrt{2}} \fallingdotseq 0.707V_m \tag{3.18}$$

例題 3.4　式 (3.16) を，具体的に導出せよ．

解答　式 (3.16) の i に，式 (3.12) を代入する．以下の計算においては，付録 A の三角関数の半角の公式，すなわち (A.1.25) を用いる．

$$\begin{aligned}
I_e &= \sqrt{\frac{1}{T}\int_0^T I_m{}^2 \sin^2(\omega t + \theta)\,\mathrm{d}t} = \sqrt{\frac{1}{T}\int_0^T I_m{}^2 \frac{1-\cos 2(\omega t+\theta)}{2}\,\mathrm{d}t} \\
&= \sqrt{\frac{I_m{}^2}{2T}\left[t - \frac{\sin 2(\omega t+\theta)}{2\omega}\right]_0^T} = \sqrt{\frac{I_m{}^2}{2T}\left[\left\{T - \frac{\sin 2(\omega T+\theta)}{2\omega}\right\} - \left(0 - \frac{\sin 2\theta}{2\omega}\right)\right]} \\
&= \sqrt{\frac{I_m{}^2}{2T}\left[\left\{T - \frac{\sin(4\pi+2\theta)}{2\omega}\right\} - \left(0 - \frac{\sin 2\theta}{2\omega}\right)\right]} \\
&= \sqrt{\frac{I_m{}^2}{2T} \times T} = \frac{I_m}{\sqrt{2}}
\end{aligned}$$

この計算の途中で，式 (3.7) から導かれる $\omega T = 2\pi$ の関係を用いている．

例題 3.5　実効値が 100 [V]，周波数が 60 [Hz]，初期位相が $\pi/2$ [rad] の正弦波交流電圧の瞬時値を与える式を導け．

解答　角周波数 ω は，式 (3.6) を用いて，

$$\omega = 2\pi f = 2\pi \times 60 = 120\pi \ \text{[rad/s]}$$

となる．また，電圧の最大値は，式 (3.18) より，実効値の $\sqrt{2}$ 倍である．よって，正弦波交流電圧の瞬時値を与える式は，次のように求められる．

$$v = 100\sqrt{2}\sin\left(120\pi t + \frac{\pi}{2}\right) \ \text{[V]}$$

3.5　複素数の基礎

正弦波交流を三角関数を用いて表現すると，電圧や電流の変化を直観的に理解できることを学んだ．その一方で，交流回路の計算で現れる，加減乗除のさまざまな演算が大変に複雑になる．このような計算は，複素数を用いると，とても簡単に行うことができる．

複素数を定義するにあたり，まず，次式で与えられる**虚数単位** j を導入する．

$$j = \sqrt{-1} \tag{3.19}$$

数学では，虚数単位は i で表される．しかし，i は，電気回路においては慣例的に電流を表すのに用いられる．よって，混乱を避けるために，電気回路では j で表現される．

▶ 複素数の直交座標形式

複素数 $\boldsymbol{Z}$ は，二つの実数 a, b と虚数単位 j を用いて，次式で与えられる．

$$\boldsymbol{Z} = a + jb \tag{3.20}$$

ここで，a および b を，それぞれ複素数 $\boldsymbol{Z}$ の**実部**および**虚部**という．

この複素数 $\boldsymbol{Z}$ は，実部 a の値を x 軸，虚部 b の値を y 軸にとって表すと，**図 3.5** に示されるように，直交座標 (x, y) 平面上の 1 点 P で示される．この平面を**複素平面**といい，また x 軸を**実軸**あるいは**実数軸**，y 軸を**虚軸**あるいは**虚数軸**という．式 (3.20) で複素数を表現する方法を，**直交座標形式**という．

さらに，この複素平面上の複素数 $\boldsymbol{Z}$ は，**図 3.6** で示されるように，原点 O からの距離 r と，実軸を始線として測った角 θ を用いて表すことができる．このとき，r を **$\boldsymbol{Z}$ の絶対値**あるいは **$\boldsymbol{Z}$ の大きさ**といい，直角三角形 OAP に対する三平方の定理を用いることにより，次のようになる．

$$r = |\boldsymbol{Z}| = \sqrt{a^2 + b^2} \tag{3.21}$$

また，角 θ は

$$\theta = \tan^{-1} \frac{b}{a} \tag{3.22}$$

で与えられ，これを**偏角**という．なお，書籍によっては，偏角を $\arg \boldsymbol{Z} = \theta$ という表記を使って表す場合もある．r と θ を用いると，a, b は次のように表される．

$$a = r\cos\theta, \quad b = r\sin\theta \tag{3.23}$$

式 (3.23) を式 (3.20) に代入して整理すると，次のようになる．

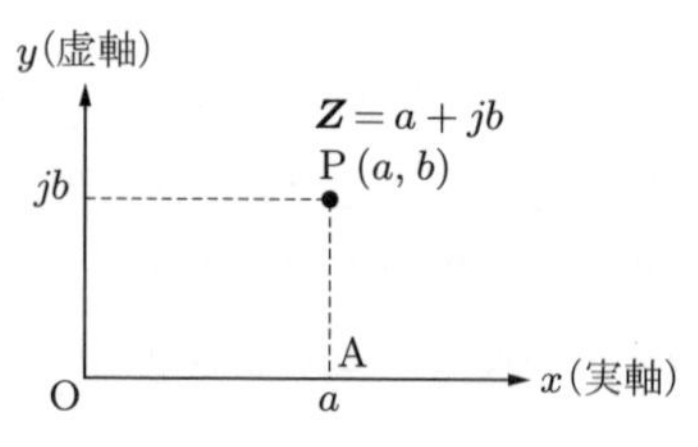

図 3.5　複素平面と複素数 $\boldsymbol{Z}$

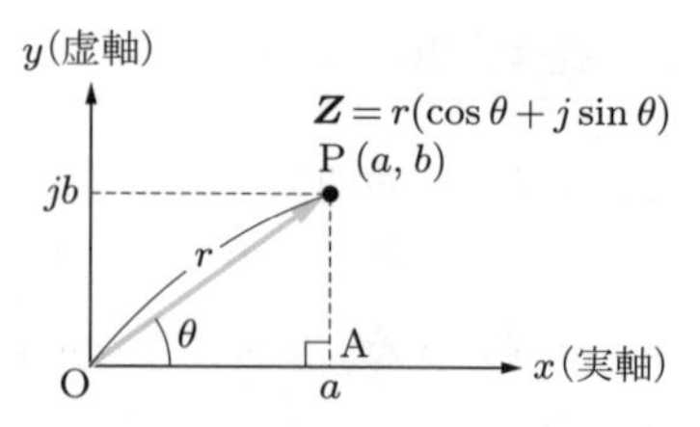

図 3.6　複素数の極座標形式

▶ **複素数の極座標形式**

$$\boldsymbol{Z} = r(\cos\theta + j\sin\theta) \tag{3.24}$$

複素数のこの表現方法を，極座標形式あるいは極形式という．

図 3.6 からわかるように，複素数 $\boldsymbol{Z}$ は，大きさ r と偏角 θ をもつベクトル（有向線分）とみなすことができる．ただし，複素平面上の 2 次元に限定したベクトルである．交流回路理論では，ベクトル解析で用いられる一般の 3 次元の空間ベクトルと区別して用いるために，フェーザ（phase vector を縮めた用語）という表現が用いられる．フェーザは，しばしば次のように表す．

▶ **複素数のフェーザ形式**

$$\boldsymbol{Z} = r\angle\theta \tag{3.25}$$

複素数のこの表現方法を，フェーザ形式とよぶ．

複素数をフェーザ形式で表すとき，その偏角 θ の単位は，ラジアン [rad] ではなく，度 [°] を用いる．本書では，基本的にこの原則に従っているが，直観的な理解のしやすさから，必要に応じてラジアンを用いている部分もある．

3.6　複素数の指数関数表現

実数 x を変数とする指数関数のマクローリン展開（付録 A.2 参照）は，次のようになる．以下，複号同順である．

$$e^{\pm x} = 1 \pm \frac{x}{1!} + \frac{x^2}{2!} \pm \frac{x^3}{3!} + \frac{x^4}{4!} \pm \frac{x^5}{5!} + \cdots \tag{3.26}$$

この式において，x を複素数 $j\theta$ に置き換えてみよう．

$$e^{\pm j\theta} = 1 \pm \frac{j\theta}{1!} + \frac{(j\theta)^2}{2!} \pm \frac{(j\theta)^3}{3!} + \frac{(j\theta)^4}{4!} \pm \frac{(j\theta)^5}{5!} + \cdots \tag{3.27}$$

式 (3.19) より

$$j^2 = -1 \tag{3.28}$$

であるので，これを式 (3.27) に代入して整理すると，

$$e^{\pm j\theta} = \left(1 - \frac{\theta^2}{2!} + \frac{\theta^4}{4!} - \frac{\theta^6}{6!} + \cdots\right) \pm j\left(\frac{\theta}{1!} - \frac{\theta^3}{3!} + \frac{\theta^5}{5!} - \frac{\theta^7}{7!} + \cdots\right) \tag{3.29}$$

となる．

一方，正弦関数および余弦関数のマクローリン展開は，以下のとおりである．

$$\sin\theta = \theta - \frac{\theta^3}{3!} + \frac{\theta^5}{5!} - \frac{\theta^7}{7!} + \cdots \tag{3.30}$$

$$\cos\theta = 1 - \frac{\theta^2}{2!} + \frac{\theta^4}{4!} - \frac{\theta^6}{6!} + \cdots \tag{3.31}$$

これらは，それぞれ式 (3.29) の虚部と実部に等しい．よって，次の**オイラーの公式**が得られる．

▶ オイラーの公式

$$e^{\pm j\theta} = \cos\theta \pm j\sin\theta \tag{3.32}$$

式 (3.32) を式 (3.24) に代入すると，次のようになる．

▶ 複素数の指数関数形式

$$\boldsymbol{Z} = re^{j\theta} \tag{3.33}$$

複素数のこの表現法を，**指数関数形式**という．

式 (3.32) より，正弦関数および余弦関数は，次のように指数関数で表現できる．

$$\sin\theta = \frac{e^{j\theta} - e^{-j\theta}}{2j} \tag{3.34}$$

$$\cos\theta = \frac{e^{j\theta} + e^{-j\theta}}{2} \tag{3.35}$$

r と θ を用いて複素数 $\boldsymbol{Z}$ を表現する方法として，式 (3.24) の極座標形式（極形式），式 (3.25) のフェーザ形式，および式 (3.33) の指数関数形式を説明した．これら三つは，広義の**極座標形式（極形式）**とよばれ，式 (3.20) の直交座標形式と対比した表現として用いられる．

3.7　複素数の四則演算

二つの複素数を

$$\boldsymbol{Z}_1 = a_1 + jb_1 = r_1e^{j\theta_1} \tag{3.36}$$

$$\boldsymbol{Z}_2 = a_2 + jb_2 = r_2e^{j\theta_2} \tag{3.37}$$

とする．これらを用いた加減算は，直交座標形式を用いると，以下のようになる．

$$\boldsymbol{Z}_1 + \boldsymbol{Z}_2 = (a_1 + jb_1) + (a_2 + jb_2) = (a_1 + a_2) + j(b_1 + b_2) \tag{3.38}$$

$$\boldsymbol{Z}_1 - \boldsymbol{Z}_2 = (a_1 + jb_1) - (a_2 + jb_2) = (a_1 - a_2) + j(b_1 - b_2) \tag{3.39}$$

すなわち，実部どうし，虚部どうしの和および差を求めて，整理すればよい．

次に，乗除算を行う．まず，直交座標形式で計算を行ってみる．

$$\boldsymbol{Z}_1 \times \boldsymbol{Z}_2 = (a_1 + jb_1) \times (a_2 + jb_2) = (a_1 a_2 - b_1 b_2) + j(a_1 b_2 + a_2 b_1) \tag{3.40}$$

$$\frac{\boldsymbol{Z}_1}{\boldsymbol{Z}_2} = \frac{a_1 + jb_1}{a_2 + jb_2} = \frac{(a_1 + jb_1)(a_2 - jb_2)}{(a_2 + jb_2)(a_2 - jb_2)} = \frac{a_1 a_2 + b_1 b_2}{{a_2}^2 + {b_2}^2} + j\frac{a_2 b_1 - a_1 b_2}{{a_2}^2 + {b_2}^2} \tag{3.41}$$

一方，乗除算を指数関数形式を用いて行うと，以下のようになる．

$$\boldsymbol{Z}_1 \times \boldsymbol{Z}_2 = (r_1 e^{j\theta_1}) \times (r_2 e^{j\theta_2}) = r_1 r_2 e^{j(\theta_1 + \theta_2)} \tag{3.42}$$

$$\frac{\boldsymbol{Z}_1}{\boldsymbol{Z}_2} = \frac{r_1 e^{j\theta_1}}{r_2 e^{j\theta_2}} = \frac{r_1}{r_2} e^{j(\theta_1 - \theta_2)} \tag{3.43}$$

すなわち，乗算においては，演算後の絶対値は，二つの複素数の絶対値を掛け算すれば求められる．また，演算後の偏角は，二つの複素数の偏角を足し算したものになる．一方，除算においては，演算後の絶対値は，分子の複素数の絶対値を分母の複素数の絶対値で割り算すれば求められる．また，演算後の偏角は，分子の複素数の偏角から分母の複素数の偏角を引き算したものになる．直交座標形式を用いると，計算が複雑になるのに加え，演算後の結果の解釈が難しい．それに対し，指数関数形式で行うと，結果の解釈に対する見通しがとてもよいことがわかる．

▶ 複素数どうしの演算

加減算は，直交座標形式で行う．実部どうし，虚部どうしの和と差を求めて整理する．

乗算および除算は，極座標形式（指数関数形式）で行う．絶対値は，それぞれ掛け算および割り算を，偏角は，それぞれ足し算および引き算を行う．

例題 3.6 次の二つの複素数 $\boldsymbol{Z}_1$ と $\boldsymbol{Z}_2$ の加減乗除算を行え．

$$\boldsymbol{Z}_1 = 2 + j2, \quad \boldsymbol{Z}_2 = 3 - j3\sqrt{3}$$

解答 加減算は直交座標形式のままで行う．

加算：$\boldsymbol{Z}_1 + \boldsymbol{Z}_2 = (2 + j2) + (3 - j3\sqrt{3}) = 5 + j(2 - 3\sqrt{3})$

減算：$\boldsymbol{Z}_1 - \boldsymbol{Z}_2 = (2 + j2) - (3 - j3\sqrt{3}) = -1 + j(2 + 3\sqrt{3})$

乗除算は指数関数形式で行う．そのために，$\boldsymbol{Z}_1$ と $\boldsymbol{Z}_2$ を指数関数形式に直す．

$$r_1 = \sqrt{2^2 + 2^2} = \sqrt{8} = 2\sqrt{2}$$

$$\theta_1 = \tan^{-1}\frac{2}{2} = \tan^{-1}1 = \frac{\pi}{4}$$

$$r_2 = \sqrt{3^2 + (-3\sqrt{3})^2} = \sqrt{9+27} = \sqrt{36} = 6$$

$$\theta_2 = \tan^{-1}\frac{-3\sqrt{3}}{3} = \tan^{-1}(-\sqrt{3}) = -\frac{\pi}{3}$$

よって，

$$\boldsymbol{Z}_1 = r_1 e^{j\theta_1} = 2\sqrt{2}e^{j\pi/4}$$

$$\boldsymbol{Z}_2 = r_2 e^{j\theta_2} = 6e^{-j\pi/3}$$

と表せる．これらを用いると，乗算と除算は次のようになる．

乗算：$\boldsymbol{Z}_1 \times \boldsymbol{Z}_2 = (2\sqrt{2}e^{j\pi/4}) \times (6e^{-j\pi/3}) = (2\sqrt{2}\times 6)e^{j(\pi/4-\pi/3)} = 12\sqrt{2}e^{-j\pi/12}$

除算：$\dfrac{\boldsymbol{Z}_1}{\boldsymbol{Z}_2} = \dfrac{2\sqrt{2}e^{j\pi/4}}{6e^{-j\pi/3}} = \dfrac{\sqrt{2}}{3}e^{j(\pi/4+\pi/3)} = \dfrac{\sqrt{2}}{3}e^{j7\pi/12}$

3.8　共役複素数

▶ **共役複素数**

式 (3.20) で与えられる複素数に対して，虚部の符号を変えたものを，**共役複素数**という．

$$\overline{\boldsymbol{Z}} = a - jb \tag{3.44}$$

共役複素数は，このように変数の上にバーをつけて表す．$\boldsymbol{Z}$ と $\overline{\boldsymbol{Z}}$ は，お互いに**共役な関係**にあるという．

図 3.7 は，複素平面上において，点 P で表される複素数 $\boldsymbol{Z}$ と，点 Q で表される共役複素数 $\overline{\boldsymbol{Z}}$ の関係を示したものである．なお，極座標形式では，共役複素数は偏角

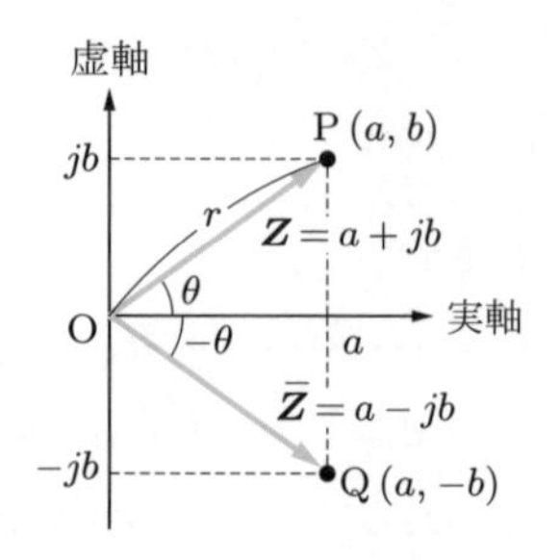

図 3.7　共役複素数

の符号を変えることにより，次のように表される．

$$\overline{\boldsymbol{Z}} = r(\cos\theta - j\sin\theta) = re^{-j\theta} = r\angle(-\theta) \tag{3.45}$$

すなわち，**共役複素数は，もとの複素数と，実軸に対して対称になる．** 式 (3.33) と式 (3.45) を用いると，次の重要な関係が導かれる．

▶ 複素数と共役複素数の積

複素数 $\boldsymbol{Z}$ とその共役複素数 $\overline{\boldsymbol{Z}}$ との積は，$\boldsymbol{Z}$ の大きさの 2 乗となる．

$$\boldsymbol{Z}\overline{\boldsymbol{Z}} = re^{j\theta} \times re^{-j\theta} = r^2 \tag{3.46}$$

例題 3.7 複素数 $\boldsymbol{Z} = -3 + j3\sqrt{3}$ の共役複素数をフェーザ形式で表せ．また，複素数 $\boldsymbol{Z}$ と共役複素数 $\overline{\boldsymbol{Z}}$ の関係がわかるように，複素平面上に図示せよ．

解答 複素数 $\boldsymbol{Z}$ の絶対値 r と偏角 θ は，次のようになる．

$$r = |\boldsymbol{Z}| = \sqrt{(-3)^2 + (3\sqrt{3})^2} = 6$$

$$\theta = \tan^{-1}\frac{3\sqrt{3}}{-3} = \tan^{-1}(-\sqrt{3}) = 120^\circ$$

よって，求める共役複素数は，絶対値 r はそのままで，偏角 θ を $-\theta$ にすればよいので，次のようになる．

$$\overline{\boldsymbol{Z}} = r\angle(-\theta) = 6\angle(-120^\circ)$$

図 **3.8** に複素数 $\boldsymbol{Z}$ と，その共役複素数 $\overline{\boldsymbol{Z}}$ を示す．

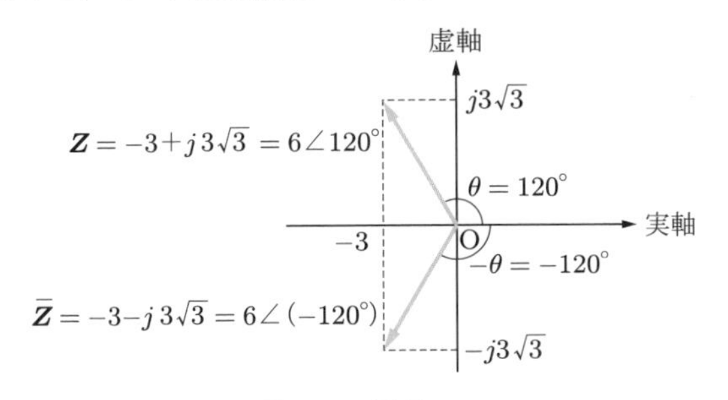

図 **3.8** 例題 3.7

3.9 回転オペレータ

式 (3.20) で与えられる複素数 $\boldsymbol{Z}$ に，虚数単位 j を掛けてみよう．

$$j\boldsymbol{Z} = j(a + jb) = -b + ja \tag{3.47}$$

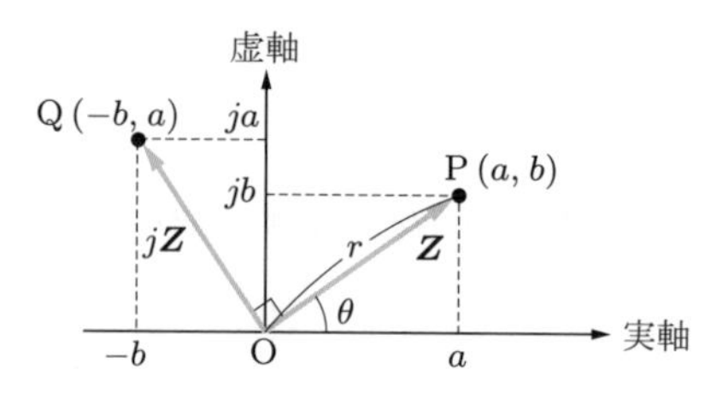

図 3.9　複素平面上の $\boldsymbol{Z}$ と $j\boldsymbol{Z}$ の関係

複素平面上の $\boldsymbol{Z}$ および $j\boldsymbol{Z}$ を表す点を，それぞれ点 P および点 Q として，これら二つの複素数を図示すると，**図 3.9** のようになる．明らかに，点 Q は点 P を $\pi/2$ [rad] だけ，反時計回りに回転させたものである．

このことは，複素数を指数関数形式で表して計算すると，もっと端的に理解できる．**図 3.10** に示すように，虚数単位 j は，その絶対値が 1 で偏角が $\pi/2$ [rad] の複素数である．式 (3.24) に $r = 1$，$\theta = \pi/2$ を代入してみると，確かに，

$$1 \times \left(\cos\frac{\pi}{2} + j\sin\frac{\pi}{2}\right) = j \tag{3.48}$$

となる．すなわち，

$$j = e^{j\pi/2} \tag{3.49}$$

であるので，指数関数形式で表した式 (3.33) の $\boldsymbol{Z}$ に，式 (3.49) の j を掛ける演算を行ってみると，

$$j\boldsymbol{Z} = j \times re^{j\theta} = e^{j\pi/2} \times re^{j\theta} = re^{j(\theta+\pi/2)} \tag{3.50}$$

となる．以上より，偏角が θ である複素数 $\boldsymbol{Z}$ に j を掛けると，**図 3.11** に示すように，その絶対値は変化せず，偏角だけが $\pi/2$ [rad] 増加する．このことから，j を掛けることは，反時計回りに回転させる**回転オペレータ**としての機能があることがわかる．

式 (3.50) に対して，さらに j を掛けてみよう．

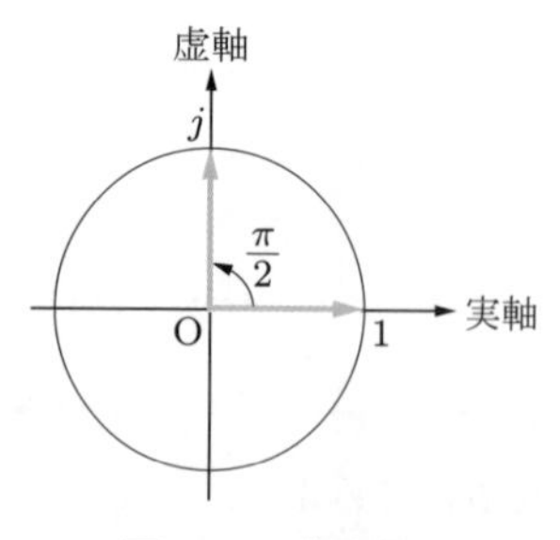

図 3.10　複素数 j

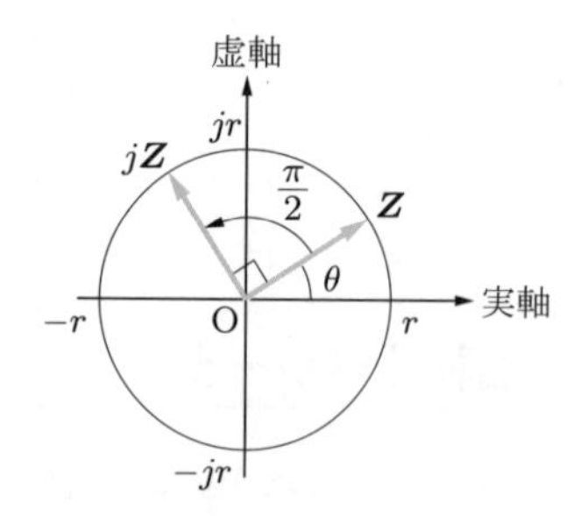

図 3.11　回転オペレータ j の機能

$$j \times j\boldsymbol{Z} = e^{j\pi/2} \times re^{j(\theta+\pi/2)} = re^{j(\theta+\pi)} \tag{3.51}$$

複素数 $\boldsymbol{Z}$ の偏角がさらに $\pi/2$ [rad] 増加し，合計して位相が π [rad] 進んだことがわかる．

次に，式 (3.33) を j で割ってみよう．まず，

$$\frac{1}{j} = \frac{j}{j \times j} = -j \tag{3.52}$$

であるので，共役複素数の定義に従って，

$$-j = 1 \times \left\{\cos\left(-\frac{\pi}{2}\right) + j\sin\left(-\frac{\pi}{2}\right)\right\} = e^{j(-\pi/2)} \tag{3.53}$$

となる．よって，次のようになる．

$$\frac{\boldsymbol{Z}}{j} = e^{j(-\pi/2)} \times re^{j\theta} = re^{j(\theta-\pi/2)} \tag{3.54}$$

すなわち，偏角が θ である複素数 $\boldsymbol{Z}$ を j で割ると，その絶対値は変化せず，偏角だけが $\pi/2$ [rad] 減少する．このことから，j で割ることは，時計回りに回転させる回転オペレータとしての機能があることがわかる．

▶ 回転オペレータ

複素数に虚数単位 j を掛けることは，その複素数の偏角を $\pi/2$ [rad] 進ませる．また，複素数を虚数単位 j で割ることは，その複素数の偏角を $\pi/2$ [rad] 遅らせる．

以上の回転オペレータ j の機能をまとめると，図 **3.12** のようになる．

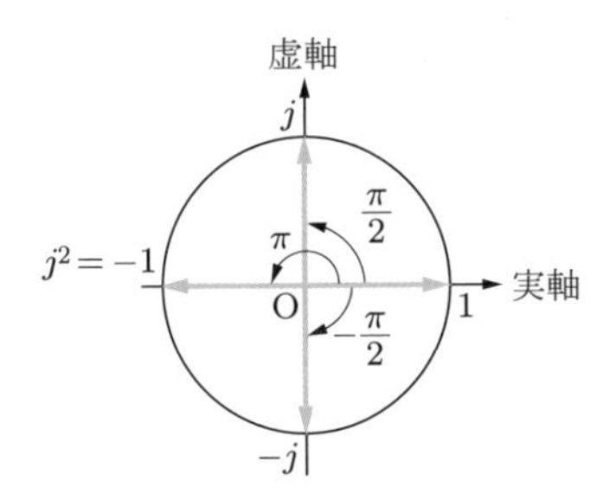

図 3.12　回転オペレータ

3.10　正弦波交流の複素数表示

式 (3.11) において，正弦波交流の瞬時電圧は，次のように表されることを説明した．

$$v = V_m \sin(\omega t + \theta) \tag{3.55}$$

ここで，最大値 V_m は，実効値 V_e を用いると次のようになる．

$$V_m = \sqrt{2}V_e \tag{3.56}$$

3.6 節で学んだ複素数の指数関数表現を用いて，式 (3.55) の正弦波交流電圧は，次のように表すことができる．

$$\boldsymbol{V} = V_m e^{j(\omega t+\theta)} \tag{3.57}$$

この式は，図 **3.13** の左側に示すように，大きさが V_m で，初期位相が θ，角周波数が ω のベクトル OP の回転の動きを表している．式 (3.57) をオイラーの公式を用いて展開すると，

$$\boldsymbol{V} = V_m\{\cos(\omega t+\theta) + j\sin(\omega t+\theta)\} \tag{3.58}$$

となる．この式の実部は，ベクトル OP の x 軸への投影 OQ を表し，一方，虚部は y 軸への投影 OR を表す．図 3.13 の右側の図は，この虚部である $V_m\sin(\omega t+\theta)$ の時間変化の波形を表している．これは，式 (3.55) で与えられる正弦波交流の瞬時電圧の波形そのものである．式 (3.57) の指数関数形式で表した複素数の電圧を，**複素電圧**という．同様に，正弦波交流電流は，指数関数表現を用いて次のように表す．

$$\boldsymbol{I} = I_m e^{j(\omega t+\phi)} \tag{3.59}$$

これを**複素電流**という．以上の表現方法を**正弦波交流の複素数表示**という．

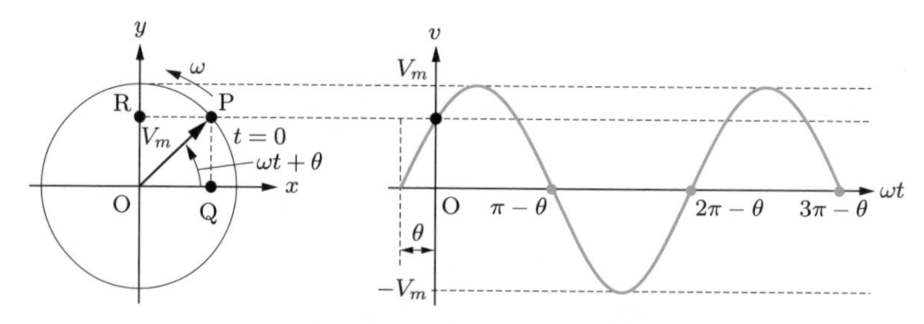

図 **3.13**　回転ベクトルとその虚部の波形

さて，式 (3.55) からわかるように，正弦波交流の瞬時値を表現するために本当に必要なものは，式 (3.57) や式 (3.59) の虚部だけである．それなのに，どうして不必要と思われる実部まで含めた，このような複素数表示をわざわざ用いるのだろうか？　その理由は，これから説明していく電気回路のさまざまな計算が，複素数表示を用いることによって，きわめて簡潔かつ明瞭に行えるからである．一般に，三角関数を使って電気回路の計算を行おうとすると，付録 A.1 に載っているような，加法定理や倍角公式等を使った複雑な計算が必要になる．複素数を用いると，この負担が一挙に軽減される．なお，式 (3.57) や式 (3.59) の表現を**回転ベクトル**という．

複素数表示を用いた電気回路の計算は，以下のようにして行う．まず，複素電圧や複素電流を与える式 (3.57) や式 (3.59) において，時間変化を表す $e^{j\omega t}$ の部分は共通に存在する．したがって，この部分は省略して，

$$\boldsymbol{V} = V_m e^{j\theta} \tag{3.60}$$

$$\boldsymbol{I} = I_m e^{j\phi} \tag{3.61}$$

を用いることにする．複素数表示を使うと，電圧や電流は，V_m や I_m で与えられる振幅と，θ や ϕ で与えられる初期位相のみで表現できる．ちなみに，電圧や電流の初期位相は，一般にお互いに異なる．式 (3.60) や式 (3.61) を用いてさまざまな計算を行ったあと，最後に $e^{j\omega t}$ を掛ければ，最終的な解が得られる．大切な点は，電圧と電流のお互いの位相関係，すなわち位相差である．電圧と電流は共通の角周波数で回転するから，お互いの位相差，すなわち，相対的な位相関係はいつまでも変化せず，一定に保たれる．

いままでは，瞬時電圧や瞬時電流の表式の中に現れる最大値，すなわち V_m や I_m を使ってきたが，実用的な観点からは，実効値を用いたほうが都合がよい．そこで，以降はとくに断らない限り，複素数表示を使う場合には，電圧や電流は実効値を用いることにし，添え字を付けずに V, I で表す．

▶ 複素電圧と複素電流

指数関数形式を用いた複素電圧 $\boldsymbol{V}$ と複素電流 $\boldsymbol{I}$ は，それぞれの実効値 V, I と初期位相 θ, ϕ を用いて，次のように表す．

$$\boldsymbol{V} = V e^{j\theta} \tag{3.62}$$

$$\boldsymbol{I} = I e^{j\phi} \tag{3.63}$$

式 (3.60), (3.61)，あるいは式 (3.62), (3.63) の表現を**静止ベクトル**という．共通の角周波数で回転する効果の部分 $e^{j\omega t}$ を省いた，静止した状態を考えるから，こうよぶのである．

複素電圧と複素電流に対して，次のようなフェーザ形式もよく用いられる．

▶ フェーザ形式による表現

$$\boldsymbol{V} = V\angle\theta \tag{3.64}$$

$$\boldsymbol{I} = I\angle\phi \tag{3.65}$$

フェーザ形式は，電気回路の解析を行ううえで大切な，実効値と初期位相のみを取り出して，これらを見やすく，かつ強調した表現形式といえる．演算上の数学的ある

いは物理的な定義は，あくまでも式 (3.62) および式 (3.63) で与えられる点に注意してほしい．

これからは，電圧や電流を複素数で表現する場合，この節で示したように，それぞれ，太字の斜体 $\boldsymbol{V}$ や $\boldsymbol{I}$ で表すことにする．なお，これら複素電圧や複素電流を，$\dot{V}$ や $\dot{I}$ のように，変数の上に・(ドット) をつけて表現する方法も，一般的に用いられるので注意されたい．また，**図 3.14** のように，フェーザ形式に従って，複素平面上に電圧や電流の複素数表示を行った図を，**フェーザ図**という．

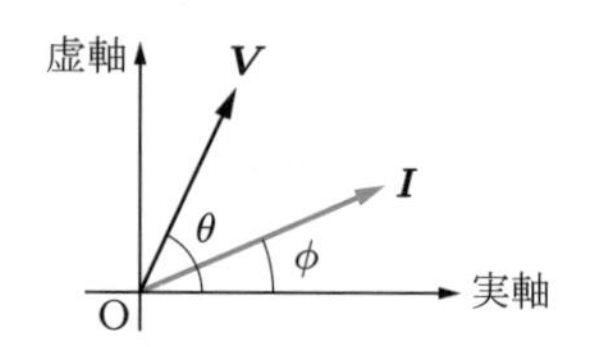

図 3.14　電圧と電流のフェーザ図

交流回路理論に現れる電圧や電流などの諸量をフェーザ図で表すことで，それらの大きさと位相が視覚的に表現される．そのため，同一の物理量，たとえば，二つの交流電圧であれば，両者の大きさと位相の相対的な関係を明確に理解することができる．

図 3.14 のように，電圧と電流など物理量が異なるときは，両者の大きさの直接的な比較はできないが，両者の位相関係は明らかにできる．ただし，それぞれの正弦波交流諸量の角周波数 ω が同じであることが，前提である点に注意してほしい．

なお，本書では，フェーザと同時に，必要に応じてベクトルという表現も用いる．とくに，後述するインピーダンスやアドミタンスに対しては，ベクトルという表現を標準的に用いる．

フェーザ形式で表された二つの複素数の掛け算について，少し説明を加えておこう．たとえば，式 (3.64) と式 (3.65) で与えられる $\boldsymbol{V}$ と $\boldsymbol{I}$ の掛け算は，形式的に次のようになる．

$$\boldsymbol{V} \times \boldsymbol{I} = (V\angle\theta) \times (I\angle\phi) = VI\angle(\theta + \phi) \tag{3.66}$$

すなわち，その大きさは，二つの複素数の大きさの掛け算で，また，位相は，二つの複素数の位相の足し算で表される．このことは，数学的な定義の明確な式 (3.62) と式 (3.63) の指数関数形式に立ち戻って，

$$\boldsymbol{V} \times \boldsymbol{I} = Ve^{j\theta} \times Ie^{j\phi} = VIe^{j(\theta+\phi)} \tag{3.67}$$

となることから確認できる．同様にして，割り算は次のようになる．

$$\frac{\boldsymbol{V}}{\boldsymbol{I}} = \frac{V\angle\theta}{I\angle\phi} = \frac{V}{I}\angle(\theta - \phi) \tag{3.68}$$

すなわち，その大きさは二つの複素数の大きさの割り算で，また，位相は，二つの複素数の位相の引き算で表される．

例題 3.8　次に示す瞬時電圧 v を，指数関数形式およびフェーザ形式で表し，フェーザ図を描け．

$$v = 250\sqrt{2}\sin\left(\omega t + \frac{\pi}{3}\right)\ [\mathrm{V}]$$

解答　題意により，この瞬時電圧 v の実効値は 250 [V]，初期位相は $\pi/3$ である．よって，式 (3.62) および式 (3.64) に従って，次のようになる．

$$\boldsymbol{V} = 250e^{j\pi/3} = 250\angle 60^\circ\ [\mathrm{V}]$$

図 **3.15** にフェーザ図を示す．

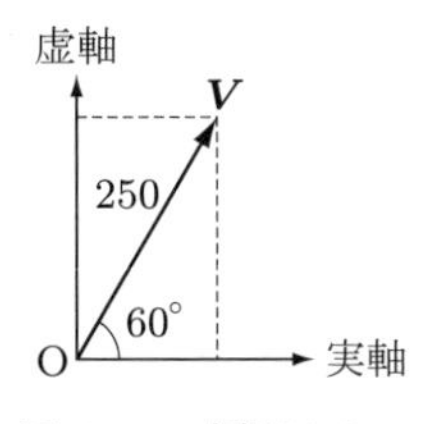

図 3.15　例題 3.8

複素数表示を行った電圧や電流に対して，これらを時間に関して微分したり，あるいは積分したりする演算について確認しておこう．この場合には，$e^{j\omega t}$ を省略したあとの静止ベクトルでは計算できないため，式 (3.57) あるいは式 (3.59) の，もともとの時間に依存した表現に立ち戻る必要がある．

式 (3.57) で与えられる複素電圧を時間 t について微分すると，

$$\frac{\mathrm{d}\boldsymbol{V}}{\mathrm{d}t} = j\omega V_m e^{j(\omega t+\theta)} = j\omega\boldsymbol{V} \tag{3.69}$$

となる．また，時間 t について積分すると，

$$\int \boldsymbol{V}\,\mathrm{d}t = \int V_m e^{j(\omega t+\theta)}\,\mathrm{d}t = \frac{V_m}{j\omega}e^{j(\omega t+\theta)} = \frac{1}{j\omega}\boldsymbol{V} \tag{3.70}$$

となる．複素電流に対しても，同様の操作が成り立つ．

▶ 複素数表示の微分と積分

複素数表示による電圧や電流を $\boldsymbol{F}$ で表す．このとき，時間 t についての微分演算は，形式的に $j\omega$ を掛けることであり，積分演算は $j\omega$ で割ることである．

$$\frac{\mathrm{d}\boldsymbol{F}}{\mathrm{d}t} = j\omega\boldsymbol{F} \tag{3.71}$$

$$\int \boldsymbol{F}\,\mathrm{d}t = \frac{1}{j\omega}\boldsymbol{F} \tag{3.72}$$

なお，この章以降では，$\boldsymbol{V}$ や $\boldsymbol{I}$ で与えられる複素電圧や複素電流のことを，必要に応じて，交流であることを強調するために，交流電圧や交流電流と表現したり，あるいは，フェーザ図内での位置づけを強調するために，電圧フェーザや電流フェーザと表現する場合がある．あるいは，簡潔性を重視して，単に電圧や電流と表すこともある．しかし，内容的には同じものである．

演習問題

3.1 **【周期と周波数】** 周期が 20 [ms] の正弦波交流の周波数はいくらか．

3.2 **【角周波数と周期】** 角周波数が 1000 [rad/s] の正弦波交流の周期はいくらか．

3.3 **【瞬時電流のグラフ】** 次に示す瞬時電流 i の時間変化を，横軸を位相にとってグラフで示せ．また，角周波数，周波数，周期，および初期位相はいくらか．

$$i = 30\sin\left(100\pi t - \frac{\pi}{4}\right)\ \text{[A]}$$

3.4 **【瞬時値の表式】** 次に示す瞬時電圧 v および瞬時電流 i の最大値，実効値，平均値，周期，周波数，角周波数，および初期位相を求めよ．

(1) $v = 256\sin\left(120\pi t + \dfrac{3\pi}{2}\right)$ [V]　　(2) $i = 120\sin\left(500t - \dfrac{\pi}{6}\right)$ [A]

3.5 **【位相の進み・遅れ】** 正弦波交流電流 i および正弦波交流電圧 v が，それぞれ以下のように与えられている．i は v に比べて位相がいくら進んでいるか，あるいは遅れているか．なお，余弦関数で与えられているものは，いったん，正弦関数に直してから考えていくこと．

(1) $i = 20\sin\left(\omega t + \dfrac{\pi}{3}\right)$ [A],　$v = 50\cos\left(\omega t - \dfrac{\pi}{4}\right)$ [V]

(2) $i = 30\cos\left(\omega t - \dfrac{\pi}{6}\right)$ [A],　$v = 100\sin\left(\omega t + \dfrac{\pi}{2}\right)$ [V]

3.6 **【電圧の瞬時値とそのグラフ】** 実効値が 100 [V]，周期が 12 [ms]，初期位相が $\pi/2$ で与えられる電圧の瞬時値の式を示せ．また，横軸を時間 t にとって，電圧の変化を表すグラフを，$0 \leqq t \leqq 15$ [ms] の範囲で描け．

3.7 **【複素数の表現形式】** 次に示す複素数を，極座標形式と指数関数形式で表せ．

(1) $\boldsymbol{Z} = \sqrt{3} + j1$　　(2) $\boldsymbol{Z} = 8 - j6$

3.8 **【複素数の加減乗除】** 複素数 $\boldsymbol{Z}_1$ と $\boldsymbol{Z}_2$ が次のように与えられている．これら二つの複素数の加減乗除算を行え．

$$\boldsymbol{Z}_1 = 3 + j3\sqrt{3},\quad \boldsymbol{Z}_2 = 2 - j2$$

3.9 **【回転オペレータ】** 複素数 $\boldsymbol{Z} = 3\sqrt{3} + j3$ に，虚数単位 j を 2 回掛ける操作を行い，その後，j で 1 回割る操作を行った．このような操作を完了させた複素数 $\boldsymbol{Z}^*$ は，もとの複素数 $\boldsymbol{Z}$ とどのような位置関係にあるか．複素平面上でその動きを示しながら説明せよ．

3.10 【正弦波交流の複素数表示】 次に示す瞬時値で表した正弦波交流を，直交座標形式，指数関数形式，およびフェーザ形式を用いて複素数表示せよ．

(1) $v = 100\sqrt{2}\sin(80\pi t)$ [V]　　(2) $i = 80\sqrt{2}\sin\left(100\pi t - \dfrac{\pi}{4}\right)$ [A]

3.11 【フェーザ図】 次に示す正弦波交流をフェーザ図で示せ．

(1) $v = 100\sin\left(50\pi t + \dfrac{\pi}{3}\right)$ [V]　　(2) $i = 20\cos\left(60\pi t - \dfrac{\pi}{4}\right)$ [A]

3.12 【直交座標形式から瞬時値への変換】 次の直交座標形式で与えられる複素電圧および複素電流を，瞬時値で表した正弦波交流として示せ．ただし，周波数は 50 [Hz] とする．

(1) $\boldsymbol{V} = 30 + j30\sqrt{3}$ [V]　　(2) $\boldsymbol{I} = 10\sqrt{3} + j10$ [A]

3.13 【フェーザ形式から瞬時値への変換】 次のフェーザ形式で与えられる複素電圧および複素電流を，瞬時値で表した正弦波交流として示せ．ただし，角周波数を 360 [rad/s] とする．

(1) $\boldsymbol{V} = 60\angle 60^\circ$ [V]　　(2) $\boldsymbol{I} = 30\angle(-45^\circ)$ [A]

3.14 【指数関数形式から瞬時値への変換】 次の指数関数形式で与えられる複素電圧および複素電流を，瞬時値で表した正弦波交流として示せ．ただし，角周波数を 360 [rad/s] とする．

(1) $\boldsymbol{V} = 100e^{-j\pi/3}$ [V]　　(2) $\boldsymbol{I} = 20e^{j\pi/4}$ [A]

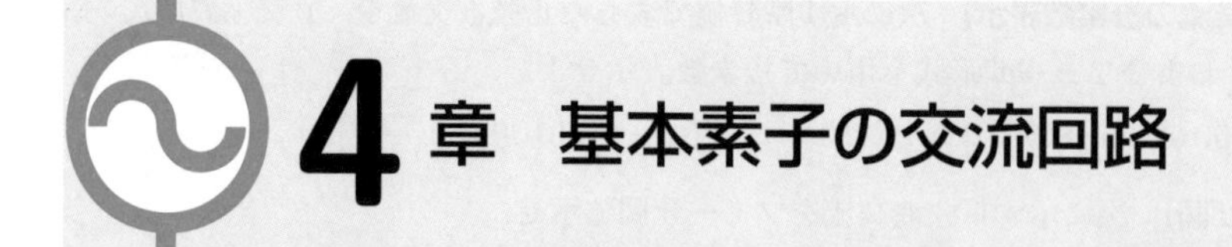

4章　基本素子の交流回路

電気回路を構成する素子として，これまでに，電気エネルギーを消費する抵抗に焦点を当てて説明した．一方，これ以外の大切な素子として，エネルギーを蓄えることのできるコイルとコンデンサがある．コイルは，これを貫通する磁束を通して，磁気エネルギーを蓄えることができる．一方，コンデンサは，二つの対向する電極に電荷を保持し，静電エネルギーを蓄える機能をもつ．本章では，これら3種類の素子の電気的応答について，とくに，加えた交流電圧と，回路を流れる交流電流の位相差に注意を払って調べることにする．

4.1　抵抗 R のみの回路

図4.1 は，抵抗 R に交流電圧

$$v = V_m \sin(\omega t + \theta) \tag{4.1}$$

を印加した回路を表す．このときに回路に流れる電流は，オームの法則を用いて，

$$i = \frac{v}{R} = \frac{V_m}{R}\sin(\omega t + \theta) = I_m \sin(\omega t + \theta) \tag{4.2}$$

で与えられる．オームの法則は，直流の場合のみならず，交流の場合にも成り立つ．ここで，

$$I_m = \frac{V_m}{R} \tag{4.3}$$

である．式(4.1)および式(4.2)で与えられる電圧と電流の時間変化を，$\theta = 0$ の場合についてグラフにして表すと，**図4.2** のようになる．電流も，電圧とまったく同じよ

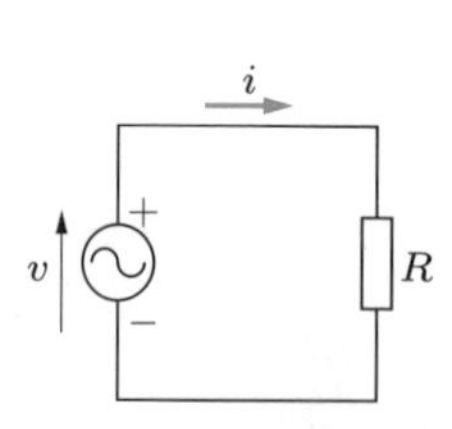

図 4.1　抵抗に正弦波交流を加えた回路

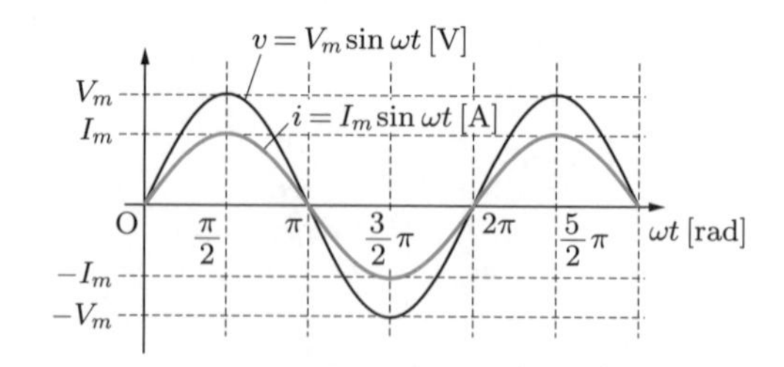

図 4.2　交流電圧と交流電流の時間変化

うに $\sin \omega t$ で変化する．すなわち，**電流は電圧と同じ位相（同位相）で変化する．**

3 章で学んだ複素数表示を用い，静止ベクトル表現で，以上の内容を表してみよう．式 (4.1) を複素数表示した複素電圧 $\boldsymbol{V}$ は，実効値 $V = V_m/\sqrt{2}$ を用いて，

$$\boldsymbol{V} = Ve^{j\theta} = \frac{V_m}{\sqrt{2}}e^{j\theta} \tag{4.4}$$

で表される．また，式 (4.2) を複素数表示した複素電流 $\boldsymbol{I}$ は，実効値 $I = I_m/\sqrt{2}$ を用いて，

$$\boldsymbol{I} = Ie^{j\theta} = \frac{I_m}{\sqrt{2}}e^{j\theta} \tag{4.5}$$

と表される．式 (4.5) の右辺に，式 (4.3) を代入して整理すると，

$$\boldsymbol{I} = \frac{1}{\sqrt{2}}\frac{V_m}{R}e^{j\theta} = \frac{1}{R}\frac{V_m}{\sqrt{2}}e^{j\theta} \tag{4.6}$$

となる．さらに，この式は式 (4.4) を用いると，

$$\boldsymbol{I} = \frac{\boldsymbol{V}}{R} \tag{4.7}$$

となる．式 (4.7) は，次のようにも書き換えることができる．

$$\boldsymbol{V} = R\boldsymbol{I} \tag{4.8}$$

このように，複素数表示を用いても，オームの法則は，瞬時値表現の場合と同じ形で表される．**図 4.3** は，式 (4.8) の電圧と電流の位相関係をフェーザ図で表したものである．$\boldsymbol{V}$ と $\boldsymbol{I}$ は共通の角周波数 ω で回転する限り，つねに同じ方向を向く．すなわち，$\boldsymbol{V}$ と $\boldsymbol{I}$ の位相は等しいことがわかる．

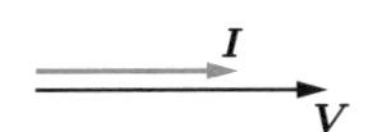

図 4.3　電圧と電流のフェーザ図

例題 4.1　図 4.1 の回路において，$R = 100$ [Ω] の抵抗に交流電圧 $\boldsymbol{V} = 250\angle(-30^\circ)$ [V] を印加した．周波数を $f = 60$ [Hz] とするとき，この回路に流れる電流をフェーザ形式で求め，フェーザ図を描け．

解答　式 (4.7) より，

$$\boldsymbol{I} = \frac{\boldsymbol{V}}{R} = \frac{250\angle(-30^\circ)}{100} = 2.5\angle(-30^\circ) \text{ [A]}$$

となる．よって，電流の初期位相は電圧のそれと等しく，電流の大きさは 2.5 [A] である．この問題では，周波数 f を考える必要はない．**図 4.4** が求める電流のフェーザ図である．

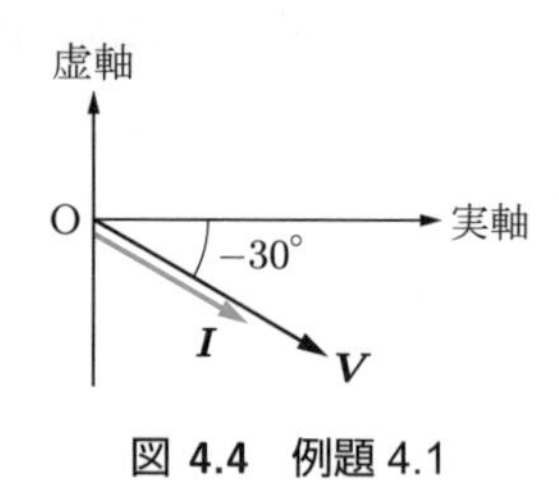

図 4.4　例題 4.1

4.2　インダクタンス L のみの回路

円形状に導線を巻いたものをコイルという．導線に電流 i を流すと，このコイルの中を貫通するように磁束 Φ が発生する．

$$\Phi = Li \tag{4.9}$$

ここで，L は比例定数であり，自己インダクタンスまたは単にインダクタンスという．この単位はヘンリー [H] である．なお，本書では，インダクタンス L をもつコイルを，単にコイル L とよぶことにする．

流す電流 i を変化させると，この磁束 Φ も変化する．この結果，導線には起電力が発生する．この起電力の方向と大きさは，次のファラデーの電磁誘導の法則に従う．

▶ ファラデーの電磁誘導の法則

第一法則：起電力の方向は，磁束の変化を妨げる向きと一致する．
第二法則：起電力の大きさは，磁束の時間変化の大きさに比例する．

結局，コイル L に誘起される起電力 e_0 は，次式で与えられる．

$$e_0 = -L\frac{\mathrm{d}i}{\mathrm{d}t} = -e \tag{4.10}$$

ここで，マイナスの符号は，第一法則に由来している．

図 4.5 は，コイル L に交流電圧 (4.1) を印加した回路を表す．この回路においては，キルヒホッフの第二法則に従い，印加した交流電圧 v と発生した起電力 e_0 がお互い

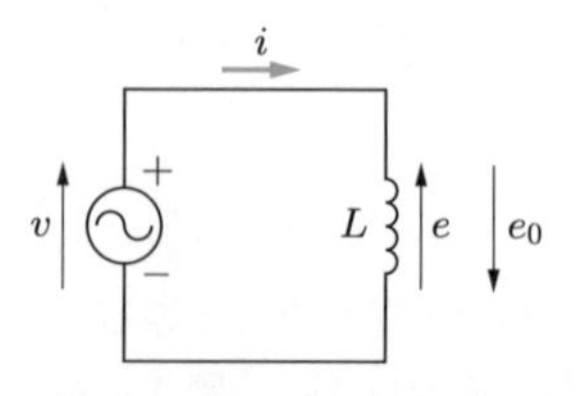

図 4.5　コイルに正弦波交流を加えた回路

につり合って，次の関係式が成り立っている．

$$v + e_0 = 0 \tag{4.11}$$

この意味から，式 (4.10) の $e = -e_0$ を**逆起電力**とよぶことがある．

式 (4.10) と式 (4.11) より，

$$v = -e_0 = e = L\frac{\mathrm{d}i}{\mathrm{d}t} \tag{4.12}$$

となる．このとき，回路に流れる電流 i は，式 (4.12) を時間 t について積分することにより，次のように求められる．

$$\begin{aligned} i &= \frac{1}{L}\int v\,\mathrm{d}t = \frac{1}{L}\int V_m \sin(\omega t + \theta)\,\mathrm{d}t = -\frac{V_m}{\omega L}\cos(\omega t + \theta) \\ &= \frac{V_m}{\omega L}\sin\left(\omega t + \theta - \frac{\pi}{2}\right) = I_m \sin\left(\omega t + \theta - \frac{\pi}{2}\right) \end{aligned} \tag{4.13}$$

ただし，

$$I_m = \frac{V_m}{\omega L} \tag{4.14}$$

としている．式 (4.13) より，**電流 i の位相は，電圧 v の位相より $\pi/2$ だけ遅れている**ことがわかる．初期位相 θ を 0 にした場合について，電圧と電流の時間変化のグラフを，図 **4.6** に示す．

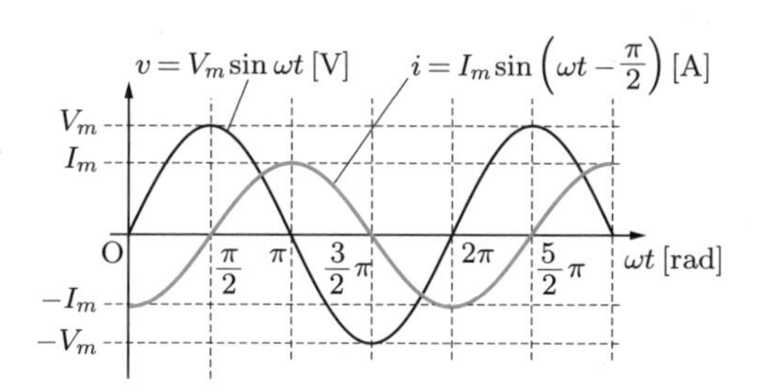

図 4.6　交流電圧と交流電流の時間変化

電流の位相と電圧の位相の関係は，どちらを基準にとるかで，表現が異なることに注意する必要がある．

▶ インダクタンス回路の位相

インダクタンスのみの回路に交流電圧を加えた場合には，

1) 電流 i は，電圧 v の位相より $\pi/2$ 遅れた変化をする（電圧を基準）．
2) 電圧 v は，電流 i の位相より $\pi/2$ 進んだ変化をする（電流を基準）．

式 (4.14) をオームの法則と比較してみると，ちょうど抵抗 R を ωL に置き換えた形になっている．したがって，ここに現れた ωL を，次のように定義する．

▶ 誘導性リアクタンス

$$X_L = \omega L \tag{4.15}$$

は，**誘導性リアクタンス**とよばれ，交流に対する抵抗としてのはたらきを示す．単位はオーム [Ω] である．

次に，4.1 節と同様に，複素数表示を用いて，以上の内容を表してみよう．複素電圧 $\boldsymbol{V}$ は，式 (4.4) で表される．複素電流 $\boldsymbol{I}$ は，式 (4.13) を複素数表示して，

$$\boldsymbol{I} = Ie^{j(\theta-\pi/2)} = \frac{I_m}{\sqrt{2}}e^{j(\theta-\pi/2)} \tag{4.16}$$

となる．もちろん，この式は静止ベクトル表現である．式 (4.16) の右辺に，式 (4.14) を代入して整理すると，

$$\boldsymbol{I} = \frac{I_m}{\sqrt{2}}e^{j\theta}e^{j(-\pi/2)} = \frac{1}{\sqrt{2}}\frac{V_m}{\omega L}e^{j\theta}e^{j(-\pi/2)} = e^{j(-\pi/2)}\frac{1}{\omega L}\frac{V_m}{\sqrt{2}}e^{j\theta} \tag{4.17}$$

となる．さらに，この式は式 (4.4) を用いると，

$$\boldsymbol{I} = e^{j(-\pi/2)}\frac{\boldsymbol{V}}{\omega L} = -j\frac{\boldsymbol{V}}{\omega L} \tag{4.18}$$

となる．式 (4.18) を，複素電圧 $\boldsymbol{V}$ についての式に書き換えると，

$$\boldsymbol{V} = -\frac{\omega L}{j}\boldsymbol{I} = j\omega L\boldsymbol{I} \tag{4.19}$$

である．結局，複素電圧 $\boldsymbol{V}$ は，複素電流 $\boldsymbol{I}$ に $j\omega L$ を掛けたものになっている．よって，電圧の大きさは電流の ωL 倍で，その位相は電流より $\pi/2$ 進んでいることがわかる．

電圧と電流の位相関係をフェーザ図で表したものを，**図 4.7** に示す．ただし，電流を基準にとり，これが実軸方向を向くように示している．一般に，**あるフェーザを基準にとるときには，そのフェーザが実軸の正の方向を向くように配置する．**

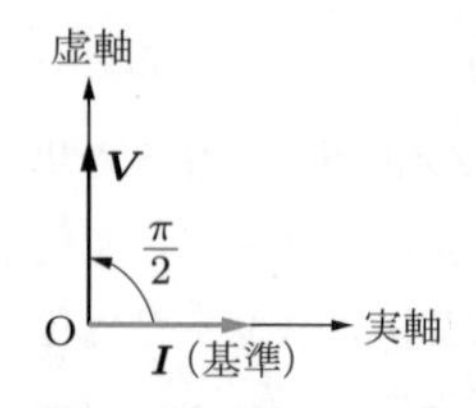

図 4.7　電圧と電流のフェーザ図

3.10 節で学んだように，複素数表示では，時間微分は $\mathrm{d}/\mathrm{d}t = j\omega$ と表すことができる．したがって，

$$\boldsymbol{V} = j\omega L\boldsymbol{I} = L\frac{\mathrm{d}\boldsymbol{I}}{\mathrm{d}t} \tag{4.20}$$

となり，複素数表示を用いても，式 (4.12) と同じ形で表すことができる．

例題 4.2 図 4.5 の回路において，$L = 200$ [mH] のインダクタンスをもつコイルに交流電圧 $\boldsymbol{V} = 250\angle(-30^\circ)$ [V] を加えた．周波数 f を 50 [Hz] とする．誘導性リアクタンス X_L を求めよ．また，この回路に流れる電流をフェーザ形式で求め，電圧フェーザとの関係がわかるように，フェーザ図を描け．

解答 角周波数は

$$\omega = 2\pi f = 2\pi \times 50 \text{ [rad/s]}$$

であるので，誘導性リアクタンス X_L は，式 (4.15) より，

$$X_L = \omega L = 2\pi \times 50 \times 200 \times 10^{-3} = 62.8\ [\Omega]$$

となる．また，式 (4.18) より，電流は次のようになる．

$$\boldsymbol{I} = -j\frac{\boldsymbol{V}}{\omega L} = -j\frac{250\angle(-30^\circ)}{62.8} = \frac{250}{62.8}\angle(-30^\circ - 90^\circ) = 3.98\angle(-120^\circ) \text{ [A]}$$

この導出過程において，$-j$ が $1\angle(-90^\circ)$ と等しいことや，式 (3.66) の関係を用いている．**図 4.8** が求める電流のフェーザ図である．

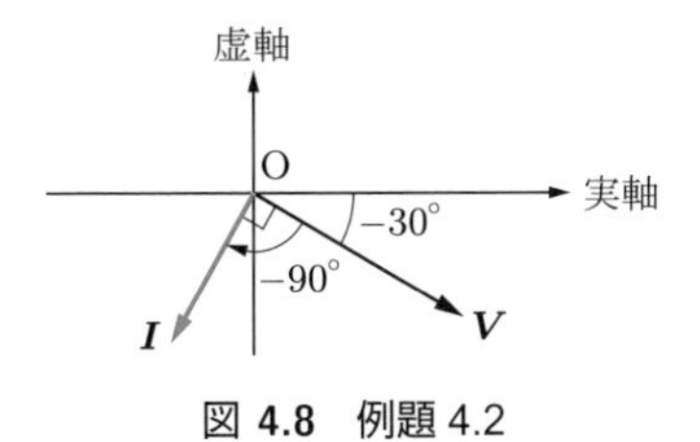

図 4.8 例題 4.2

4.3 キャパシタンス C のみの回路

2 枚の対向する導体電極の間に絶縁体を挟んだものを，コンデンサという．電極の両端に導線を接続して直流電圧を印加すると，それぞれの電極には正および負の電荷が蓄えられる．導線には，電極の両端の電圧が直流電圧と一致するまで，電流 i が流れ続ける．

このコンデンサに，式 (4.1) で与えられる交流電圧 v を印加してみよう．**図 4.9** は，このときの回路を表す．電極に蓄えられる電荷の電気量 Q は，

$$Q = Cv = CV_m \sin(\omega t + \theta) \tag{4.21}$$

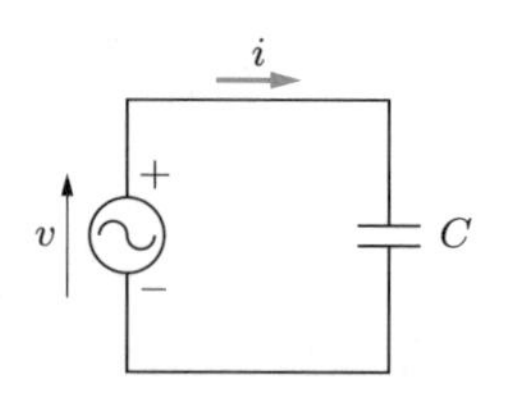

図 4.9　コンデンサに正弦波交流を加えた回路

で与えられる．ここで，C は比例定数で，キャパシタンスあるいは静電容量とよばれる．単位にはファラド [F] が用いられる．なお，本書では，キャパシタンス C をもつコンデンサを，単にコンデンサ C とよぶことにする．また，電気量 Q をもつ電荷のことを，単に電荷 Q と表現することもある．1 [V] の電圧を加えたとき，1 [C] の電気量を蓄えるキャパシタンスが 1 [F] である．式 (4.21) より，電極に蓄えられる電荷の電気量 Q の時間変化は，加えた電圧の変化と一致していることがわかる．電流は電気量 Q の時間変化で与えられるので，この回路を流れる電流は，次式で与えられる．

$$i = \frac{\mathrm{d}Q}{\mathrm{d}t} = C\frac{\mathrm{d}v}{\mathrm{d}t} = \omega C V_m \cos(\omega t + \theta) = \omega C V_m \sin\left(\omega t + \theta + \frac{\pi}{2}\right)$$
$$= I_m \sin\left(\omega t + \theta + \frac{\pi}{2}\right) \tag{4.22}$$

ただし，

$$I_m = \omega C V_m \tag{4.23}$$

としている．式 (4.22) より，**電流 i の位相は，電圧 v の位相より $\pi/2$ だけ進んでいる**ことがわかる．初期位相 θ を 0 にした場合について，電圧と電流の時間変化のグラフを図 **4.10** に示す．

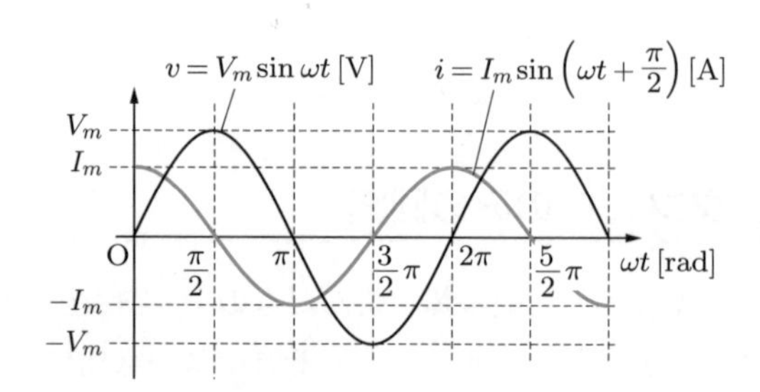

図 4.10　交流電圧と交流電流の時間変化

▶ キャパシタンス回路の位相

キャパシタンスのみの回路に交流電圧を加えた場合には,

1) 電流 i は, 電圧 v の位相より $\pi/2$ 進んだ変化をする（電圧を基準）.
2) 電圧 v は, 電流 i の位相より $\pi/2$ 遅れた変化をする（電流を基準）.

式 (4.23) をオームの法則と比較してみると, ちょうど抵抗 R を $1/(\omega C)$ に置き換えた形になっている. したがって, ここに現れた $1/(\omega C)$ を, 次のように定義する.

▶ 容量性リアクタンス

$$X_C = \frac{1}{\omega C} \tag{4.24}$$

は, **容量性リアクタンス**とよばれ, 交流に対する抵抗としてのはたらきを示す. 単位はオーム [Ω] である.

以上を, 複素数表示を用いて表してみよう. 複素電流 $\boldsymbol{I}$ は, 式 (4.22) を複素数表示して,

$$\boldsymbol{I} = Ie^{j(\theta+\pi/2)} = \frac{I_m}{\sqrt{2}}e^{j(\theta+\pi/2)} \tag{4.25}$$

となる. 式 (4.25) の右辺に, 式 (4.23) を代入して整理すると,

$$\boldsymbol{I} = \frac{I_m}{\sqrt{2}}e^{j\theta}e^{j\pi/2} = \frac{1}{\sqrt{2}}\omega CV_m e^{j\theta}e^{j\pi/2} = e^{j\pi/2}\omega C\frac{V_m}{\sqrt{2}}e^{j\theta} \tag{4.26}$$

となる. さらに, この式は, 式 (4.4) を用いると,

$$\boldsymbol{I} = e^{j\pi/2}\omega C\boldsymbol{V} = j\omega C\boldsymbol{V} \tag{4.27}$$

となる. 結局, 電流の大きさは電圧の ωC 倍で, その位相は電圧より $\pi/2$ 進んでいることがわかる.

電圧と電流の位相関係をフェーザ図で表したものを**図 4.11** に示す. ただし, 電圧を基準にとり, これが実軸を向くように示している.

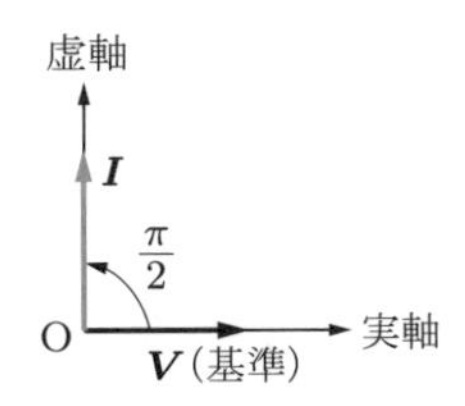

図 4.11 電圧と電流のフェーザ図

複素数表示では，時間微分は $\mathrm{d}/\mathrm{d}t = j\omega$ と表すことができるので，結局，

$$\boldsymbol{I} = j\omega C\boldsymbol{V} = C\frac{\mathrm{d}\boldsymbol{V}}{\mathrm{d}t} \tag{4.28}$$

となり，式 (4.22) と同じ形で表すことができる．

式 (4.28) を $\boldsymbol{V}$ について解くと，次のようになる．

$$\boldsymbol{V} = \frac{1}{j\omega C}\boldsymbol{I} = -j\frac{1}{\omega C}\boldsymbol{I} \tag{4.29}$$

例題 4.3　図 4.9 の回路において，$C = 20$ [μF] のキャパシタンスをもつコンデンサに交流電圧 $\boldsymbol{V} = 250\angle(-30^\circ)$ [V] を加えた．周波数 f を 50 [Hz] とする．容量性リアクタンス X_C を求めよ．また，この回路に流れる電流をフェーザ形式で求め，電圧フェーザとの関係がわかるように，フェーザ図を描け．

解答　容量性リアクタンス X_C は，式 (4.24) より，

$$X_C = \frac{1}{\omega C} = \frac{1}{2\pi \times 50 \times 20 \times 10^{-6}} = 159\ [\Omega]$$

となる．式 (4.28) より，電流は

$$\begin{aligned}\boldsymbol{I} &= j\omega C\boldsymbol{V} = j2\pi \times 50 \times 20 \times 10^{-6} \times 250\angle(-30^\circ)\\ &= 2\pi \times 50 \times 20 \times 10^{-6} \times 250\angle(-30^\circ + 90^\circ) = 1.57\angle 60^\circ\ [\mathrm{A}]\end{aligned}$$

となる．導出過程において，j が $1\angle 90^\circ$ と等しいことや，式 (3.66) の関係を用いている．**図 4.12** が求める電流のフェーザ図である．

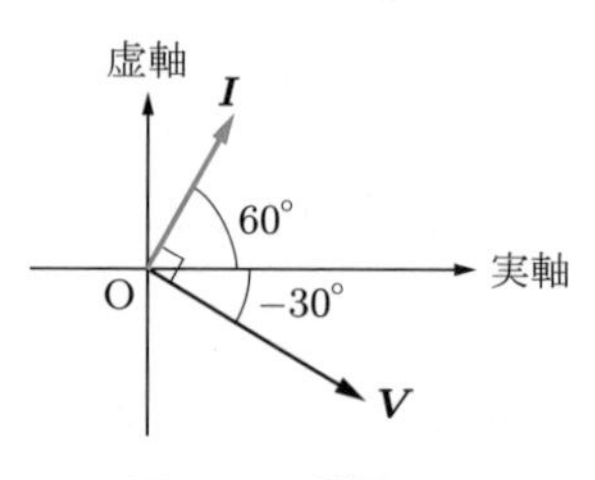

図 4.12　例題 4.3

4.4　インピーダンス

4.1〜4.3 節では，R, L, C が，それぞれ単独に存在する回路について，交流電圧と交流電流の関係を調べた．この節では，複素数表示を用いて，これらの関係を統一的に整理してみる．

交流回路においては，抵抗 R の他に，誘導性リアクタンス ωL，容量性リアクタンス $1/(\omega C)$ も抵抗としてのはたらきを示すことを述べた．そこで，直流の場合のオームの法則，

$$V = RI \tag{4.30}$$

と同様の考え方で，各素子に印加した交流電圧 $\boldsymbol{V}$ と，このときに現れる交流電流 $\boldsymbol{I}$ との関係を，次のように一般化する．

▶ 交流のオームの法則

交流のオームの法則は，

$$\boldsymbol{V} = \boldsymbol{Z}\boldsymbol{I} \tag{4.31}$$

あるいは

$$\boldsymbol{Z} = \frac{\boldsymbol{V}}{\boldsymbol{I}} \tag{4.32}$$

と表すことができる．$\boldsymbol{V}$ および $\boldsymbol{I}$ は複素数であるので，$\boldsymbol{Z}$ も複素数である．この $\boldsymbol{Z}$ は**インピーダンス**とよばれる．単位はオーム [Ω] である．

$\boldsymbol{Z}$ が具体的にどのように表されるかを，それぞれの素子についてみていこう．抵抗 R のみが存在する回路の場合，式 (4.8) より，

$$\boldsymbol{Z}_R = \frac{\boldsymbol{V}}{\boldsymbol{I}} = R \tag{4.33}$$

となる．$\boldsymbol{Z}_R$ は実数値となる．

自己インダクタンス L のみが存在する回路の場合，式 (4.20) より，

$$\boldsymbol{Z}_L = \frac{\boldsymbol{V}}{\boldsymbol{I}} = j\omega L = jX_L \tag{4.34}$$

となる．すなわち，$\boldsymbol{Z}_L$ は純虚数値である．

キャパシタンス C のみが存在する回路の場合は，式 (4.29) より，

$$\boldsymbol{Z}_C = \frac{\boldsymbol{V}}{\boldsymbol{I}} = \frac{1}{j\omega C} = -j\frac{1}{\omega C} = -jX_C \tag{4.35}$$

となる．$\boldsymbol{Z}_C$ も $\boldsymbol{Z}_L$ と同様に純虚数値となる．これらを電圧 $\boldsymbol{V}$ について表すと，次のようになる．

▶ 基本素子の複素電圧 $\boldsymbol{V}$

抵抗 R の回路：
$$\boldsymbol{V} = \boldsymbol{Z}_R\boldsymbol{I} = R\boldsymbol{I} \tag{4.36}$$

インダクタンス L の回路：
$$\boldsymbol{V} = \boldsymbol{Z}_L\boldsymbol{I} = jX_L\boldsymbol{I} = j\omega L\boldsymbol{I} \tag{4.37}$$

キャパシタンス C の回路：
$$\boldsymbol{V} = \boldsymbol{Z}_C\boldsymbol{I} = -jX_C\boldsymbol{I} = -j\frac{1}{\omega C}\boldsymbol{I} \tag{4.38}$$

R, L, C が組み合わされた回路の場合，$\boldsymbol{Z}$ はこれら $\boldsymbol{Z}_R, \boldsymbol{Z}_L, \boldsymbol{Z}_C$ の組み合わせとなり，$\boldsymbol{Z}$ は実部と虚部の両方をもつ複素数となる．組み合わせ素子の交流回路については，次章で述べる．

例題 4.4　正弦波交流電圧 $\boldsymbol{V} = 100\angle 30^\circ$ [V] に，ある素子を接続したところ，次の瞬時値で与えられる交流電流が流れた．それぞれのインピーダンスを求め，また，それぞれの素子が何であるかを特定せよ．

(1)　$i = 10\sqrt{2}\sin\left(100\pi t + \dfrac{\pi}{6}\right)$ [A]

(2)　$i = 10\sqrt{2}\sin\left(100\pi t - \dfrac{\pi}{3}\right)$ [A]

(3)　$i = 10\sqrt{2}\cos\left(100\pi t + \dfrac{\pi}{6}\right)$ [A]

解答　(1)　電流の最大値 $10\sqrt{2}$ を $\sqrt{2}$ で割ったものが実効値であり，また，$+\pi/6$ で示される部分が初期位相である．これらを確認して，電流をフェーザ形式で表すと，次のようになる．

$$\boldsymbol{I} = 10\angle 30^\circ \text{ [A]}$$

よって，

$$\boldsymbol{Z} = \frac{\boldsymbol{V}}{\boldsymbol{I}} = \frac{100\angle 30^\circ}{10\angle 30^\circ} = 10\angle(30^\circ - 30^\circ) = 10\angle 0^\circ = 10 \text{ [}\Omega\text{]}$$

分母にある位相角 30° を分子にもってくると，$\angle(-30^\circ)$ になることに注意すること．結局，$\boldsymbol{Z}$ は実数となることから，この素子は抵抗である．

(2)　電流をフェーザ形式で表すと，次のようになる．

$$\boldsymbol{I} = 10\angle(-60^\circ) \text{ [A]}$$

よって，

$$\boldsymbol{Z} = \frac{\boldsymbol{V}}{\boldsymbol{I}} = \frac{100\angle 30^\circ}{10\angle(-60^\circ)} = 10\angle(30^\circ + 60^\circ) = 10\angle 90^\circ = j10 \text{ [}\Omega\text{]}$$

$\boldsymbol{V} = \boldsymbol{Z}\boldsymbol{I} = 10\angle 90^\circ \boldsymbol{I}$ であることから，$\boldsymbol{V}$ は $\boldsymbol{I}$ より $\pi/2$ 位相が進んでいる．よって，この素子はコイルである．すなわち，$\boldsymbol{Z}$ の位相は，電流 $\boldsymbol{I}$ に対する電圧 $\boldsymbol{V}$ の位相の進み，または遅れを表す．

(3)　電流が余弦関数で与えられているので，正弦関数に書き換える．

$$i = 10\sqrt{2}\cos\left(100\pi t + \frac{\pi}{6}\right) = 10\sqrt{2}\sin\left(100\pi t + \frac{\pi}{6} + \frac{\pi}{2}\right)$$

$$= 10\sqrt{2}\sin\left(100\pi t + \frac{2\pi}{3}\right)$$

この電流をフェーザ形式で表すと，次のようになる．

$$\boldsymbol{I} = 10\angle 120^\circ \text{ [A]}$$

よって，

$$Z = \frac{V}{I} = \frac{100\angle 30^\circ}{10\angle 120^\circ} = 10\angle(30^\circ - 120^\circ) = 10\angle(-90^\circ) = -j10\ [\Omega]$$

$\boldsymbol{V} = \boldsymbol{Z}\boldsymbol{I} = 10\angle(-90^\circ) \times \boldsymbol{I}$ であることから，$\boldsymbol{V}$ は $\boldsymbol{I}$ より位相が $\pi/2$ 遅れている．よって，この素子はコンデンサである．

演習問題

4.1 **【抵抗の回路】** 図 4.1 の回路に，

$$v = 150\sqrt{2}\sin\left(120\pi t + \frac{\pi}{6}\right)\ [\mathrm{V}]$$

の交流電圧を加えた．ただし，$R = 30\ [\Omega]$ とする．電圧および回路に流れる電流をフェーザ形式で表し，両者のフェーザ図を描け．

4.2 **【インダクタンスの回路】** 図 4.5 の回路において，

$$v = 200\sqrt{2}\cos\left(200t - \frac{\pi}{6}\right)\ [\mathrm{V}]$$

の交流電圧を加えた．ただし，$L = 500\ [\mathrm{mH}]$ とする．誘導性リアクタンス X_L を求めよ．また，電圧および回路に流れる電流をフェーザ形式で求め，両者のフェーザ図を描け．

4.3 **【インダクタンスの回路】** 100 [mH] のインダクタンスのみの回路に，初期位相が 0° で，周波数が 60 [Hz]，実効値が 100 [V] の交流電圧を加えた．このとき，誘導性リアクタンス X_L と回路に流れる電流の実効値を求めよ．また，電流を瞬時値形式とフェーザ形式で表し，電圧と電流のフェーザ図も描け．

4.4 **【インダクタンスの回路】** 図 4.5 の回路に，$\boldsymbol{V} = 80 + j60\ [\mathrm{V}]$ の電圧を加えた．電圧および回路に流れる電流をフェーザ形式で表せ．また，電圧と電流のフェーザ図も描け．ただし，$L = 80\ [\mathrm{mH}]$, $\omega = 500\ [\mathrm{rad/s}]$ とする．

4.5 **【インダクタンスの回路】** 図 4.5 の回路に，$\boldsymbol{I} = 1.2\angle(-30^\circ)\ [\mathrm{A}]$ の電流が流れている．電源の電圧をフェーザ形式で表せ．また，電圧と電流のフェーザ図も描け．ただし，$L = 400\ [\mathrm{mH}]$, $\omega = 500\ [\mathrm{rad/s}]$ とする．

4.6 **【キャパシタンスの回路】** 図 4.9 の回路において，次の交流電圧を加えた．

$$\boldsymbol{V} = 120\angle(-60^\circ)\ [\mathrm{V}]$$

ただし，$C = 50\ [\mu\mathrm{F}]$，また周波数 f を 60 [Hz] とする．容量性リアクタンス X_C，およびこの回路に流れる電流をフェーザ形式で求めよ．また，電圧と電流のフェーザ図を描け．

4.7 **【キャパシタンスの回路】** 図 4.9 の回路に，$\boldsymbol{I} = 0.8\angle 30^\circ\ [\mathrm{A}]$ の電流が流れている．電源の電圧をフェーザ形式で表せ．また，電圧と電流のフェーザ図も描け．ただし，$C = 20\ [\mu\mathrm{F}]$, $\omega = 500\ [\mathrm{rad/s}]$ とする．

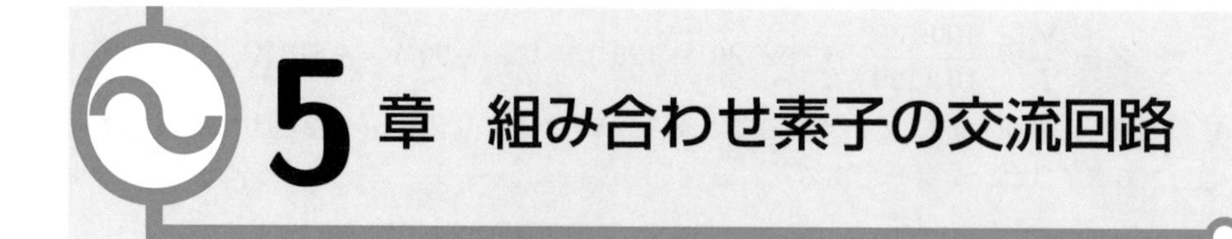

5章 組み合わせ素子の交流回路

4章では，抵抗，コイル，コンデンサの3種類の素子のいずれかが単独で存在する回路に，交流電圧を印加した場合の電気的応答について調べた．本章では，これら3種類の素子のうち，2種類あるいは3種類の素子が，直列あるいは並列に接続された回路について，その電気的応答を調べることにする．各素子にかかる複素電圧や，各素子を流れる複素電流を，これらの位相に注意を払いながら，フェーザ図として複素平面上に整理し，この内容を理解する力を身につけよう．

5.1 RL直列回路

図5.1は，抵抗RおよびコイルLが直列に接続された**RL直列回路**に，交流電圧

$$v = V_m \sin \omega t \tag{5.1}$$

を印加した場合を示している．この閉回路を流れる電流は，抵抗Rに対しても，また，コイルLに対しても共通の値iである．この電流によって，抵抗Rの両端には電圧降下Riが生じる．**図中の矢印は，その先端が電位の高い方向であることを示す．**一方，コイルLの両端には，ファラデーの電磁誘導の法則に従って逆起電力が発生している．逆起電力であるから，周回する方向に沿って，電源の電圧の方向とは逆向きである．よって，この閉回路に沿って，キルヒホッフの第二法則を適用すると，次式のようになる．

$$v - L\frac{\mathrm{d}i}{\mathrm{d}t} = Ri \tag{5.2}$$

複素数表示をした電源電圧$\boldsymbol{V}$，抵抗Rの電圧降下$\boldsymbol{V}_R$，そしてコイルLの両端の逆

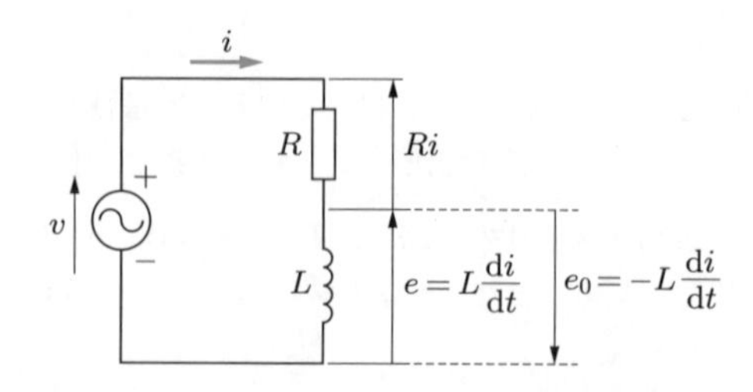

図5.1 RL直列回路に正弦波交流を加えた場合

起電力 $\boldsymbol{V}_L$ の間には，

$$\boldsymbol{V} - \boldsymbol{V}_L = \boldsymbol{V}_R \tag{5.3}$$

すなわち，

$$\boldsymbol{V} = \boldsymbol{V}_R + \boldsymbol{V}_L \tag{5.4}$$

が成り立つ．なお，式 (5.3) は $\boldsymbol{V}_L$ を逆起電力と考える見方であり，一方，式 (5.4) は $\boldsymbol{V}_L$ をコイル L による電圧降下と考える見方である，といってもよい．ここで，式 (4.8) および式 (4.20) より，

$$\boldsymbol{V}_R = R\boldsymbol{I} \tag{5.5}$$

$$\boldsymbol{V}_L = j\omega L\boldsymbol{I} \tag{5.6}$$

であるので，これらを式 (5.4) に代入すると，次の関係が得られる．

▶ RL 直列回路の基本法則

RL 直列回路において，電圧 $\boldsymbol{V}$ は

$$\boldsymbol{V} = \boldsymbol{Z}\boldsymbol{I} = (R + j\omega L)\boldsymbol{I} \tag{5.7}$$

と表される．$\boldsymbol{Z}$ は，この回路全体の合成インピーダンスであり，次式で与えられる．

$$\boldsymbol{Z} = \frac{\boldsymbol{V}}{\boldsymbol{I}} = R + j\omega L \tag{5.8}$$

$\boldsymbol{Z}$ のベクトル図（インピーダンスにおけるフェーザ図）を図 **5.2** に示す．$\boldsymbol{Z}$ の実部は R であり，虚部は ωL である．よって，$\boldsymbol{Z}$ の大きさは，

$$|\boldsymbol{Z}| = \sqrt{R^2 + \omega^2 L^2} \tag{5.9}$$

で与えられる．また，図より

$$\tan\theta = \frac{\omega L}{R} \tag{5.10}$$

が成り立つので，$\boldsymbol{Z}$ の偏角 θ は

$$\theta = \tan^{-1}\frac{\omega L}{R} \tag{5.11}$$

で与えられる．

一方，図 **5.3** は電圧と電流のフェーザ図である．この図では，電流フェーザ $\boldsymbol{I}$ を基準にとっている．すでに述べたように，一般に，あるフェーザを基準にとるときには，そのフェーザが実軸の正の方向を向くように配置する．

図 5.3 において，$\boldsymbol{V}$ の実部の大きさは $R|\boldsymbol{I}|$ であり，虚部の大きさは $\omega L|\boldsymbol{I}|$ である．

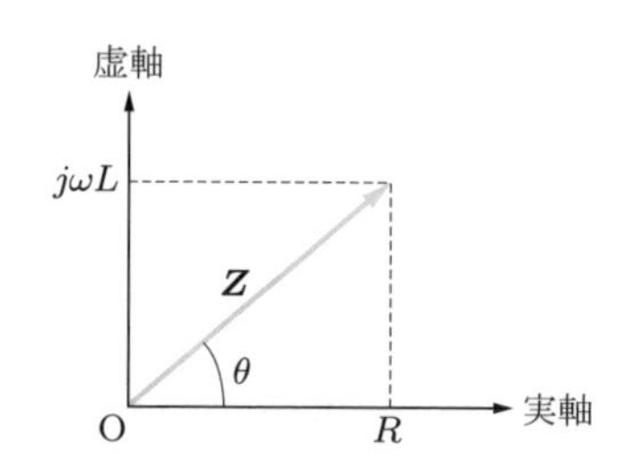

図 5.2　RL 直列回路における
インピーダンス $\boldsymbol{Z}$ のベクトル図

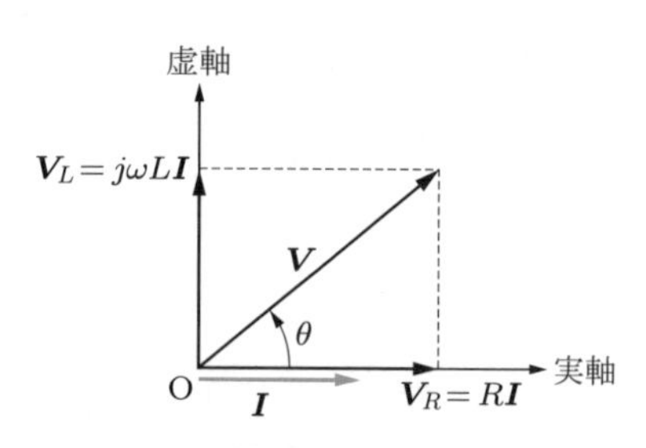

図 5.3　RL 直列回路における
電圧と電流のフェーザ図

よって，$\boldsymbol{V}$ の偏角は，式 (5.11) で与えられる $\boldsymbol{Z}$ の偏角と一致する．すなわち，次の関係が成り立つ．

▶ RL 直列回路の偏角

RL 直列回路においては，電流フェーザを基準にとると，電圧フェーザの偏角はインピーダンスの偏角と同じであり，正の値をとる．

なお，回路に流れる電流は，式 (5.7) を $\boldsymbol{I}$ について解くことにより，

$$\boldsymbol{I} = \frac{\boldsymbol{V}}{\boldsymbol{Z}} = \frac{\boldsymbol{V}}{R + j\omega L} = \frac{(R - j\omega L)\boldsymbol{V}}{R^2 + \omega^2 L^2} \tag{5.12}$$

で与えられる．

例題 5.1　図 5.1 の回路において，抵抗が $R = 10$ [Ω]，インダクタンスが $L = 20$ [mH] である．この回路に実効値が 5 [A]，角周波数 ω が 300 [rad/s] の交流電流が流れている．電流を基準にとって，この回路に加えた電圧を求めよ．また，複素平面上に，回路のインピーダンス $\boldsymbol{Z}$ と，電流および電圧の関係を図示せよ．

解答　回路のインピーダンス $\boldsymbol{Z}$ は，式 (5.8) より，

$$\boldsymbol{Z} = R + j\omega L = 10 + j300 \times 20 \times 10^{-3} = 10 + j6 \text{ [Ω]}$$

となる．$\boldsymbol{Z}$ の大きさは，

$$|\boldsymbol{Z}| = \sqrt{10^2 + 6^2} = \sqrt{136} = 11.7 \text{ [Ω]}$$

また，$\boldsymbol{Z}$ の偏角は，

$$\theta = \tan^{-1}\frac{\omega L}{R} = \tan^{-1}\frac{6}{10} = 31.0^\circ$$

と計算できる．この値は，電流を基準にしたときの電圧の偏角と一致する．すなわち，電圧は電流よりも位相が 31.0° 進む．電流を基準にしているので，電流の偏角は 0° である．

$$\boldsymbol{I} = 5\angle 0^\circ$$

よって，この回路に加えた電圧は，式 (5.7) を用いて次のようになる．

$$\boldsymbol{V} = \boldsymbol{ZI} = \sqrt{136}\angle 31.0^\circ \times 5\angle 0^\circ = 58.3\angle 31.0^\circ \text{ [V]}$$

複素平面上に，回路のインピーダンス $\boldsymbol{Z}$，電流 $\boldsymbol{I}$ および電圧 $\boldsymbol{V}$ の関係を整理すると，図 **5.4** のようになる．

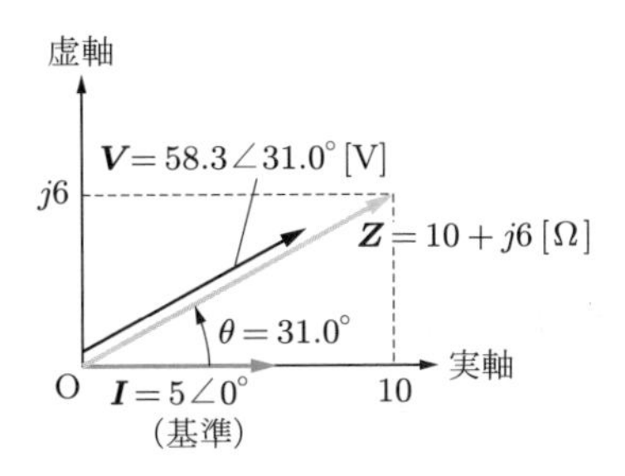

図 **5.4** 例題 5.1

5.2 RC 直列回路

図 **5.5** は，抵抗 R およびコンデンサ C が直列に接続された **RC 直列回路**に，式 (5.1) で与えられる交流電圧を印加した場合を示している．RL 直列回路の場合と同様に，閉回路を流れる電流は，抵抗 R に対しても，また，コンデンサ C に対しても共通の値 i である．コンデンサ C の両端には電気量 Q の電荷が蓄積され，これにより逆起電力が発生する．この閉回路に沿って，キルヒホッフの第二法則を適用すると，

$$v = Ri + \frac{Q}{C} \tag{5.13}$$

となる．ここで，式 (1.3) より，電荷 Q は i の時間積分で表される．

$$Q = \int i\,\mathrm{d}t \tag{5.14}$$

よって，複素数表示をした電源電圧 $\boldsymbol{V}$，抵抗 R の電圧降下 $\boldsymbol{V}_R$，そしてコンデンサ C の両端の逆起電力 $\boldsymbol{V}_C$ の間には，次の関係が成り立つ．

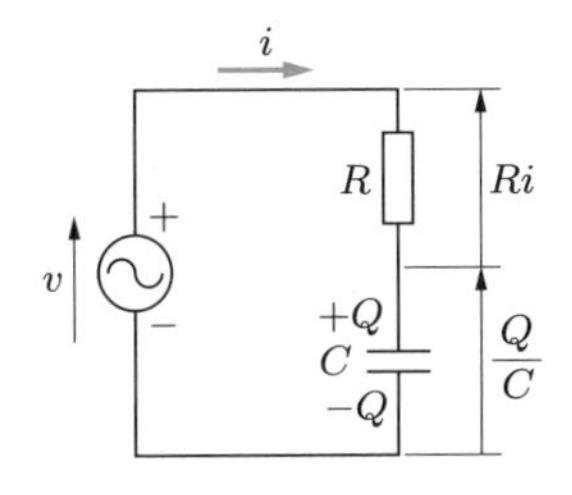

図 **5.5** RC 直列回路に正弦波交流を加えた場合

$$\boldsymbol{V} = \boldsymbol{V}_R + \boldsymbol{V}_C \tag{5.15}$$

$$\boldsymbol{V}_C = \frac{1}{C}\int \boldsymbol{I}\,\mathrm{d}t \tag{5.16}$$

式 (3.72) より，複素数表示では，積分演算は形式的に $1/(j\omega)$ で表されるので，以下の関係が成り立つ．

$$\frac{1}{C}\int \boldsymbol{I}\,\mathrm{d}t = \frac{1}{j\omega C}\boldsymbol{I} \tag{5.17}$$

ここで，式 (5.5), (5.16), (5.17) を式 (5.15) に代入すると，次の関係が成り立つ．

▶ RC 直列回路の基本法則

RC 直列回路において，電圧 $\boldsymbol{V}$ は，

$$\boldsymbol{V} = \boldsymbol{Z}\boldsymbol{I} = \left(R + \frac{1}{j\omega C}\right)\boldsymbol{I} = \left(R - j\frac{1}{\omega C}\right)\boldsymbol{I} \tag{5.18}$$

と表される．$\boldsymbol{Z}$ は，この回路全体の合成インピーダンスであり，次式で与えられる．

$$\boldsymbol{Z} = \frac{\boldsymbol{V}}{\boldsymbol{I}} = R + \frac{1}{j\omega C} = R - j\frac{1}{\omega C} \tag{5.19}$$

$\boldsymbol{Z}$ のベクトル図を，**図 5.6** に示す．$\boldsymbol{Z}$ の実部は R であり，また，虚部は $-1/(\omega C)$ であるので，$\boldsymbol{Z}$ の大きさは，

$$|\boldsymbol{Z}| = \sqrt{R^2 + \left(\frac{1}{\omega C}\right)^2} \tag{5.20}$$

となる．また，図より $\boldsymbol{Z}$ の偏角 θ は

$$\theta = \tan^{-1}\left\{\frac{-1/(\omega C)}{R}\right\} = \tan^{-1}\left(-\frac{1}{\omega CR}\right) \tag{5.21}$$

で与えられる．

一方，**図 5.7** は，電圧と電流のフェーザ図である．この図では，電流フェーザ $\boldsymbol{I}$ を

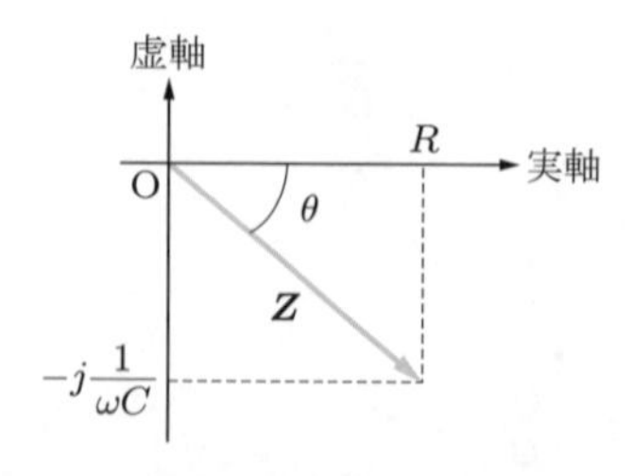

図 5.6　RC 直列回路における
インピーダンス $\boldsymbol{Z}$ のベクトル図

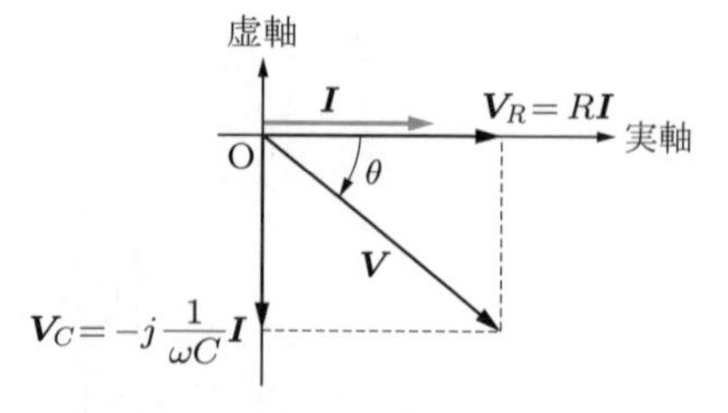

図 5.7　RC 直列回路における
電圧と電流のフェーザ図

基準にとっている．$\boldsymbol{V}$ の実部は $R|\boldsymbol{I}|$ であり，虚部は $-\{1/(\omega C)\}|\boldsymbol{I}|$ である．よって，$\boldsymbol{V}$ の偏角は，式 (5.21) で与えられる $\boldsymbol{Z}$ の偏角と一致する．

▶ RC 直列回路の偏角

RC 直列回路においては，電流フェーザを基準にとると，電圧フェーザの偏角はインピーダンスの偏角と同じであり，負の値をとる．

なお，回路に流れる電流は，式 (5.18) を $\boldsymbol{I}$ について解くことにより，

$$\boldsymbol{I} = \frac{\boldsymbol{V}}{\boldsymbol{Z}} = \frac{\boldsymbol{V}}{R + 1/(j\omega C)} = \frac{j\omega C\boldsymbol{V}}{1 + j\omega CR} = \frac{(\omega^2 C^2 R + j\omega C)\boldsymbol{V}}{1 + \omega^2 C^2 R^2} \tag{5.22}$$

で与えられる．

例題 5.2 図 5.5 の回路において，抵抗が $R = 5$ [Ω]，キャパシタンスが $C = 200$ [μF] であるとする．この回路に実効値が 100 [V]，角周波数 ω が 500 [rad/s] の交流電圧を加えた．

電圧を基準にとって，この回路に流れる電流の実効値と偏角を求めよ．また，複素平面上に，回路のインピーダンス $\boldsymbol{Z}$ と，電流および電圧の関係を図示せよ．

解答 回路のインピーダンス $\boldsymbol{Z}$ は，式 (5.19) より，

$$\boldsymbol{Z} = R - j\frac{1}{\omega C} = 5 - j\frac{1}{500 \times 200 \times 10^{-6}} = 5 - j10 \ [\Omega]$$

となる．$\boldsymbol{Z}$ の大きさは，

$$|\boldsymbol{Z}| = \sqrt{5^2 + (-10)^2} = \sqrt{125} = 11.18 \ [\Omega]$$

また，$\boldsymbol{Z}$ の偏角は，式 (5.21) より，

$$\theta = \tan^{-1}\left(-\frac{1}{\omega CR}\right) = \tan^{-1}\left(-\frac{1}{500 \times 200 \times 10^{-6} \times 5}\right) = \tan^{-1}(-2)$$
$$= -63.4^\circ$$

となる．この値は，電流を基準にしたときの電圧の偏角と一致する．すなわち，電圧は電流よりも位相が 63.4° 遅れる．ところが，この問題では電圧を基準にした場合について問われている．すなわち，電圧の偏角を 0° とするので，

$$\boldsymbol{V} = 100\angle 0^\circ \ [\mathrm{V}]$$

となる．よって，電流は式 (5.22) を用いて，

$$\boldsymbol{I} = \frac{\boldsymbol{V}}{\boldsymbol{Z}} = \frac{100\angle 0^\circ}{11.18\angle(-63.4^\circ)} = 8.94\angle 63.4^\circ \ [\mathrm{A}]$$

となる．すなわち，電圧を基準にして考えると，電流の位相は，電圧よりも 63.4° 進むことになる．複素平面上に，回路のインピーダンス $\boldsymbol{Z}$ と，電流および電圧の関係を整理すると，図 **5.8** のようになる．

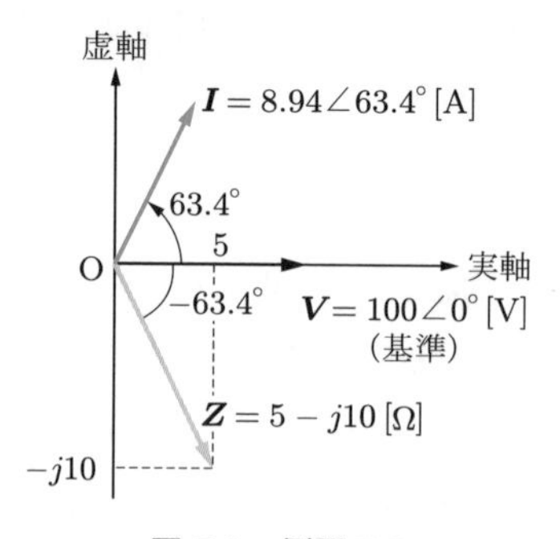

図 5.8　例題 5.2

5.3　RLC 直列回路

いままで取り上げた，抵抗 R，コイル L，コンデンサ C の，これら 3 種類すべての素子が直列に接続された**RLC 直列回路**に，式 (5.1) で与えられる交流電圧を印加した場合について考える．**図 5.9** は，このときの回路図である．この閉回路に沿って，キルヒホッフの第二法則を適用すると，

$$v = Ri + L\frac{\mathrm{d}i}{\mathrm{d}t} + \frac{Q}{C} \tag{5.23}$$

となる．

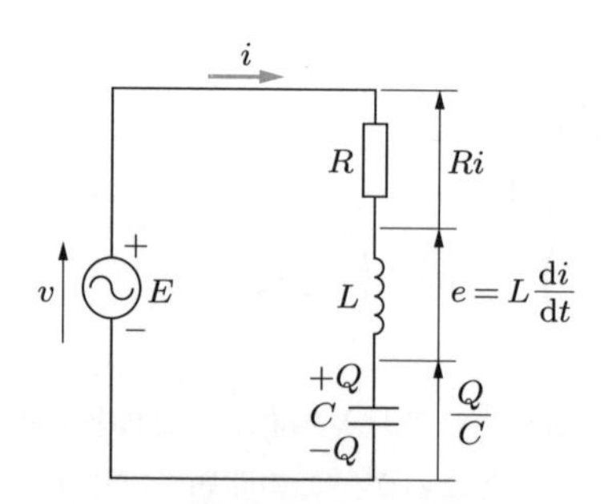

図 5.9　RLC 直列回路に正弦波交流を加えた場合

R, L, C のそれぞれの両端にかかる複素電圧，すなわち端子電圧 $\boldsymbol{V}_R, \boldsymbol{V}_L, \boldsymbol{V}_C$ は，次のようになる．

$$\boldsymbol{V}_R = R\boldsymbol{I} \tag{5.24}$$

$$\boldsymbol{V}_L = L\frac{\mathrm{d}\boldsymbol{I}}{\mathrm{d}t} = j\omega L\boldsymbol{I} \tag{5.25}$$

$$\boldsymbol{V}_C = \frac{1}{C}\int \boldsymbol{I}\,\mathrm{d}t = \frac{1}{j\omega C}\boldsymbol{I} = -j\frac{1}{\omega C}\boldsymbol{I} \tag{5.26}$$

複素電流 $\boldsymbol{I}$ を基準にとって，$\boldsymbol{V}_R, \boldsymbol{V}_L, \boldsymbol{V}_C$ の関係をフェーザ図で示すと，それぞれ**図 5.10** のようになる．すなわち，$\boldsymbol{V}_R$ は $\boldsymbol{I}$ と同位相であり，$\boldsymbol{V}_L$ は $\boldsymbol{I}$ と比べて $\pi/2$ 位相が進んでいる．また，$\boldsymbol{V}_C$ は $\boldsymbol{I}$ と比べて $\pi/2$ 位相が遅れている．

$\boldsymbol{V}_R, \boldsymbol{V}_L, \boldsymbol{V}_C$ のこれら三つを合成した複素電圧 $\boldsymbol{V}$ は，次のようになる．

$$\begin{aligned}\boldsymbol{V} &= \boldsymbol{V}_R + \boldsymbol{V}_L + \boldsymbol{V}_C = R\boldsymbol{I} + L\frac{\mathrm{d}\boldsymbol{I}}{\mathrm{d}t} + \frac{1}{C}\int \boldsymbol{I}\,\mathrm{d}t \\ &= R\boldsymbol{I} + j\omega L\boldsymbol{I} + \frac{1}{j\omega C}\boldsymbol{I} = R\boldsymbol{I} + j\omega L\boldsymbol{I} - j\frac{1}{\omega C}\boldsymbol{I} \\ &= \left\{R + j\left(\omega L - \frac{1}{\omega C}\right)\right\}\boldsymbol{I}\end{aligned} \tag{5.27}$$

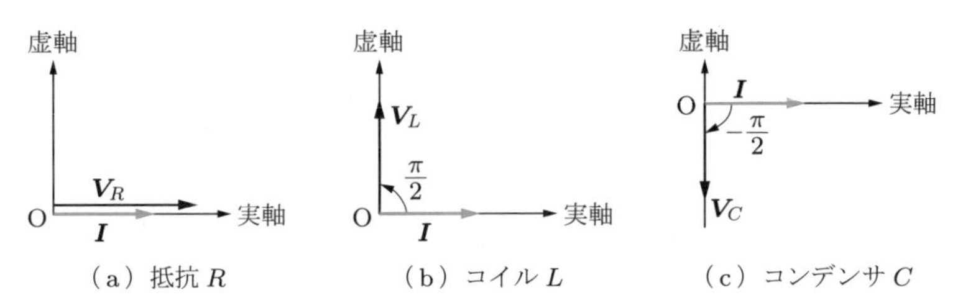

図 5.10 基準複素電流と各素子の両端の複素電圧との関係を示したフェーザ図

▶ RLC 直列回路のインピーダンス

RLC 直列回路における回路全体の合成インピーダンス $\boldsymbol{Z}$ は，次式で与えられる．

$$\begin{aligned}\boldsymbol{Z} &= \frac{\boldsymbol{V}}{\boldsymbol{I}} = \boldsymbol{Z}_R + \boldsymbol{Z}_L + \boldsymbol{Z}_C = R + j\omega L + \frac{1}{j\omega C} = R + j\omega L - j\frac{1}{\omega C} \\ &= R + j\left(\omega L - \frac{1}{\omega C}\right)\end{aligned} \tag{5.28}$$

図 5.11 は，三つの複素電圧 $\boldsymbol{V}_R, \boldsymbol{V}_L, \boldsymbol{V}_C$ と，これら三つを合成した複素電圧 $\boldsymbol{V}$ との関係を示している．この図を見ながら，$\boldsymbol{V}$ の作図方法を確認してみよう．$\boldsymbol{I}$ を基準にすると，$\boldsymbol{I}$ は実数のみのフェーザとなるから，実軸上にある．よって，これに実数値 R を掛けた $\boldsymbol{V}_R$ も実軸上にある．このフェーザ $\boldsymbol{V}_R = R\boldsymbol{I}$ を，原点を出発点として実軸上に OA のように描く．次に，$\boldsymbol{V}_L$ は $\boldsymbol{I}$ より位相が $\pi/2$ 進んでいるので，このフェーザ $\boldsymbol{V}_L = j\omega L\boldsymbol{I}$ を，虚軸の正の方向に OD のように描く．また，$\boldsymbol{V}_C$ は $\boldsymbol{I}$ より位相が $\pi/2$ 遅れているので，このフェーザ $\boldsymbol{V}_C = -j\{1/(\omega C)\}\boldsymbol{I}$ を，虚軸の負の方向に OC のように描く．

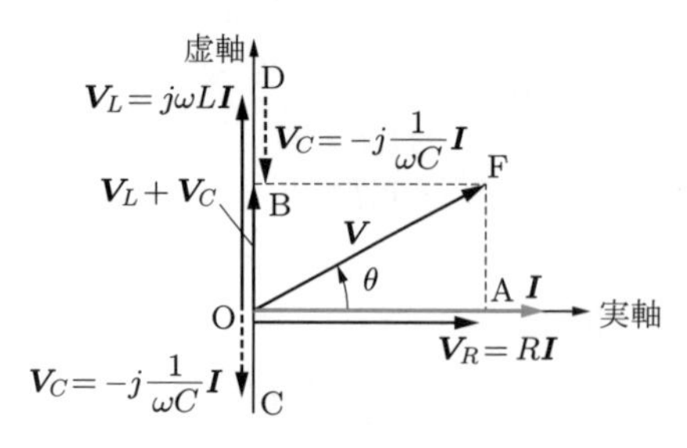

図 5.11　RLC 直列回路における合成複素電圧の作図方法

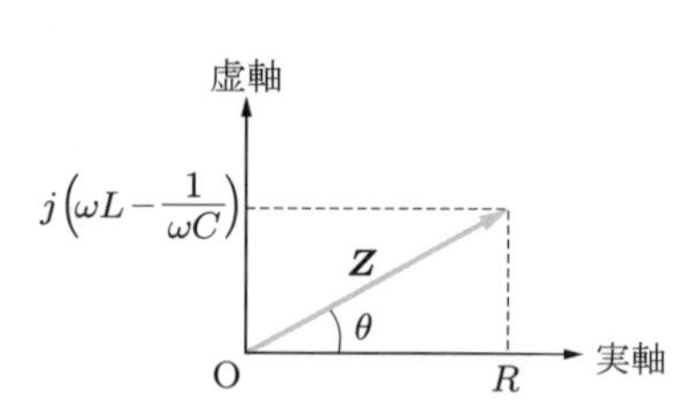

図 5.12　RLC 直列回路におけるインピーダンス Z

次に，虚軸上の二つのフェーザ V_L と V_C のみを合成した $V_L + V_C$ を作る．破線で描いたフェーザ V_C を表す OC の原点にある根元が，フェーザ V_L の先端 D と一致するように，フェーザ V_C を平行移動させ，DB のように配置する．$V_L + V_C$ というフェーザは，O を出発点として D まで行き，逆に D から B に戻ることになるから，結局，OB で与えられる．最後に，実軸上のフェーザ V_R と虚軸上のフェーザ $V_L + V_C$ を 2 辺とする長方形 OAFB の対角線 OF を描くと，これが求める式 (5.27) の合成フェーザとなる．

Z のベクトル図を，図 **5.12** に示す．Z の実部は R である．一方，虚部は，誘導性リアクタンス X_L から容量性リアクタンス X_C を差し引いた $\omega L - 1/(\omega C)$ となる．よって，Z の大きさは，

$$|Z| = \sqrt{R^2 + \left(\omega L - \frac{1}{\omega C}\right)^2} \tag{5.29}$$

で与えられる．また，図より Z の偏角 θ は，

$$\theta = \tan^{-1}\left\{\frac{\omega L - 1/(\omega C)}{R}\right\} \tag{5.30}$$

となる．

この章のいままでの内容を一般化すると，次のことが成り立つ．

▶ 直列接続の合成インピーダンス

インピーダンス $Z_1, Z_2, \cdots, Z_n$ をもつ n 個の素子が直列接続されている．この場合の合成インピーダンス Z は，各素子のインピーダンスの和で与えられる．

$$Z = Z_1 + Z_2 + \cdots + Z_n = \sum_{k=1}^{n} Z_k \tag{5.31}$$

▶ 直列回路における分圧の法則

インピーダンス $\boldsymbol{Z}_1, \boldsymbol{Z}_2, \cdots, \boldsymbol{Z}_n$ をもつ n 個の素子が直列接続された回路の両端に，複素電圧 $\boldsymbol{V}$ が印加されている．このとき，k 番目のインピーダンス $\boldsymbol{Z}_k$ をもつ素子の端子電圧 $\boldsymbol{V}_k$ は，$\boldsymbol{Z}_k$ に比例して分配される．

$$\boldsymbol{V}_k = \frac{\boldsymbol{Z}_k}{\boldsymbol{Z}_1 + \boldsymbol{Z}_2 + \cdots + \boldsymbol{Z}_n}\boldsymbol{V} \tag{5.32}$$

例題 5.3 図 5.9 の RLC 直列回路において，$R = 5$ [Ω], $L = 30$ [mH], $C = 200$ [μF] とする．この回路に瞬時値が

$$i = 10\sqrt{2}\sin 500t \text{ [A]}$$

で与えられる電流が流れている．この回路の合成インピーダンス $\boldsymbol{Z}$ の大きさ，その偏角 θ，この回路に加えた瞬時値形式での電圧，そして各素子にかかる複素電圧を求めよ．また，複素平面上に，電流を基準にして，回路のインピーダンス $\boldsymbol{Z}$ と，電流および各素子にかかる電圧の関係を示すフェーザ図を描け．

解答 回路を流れる正弦波交流電流の最大値 I_m，実効値 I および角周波数 ω は，それぞれ，

$$I_m = 10\sqrt{2} \text{ [A]}, \quad I = 10 \text{ [A]}, \quad \omega = 500 \text{ [rad/s]}$$

である．電流を基準にしているので，複素電流は次のようになる．

$$\boldsymbol{I} = I\angle 0^\circ = 10 \text{ [A]}$$

回路のインピーダンス $\boldsymbol{Z}$ の大きさは，式 (5.29) を用いて，

$$|\boldsymbol{Z}| = \sqrt{R^2 + \left(\omega L - \frac{1}{\omega C}\right)^2} = \sqrt{5^2 + \left(500 \times 30 \times 10^{-3} - \frac{1}{500 \times 200 \times 10^{-6}}\right)^2}$$
$$= \sqrt{5^2 + \left(15 - \frac{1}{0.1}\right)^2} = 5\sqrt{2} = 7.07 \text{ [Ω]}$$

となる．$\boldsymbol{Z}$ の偏角 θ は，式 (5.30) を用いて，次のようになる．

$$\theta = \tan^{-1}\left\{\frac{\omega L - 1/(\omega C)}{R}\right\} = \tan^{-1}\left(\frac{15 - 1/0.1}{5}\right) = \tan^{-1} 1 = \frac{\pi}{4} = 45^\circ$$

よって，

$$\boldsymbol{Z} = |\boldsymbol{Z}|\angle\theta = 7.07\angle 45^\circ \text{ [Ω]}$$

となる．電圧の偏角は，電流を基準にした場合には，$\boldsymbol{Z}$ の偏角 θ と等しい．電圧の瞬時値の最大値 V_m は，

$$V_m = I_m \times |\boldsymbol{Z}| = 10\sqrt{2} \times 5\sqrt{2} = 100 \text{ [V]}$$

となる．以上より，求める瞬時値形式での電圧は，

$$v = V_m \sin(\omega t + \theta) = 100 \sin\left(500t + \frac{\pi}{4}\right) \text{ [V]}$$

となる．R, L, C の各素子にかかる複素電圧は，式 (5.24)〜(5.26) より，次のようになる．

$$\boldsymbol{V}_R = R\boldsymbol{I} = 5 \times 10 = 50 \text{ [V]}$$

$$\boldsymbol{V}_L = j\omega L\boldsymbol{I} = j15 \times 10 = j150 \text{ [V]}$$

$$\boldsymbol{V}_C = -j\frac{1}{\omega C}\boldsymbol{I} = -j\frac{1}{0.1} \times 10 = -j100 \text{ [V]}$$

複素平面上に，電流を基準にして，回路のインピーダンス $\boldsymbol{Z}$，電流 $\boldsymbol{I}$，各素子にかかる電圧 $\boldsymbol{V}_R, \boldsymbol{V}_L, \boldsymbol{V}_C$，および，これら三つの合成電圧 $\boldsymbol{V}$ の関係を整理すると，図 **5.13** のようになる．

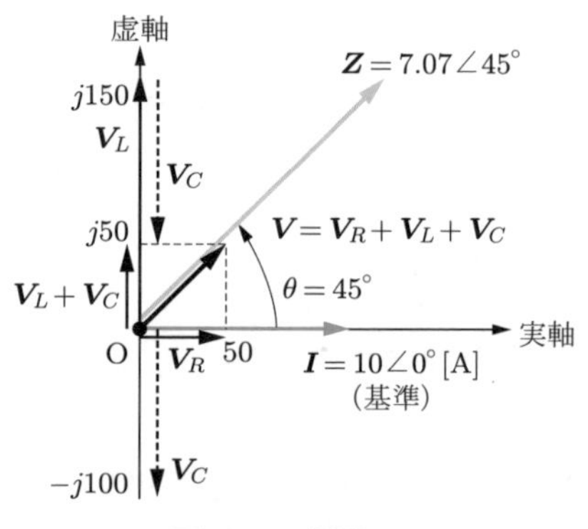

図 **5.13**　例題 5.3

5.4　並列回路とアドミタンス

図 **5.14** は，抵抗 R，コイル L，およびコンデンサ C を並列に接続した **RLC 並列回路**に，交流電圧を印加した場合を示している．この回路の合成インピーダンス $\boldsymbol{Z}$ を求めてみよう．各素子のインピーダンスを，それぞれ $\boldsymbol{Z}_R, \boldsymbol{Z}_L, \boldsymbol{Z}_C$ とする．まず，各素子に流れる複素電流を，図のように，それぞれ $\boldsymbol{I}_R, \boldsymbol{I}_L, \boldsymbol{I}_C$ とする．これらの複素電流は，複素電圧 $\boldsymbol{V}$ の電源から供給される複素電流 $\boldsymbol{I}$ が分流したものであるから，

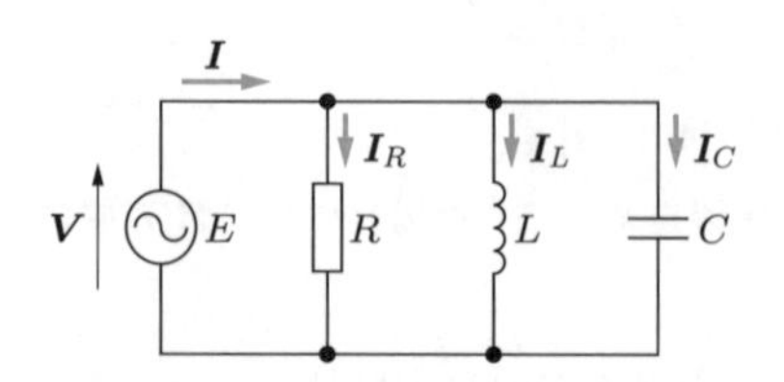

図 **5.14**　RLC 並列回路に正弦波交流を加えた場合

$$\boldsymbol{I} = \boldsymbol{I}_R + \boldsymbol{I}_L + \boldsymbol{I}_C = \frac{\boldsymbol{V}}{\boldsymbol{Z}_R} + \frac{\boldsymbol{V}}{\boldsymbol{Z}_L} + \frac{\boldsymbol{V}}{\boldsymbol{Z}_C}$$
$$= \left(\frac{1}{\boldsymbol{Z}_R} + \frac{1}{\boldsymbol{Z}_L} + \frac{1}{\boldsymbol{Z}_C}\right)\boldsymbol{V} = \frac{\boldsymbol{V}}{\boldsymbol{Z}} \tag{5.33}$$

となる．よって

$$\frac{1}{\boldsymbol{Z}} = \frac{1}{\boldsymbol{Z}_R} + \frac{1}{\boldsymbol{Z}_L} + \frac{1}{\boldsymbol{Z}_C} \tag{5.34}$$

すなわち，

$$\boldsymbol{Z} = \frac{1}{\dfrac{1}{\boldsymbol{Z}_R} + \dfrac{1}{\boldsymbol{Z}_L} + \dfrac{1}{\boldsymbol{Z}_C}} \tag{5.35}$$

となる．この式からもわかるように，並列回路の合成インピーダンスは複雑であり，きれいな表式とはいえない．そこで，次のように，インピーダンスの逆数で定義される量を導入する．

▶ アドミタンスの定義

インピーダンスの逆数を $\boldsymbol{Y}$ で表し，これを**アドミタンス**という．

$$\boldsymbol{Y} = \frac{1}{\boldsymbol{Z}} \tag{5.36}$$

アドミタンスの単位は**ジーメンス** [S] である．$\boldsymbol{Z}$ が複素数であるから，アドミタンスも複素数となる．これを

$$\boldsymbol{Y} = G + jB \tag{5.37}$$

と表したとき，G を**コンダクタンス**，B を**サセプタンス**という．単位は，いずれもジーメンスである．アドミタンスは，電流の流れやすさの尺度を与える．

式 (5.36) と交流のオームの法則 (4.31) より，次の関係が成り立つ．

▶ 電流のアドミタンスによる表記

ある素子のアドミタンスを $\boldsymbol{Y}$ とし，また，この素子の両端にかかっている電圧を $\boldsymbol{V}$ とすると，この素子に流れる電流は

$$\boldsymbol{I} = \boldsymbol{Y}\boldsymbol{V} \tag{5.38}$$

で与えられる．

抵抗 R，コイル L，コンデンサ C のアドミタンスを，それぞれ $\boldsymbol{Y}_R, \boldsymbol{Y}_L, \boldsymbol{Y}_C$ とす

る．式 (4.33)〜(4.35) より，

$$\boldsymbol{Y}_R = \frac{1}{\boldsymbol{Z}_R} = \frac{1}{R} \tag{5.39}$$

$$\boldsymbol{Y}_L = \frac{1}{\boldsymbol{Z}_L} = \frac{1}{j\omega L} = -j\frac{1}{\omega L} \tag{5.40}$$

$$\boldsymbol{Y}_C = \frac{1}{\boldsymbol{Z}_C} = \frac{1}{1/(j\omega C)} = j\omega C \tag{5.41}$$

で与えられる．図 5.14 において，各素子を流れる複素電流を，それぞれ $\boldsymbol{I}_R, \boldsymbol{I}_L, \boldsymbol{I}_C$ とすると，各素子にかかる複素電圧は $\boldsymbol{V}$ で共通であるので，これらは次のようになる．

$$\boldsymbol{I}_R = \boldsymbol{Y}_R\boldsymbol{V} = \frac{\boldsymbol{V}}{R} \tag{5.42}$$

$$\boldsymbol{I}_L = \boldsymbol{Y}_L\boldsymbol{V} = -j\frac{1}{\omega L}\boldsymbol{V} \tag{5.43}$$

$$\boldsymbol{I}_C = \boldsymbol{Y}_C\boldsymbol{V} = j\omega C\boldsymbol{V} \tag{5.44}$$

すなわち，$\boldsymbol{I}_R$ は $\boldsymbol{V}$ と同位相であり，$\boldsymbol{I}_L$ は $\boldsymbol{V}$ と比べ位相が $\pi/2$ 遅れる．また，$\boldsymbol{I}_C$ は $\boldsymbol{V}$ に比べ位相が $\pi/2$ 進む．

$\boldsymbol{I}_R, \boldsymbol{I}_L, \boldsymbol{I}_C$ の三つを合成した複素電流 $\boldsymbol{I}$ は，次のようになる．

$$\boldsymbol{I} = \boldsymbol{I}_R + \boldsymbol{I}_L + \boldsymbol{I}_C = (\boldsymbol{Y}_R + \boldsymbol{Y}_L + \boldsymbol{Y}_C)\boldsymbol{V} = \boldsymbol{Y}\boldsymbol{V} \tag{5.45}$$

よって，合成アドミタンス $\boldsymbol{Y}$ は

$$\boldsymbol{Y} = \boldsymbol{Y}_R + \boldsymbol{Y}_L + \boldsymbol{Y}_C \tag{5.46}$$

と，簡潔できれいな形で表現できる．アドミタンスは，とくに並列回路の解析に対して有用である．ここまでの内容を一般化すると，次のことが成り立つ．

▶ 並列回路の合成アドミタンス

アドミタンス $\boldsymbol{Y}_1, \boldsymbol{Y}_2, \cdots, \boldsymbol{Y}_n$ をもつ n 個の素子が並列接続されている．この場合の合成アドミタンスは，各素子のアドミタンスの和で与えられる．

$$\boldsymbol{Y} = \boldsymbol{Y}_1 + \boldsymbol{Y}_2 + \cdots + \boldsymbol{Y}_n = \sum_{k=1}^{n} \boldsymbol{Y}_k \tag{5.47}$$

▶ 並列回路における分流の法則

アドミタンス $\boldsymbol{Y}_1, \boldsymbol{Y}_2, \cdots, \boldsymbol{Y}_n$ をもつ n 個の素子が並列接続された回路に，複素電流 $\boldsymbol{I}$ が流れている．このとき，k 番目のアドミタンス $\boldsymbol{Y}_k$ をもつ素子に流れる電流 $\boldsymbol{I}_k$ は，$\boldsymbol{Y}_k$ に比例して分配される．

$$\boldsymbol{I}_k = \frac{\boldsymbol{Y}_k}{\boldsymbol{Y}_1 + \boldsymbol{Y}_2 + \cdots + \boldsymbol{Y}_n}\boldsymbol{I} \tag{5.48}$$

図 5.14 の RLC 並列回路における合成アドミタンスは，式 (5.39)～(5.41) を用いて，次のようになる．

$$\begin{aligned}\boldsymbol{Y} &= \boldsymbol{Y}_R + \boldsymbol{Y}_L + \boldsymbol{Y}_C = \frac{1}{R} + \frac{1}{j\omega L} + j\omega C = \frac{1}{R} - j\frac{1}{\omega L} + j\omega C \\ &= \frac{1}{R} + j\left(\omega C - \frac{1}{\omega L}\right)\end{aligned} \tag{5.49}$$

よって，式 (5.37) で定義されるコンダクタンスおよびサセプタンスは，それぞれ以下のようになる．

$$G = \frac{1}{R} \tag{5.50}$$

$$B = \omega C - \frac{1}{\omega L} \tag{5.51}$$

$\boldsymbol{Y}$ の**ベクトル図**を，**図 5.15** に示す．$\boldsymbol{Y}$ の実部は $1/R$ であり，虚部は，$\omega C - 1/(\omega L)$ となる．よって，$\boldsymbol{Y}$ の大きさは，

$$|\boldsymbol{Y}| = \sqrt{\left(\frac{1}{R}\right)^2 + \left(\omega C - \frac{1}{\omega L}\right)^2} \tag{5.52}$$

で与えられる．また，図より，$\boldsymbol{Y}$ の偏角 θ は次式となる．

$$\theta = \tan^{-1}\left\{R\left(\omega C - \frac{1}{\omega L}\right)\right\} \tag{5.53}$$

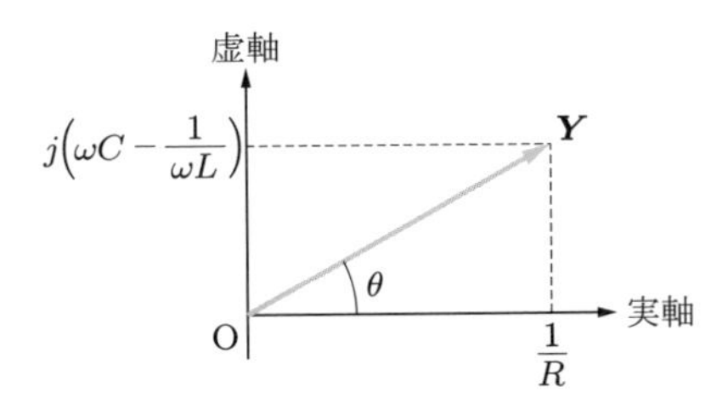

図 5.15 RLC 並列回路のアドミタンス $\boldsymbol{Y}$ のベクトル図

2 章の直流回路の解析では，二つの抵抗 R_1 と R_2 をもつ並列回路に対し，式 (2.18) で，その合成抵抗の計算方法を，また，式 (2.21)，(2.22) で，各抵抗を流れる電流を表す分流の法則を勉強した．これらの式は，もちろん，交流回路においても成立する．すなわち，インピーダンスが $\boldsymbol{Z}_1$ と $\boldsymbol{Z}_2$ である二つの素子の並列回路において，この合成インピーダンス $\boldsymbol{Z}$ は，次のようになる．

$$\boldsymbol{Z} = \frac{\boldsymbol{Z}_1 \boldsymbol{Z}_2}{\boldsymbol{Z}_1 + \boldsymbol{Z}_2} \tag{5.54}$$

また，$\boldsymbol{Z}_1$ と $\boldsymbol{Z}_2$ をもつ二つのそれぞれの素子に流れる電流 $\boldsymbol{I}_1$ と $\boldsymbol{I}_2$ は，式 (5.48) の分流の法則から，次のようになる．

$$\boldsymbol{I}_1 = \frac{\boldsymbol{Y}_1}{\boldsymbol{Y}_1 + \boldsymbol{Y}_2}\boldsymbol{I} = \frac{\dfrac{1}{\boldsymbol{Z}_1}}{\dfrac{1}{\boldsymbol{Z}_1} + \dfrac{1}{\boldsymbol{Z}_2}}\boldsymbol{I} = \frac{\boldsymbol{Z}_2}{\boldsymbol{Z}_1 + \boldsymbol{Z}_2}\boldsymbol{I} \tag{5.55}$$

$$\boldsymbol{I}_2 = \frac{\boldsymbol{Y}_2}{\boldsymbol{Y}_1 + \boldsymbol{Y}_2}\boldsymbol{I} = \frac{\dfrac{1}{\boldsymbol{Z}_2}}{\dfrac{1}{\boldsymbol{Z}_1} + \dfrac{1}{\boldsymbol{Z}_2}}\boldsymbol{I} = \frac{\boldsymbol{Z}_1}{\boldsymbol{Z}_1 + \boldsymbol{Z}_2}\boldsymbol{I} \tag{5.56}$$

これらの式は，しばしば利用することになるので，覚えておくと役に立つ．

例題 5.4　図 **5.16** の RLC 並列回路において，$R = 5$ [Ω], $L = 40$ [mH], $C = 200$ [μF] であるとする．この回路に，瞬時値が $v = 100\sqrt{2}\sin 500t$ [V] で与えられる電圧を加える．このとき，以下の問いに答えよ．

(1)　この回路の合成アドミタンスを求めよ．

(2)　各素子に流れる複素電流を求めよ．

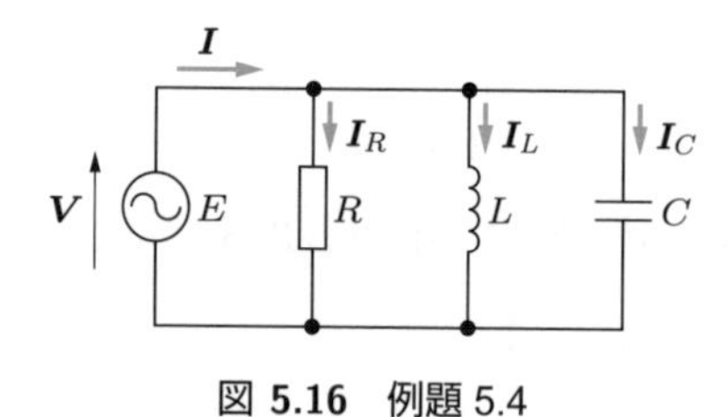

図 5.16　例題 5.4

解答　(1)　角周波数 ω は 500 [rad/s] である．よって，各素子のアドミタンスは，それぞれ次のようになる．

$$\boldsymbol{Y}_R = \frac{1}{R} = \frac{1}{5} = 0.2 \text{ [S]}$$

$$\boldsymbol{Y}_L = \frac{1}{j\omega L} = -j\frac{1}{500 \times 40 \times 10^{-3}} = -j0.05 \text{ [S]}$$

$$\boldsymbol{Y}_C = j\omega C = j500 \times 200 \times 10^{-6} = j0.1 \text{ [S]}$$

式 (5.46) より，合成アドミタンスは次式で与えられる．

$$\boldsymbol{Y} = \boldsymbol{Y}_R + \boldsymbol{Y}_L + \boldsymbol{Y}_C = 0.2 + j(-0.05 + 0.1) = 0.2 + j0.05 \text{ [S]}$$

(2)　電圧の実効値は 100 [V] である．よって，各素子に流れる電流は，次のようになる．

$$\boldsymbol{I}_R = \boldsymbol{Y}_R\boldsymbol{V} = 0.2 \times 100 = 20 \text{ [A]}$$

$$\boldsymbol{I}_L = \boldsymbol{Y}_L\boldsymbol{V} = -j0.05 \times 100 = -j5 \text{ [A]}$$

$$\boldsymbol{I}_C = \boldsymbol{Y}_C\boldsymbol{V} = j0.1 \times 100 = j10 \text{ [A]}$$

演習問題

5.1 **【RL 直列回路・電流基準】** 抵抗 $R=100$ [Ω]，インダクタンス $L=400$ [mH] の RL 直列回路がある．この回路に，実効値が 2 [A]，周波数が 50 [Hz] の交流電流 $\boldsymbol{I}$ が流れている．電流を基準にしたとき，抵抗の端子電圧 $\boldsymbol{V}_R$，コイルの端子電圧 $\boldsymbol{V}_L$，および回路に加わっている電圧 $\boldsymbol{V}$ を求めよ．また，この回路のインピーダンス $\boldsymbol{Z}$ と，$\boldsymbol{V}_R, \boldsymbol{V}_L, \boldsymbol{V}, \boldsymbol{I}$ の関係を表すフェーザ図を描け．

5.2 **【RL 直列回路・電圧基準】** 抵抗 $R=200$ [Ω]，インダクタンス $L=500$ [mH] の RL 直列回路がある．この回路に，周波数 60 [Hz] の交流電圧 $\boldsymbol{V}=100\angle 0^\circ$ [V] を加えた．電圧を基準にしたとき，この回路に流れる電流 $\boldsymbol{I}$ を求めよ．また，抵抗の端子電圧 $\boldsymbol{V}_R$，およびコイルの端子電圧 $\boldsymbol{V}_L$ を求めよ．さらに，この回路のインピーダンス $\boldsymbol{Z}$ と，$\boldsymbol{V}_R, \boldsymbol{V}_L, \boldsymbol{V}, \boldsymbol{I}$ の関係を表すフェーザ図を描け．

5.3 **【RC 直列回路・電圧基準】** 抵抗 $R=30$ [Ω]，キャパシタンス $C=200$ [μF] の RC 直列回路がある．この回路に，周波数 50 [Hz] の交流電圧 $\boldsymbol{V}=100\angle 0^\circ$ [V] を加えた．電圧を基準にしたとき，この回路に流れる電流 $\boldsymbol{I}$ を求めよ．また，抵抗の端子電圧 $\boldsymbol{V}_R$，コンデンサの端子電圧 $\boldsymbol{V}_C$ を求めよ．さらに，この回路のインピーダンス $\boldsymbol{Z}$ と，$\boldsymbol{V}_R, \boldsymbol{V}_C, \boldsymbol{V}, \boldsymbol{I}$ の関係を表すフェーザ図を描け．

5.4 **【RLC 直列回路・電流基準・リアクタンス表記】** **図 5.17** に示す RLC 直列回路がある．ここで，$R=6$ [Ω], $X_L=10$ [Ω], $X_C=2$ [Ω] である．この回路に，実効値 2.5 [A] の交流電流 $\boldsymbol{I}$ を流した．合成インピーダンス $\boldsymbol{Z}$ を求めよ．また，端子電圧 $\boldsymbol{V}_R, \boldsymbol{V}_L, \boldsymbol{V}_C$，および電源の電圧 $\boldsymbol{V}$ の大きさと偏角を求めよ．さらに，電流 $\boldsymbol{I}$ を基準にして，$\boldsymbol{Z}, \boldsymbol{I}, \boldsymbol{V}_R, \boldsymbol{V}_L, \boldsymbol{V}_C, \boldsymbol{V}$ の関係を表すフェーザ図を描け．

5.5 **【RLC 直列回路・電圧基準】** 抵抗 $R=80$ [Ω]，インダクタンス $L=200$ [mH]，キャパシタンス $C=100$ [μF] の RLC 直列回路がある．この回路に，周波数 50 [Hz] の交流電圧 $\boldsymbol{V}=100\angle 0^\circ$ [V] を加えた．電圧を基準にしたとき，この回路に流れる電流 $\boldsymbol{I}$ を求めよ．また，抵抗の端子電圧 $\boldsymbol{V}_R$，コイルの端子電圧 $\boldsymbol{V}_L$，コンデンサの端子電圧 $\boldsymbol{V}_C$ を求めよ．さらに，この回路のインピーダンス $\boldsymbol{Z}$ と，$\boldsymbol{V}_R, \boldsymbol{V}_L, \boldsymbol{V}_C, \boldsymbol{V}, \boldsymbol{I}$ の関係を表すフェーザ図を描け．

5.6 **【RC 並列回路】** 抵抗 $R=50$ [Ω]，キャパシタンス $C=100$ [μF] の RC 並列回路がある．この回路に，瞬時電圧が $v=100\sqrt{2}\sin(500t)$ [V] で与えられる交流電圧を加えた．電圧を基準にしたとき，この回路に流れる電流 $\boldsymbol{I}$ を求めよ．また，抵抗の両端を流れる電流 $\boldsymbol{I}_R$，およびコンデンサの両端を流れる電流 $\boldsymbol{I}_C$ を求めよ．さらに，この回路のアドミタンス $\boldsymbol{Y}$ と，$\boldsymbol{I}_R, \boldsymbol{I}_C, \boldsymbol{I}, \boldsymbol{V}$ の関係を表すフェーザ図を描け．

5.7 **【RLC 直並列回路】** **図 5.18** に示す RLC 直並列回路に周波数 50 [Hz] の交流電圧 $\boldsymbol{V}=100\angle 0^\circ$ [V] を加えた．コイルに流れる電流 $\boldsymbol{I}$ を求めよ．ただし，抵抗 $R=50$ [Ω]，インダクタンス $L=50$ [mH]，キャパシタンス $C=80$ [μF] とする．

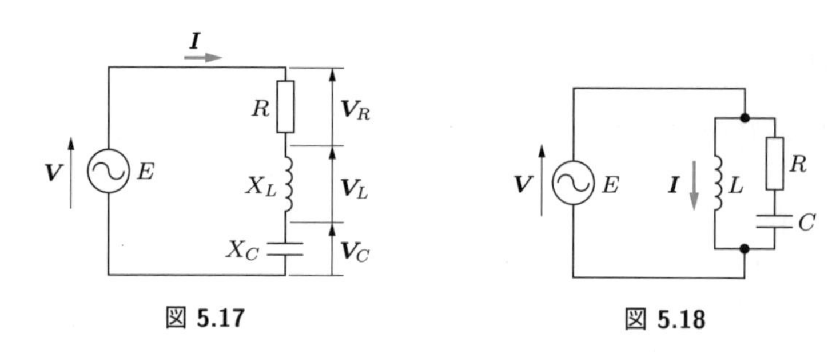

図 5.17　　図 5.18

5.8 【リアクタンスによる表現と等価回路】 **図 5.19** に示す RLC 直並列回路に，交流電圧 $\boldsymbol{V}=200\angle 0^{\circ}$ [V] を加えた．このとき，以下の問いに答えよ．ここで，$R_1=5$ [Ω], $X_{L1}=6$ [Ω], $R_2=10$ [Ω], $X_{C2}=3$ [Ω], $X_{L3}=20$ [Ω], $X_{C3}=5$ [Ω] とする．

(1) 電流 $\boldsymbol{I}_1, \boldsymbol{I}_2, \boldsymbol{I}_3$ を求めよ．

(2) 合成アドミタンス $\boldsymbol{Y}$ を求めよ．

(3) 合成インピーダンス $\boldsymbol{Z}$ を求めよ．

(4) 等価な RL 直列回路あるいは RC 直列回路を作れ．

5.9 【電圧と電流の位相制御】 **図 5.20** に示す回路がある．この図において，R は可変抵抗器である．電流 $\boldsymbol{I}$ と電圧 $\boldsymbol{V}$ が同じ位相になるための R の条件を求めよ．ただし，角周波数を ω とする．

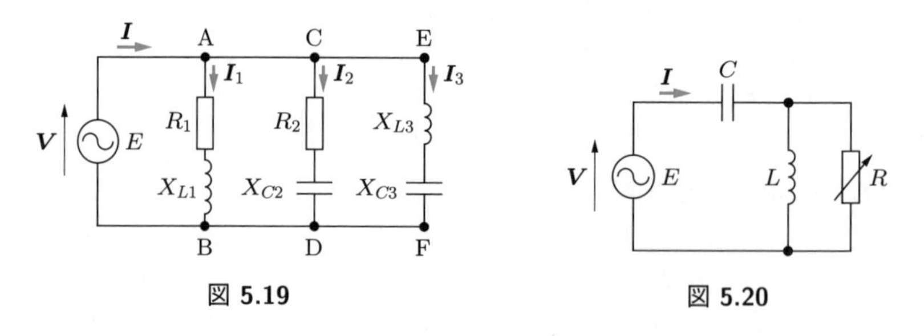

図 5.19　　図 5.20

6章 交流の電力

電力は電圧と電流の積で定義されるが，2章で確認したように，直流の場合には，この電力は電流の2乗と抵抗との積で表現される．一方，交流の場合には，電圧や電流の向きと大きさが時間的に変化する．このため，インダクタンスやキャパシタンスもインピーダンスとして，抵抗に相当するはたらきを示す．さらに，電圧と電流は，お互いにその位相がずれている．このような状況を考えると，交流の場合には，電力に対するいくつかの新しい概念を導入することが必要になってきそうである．この章では，交流回路の電力特有の考え方について，詳しく学んでいくことにする．

6.1 瞬時電力

図 6.1 で示される交流回路について，この回路の電力を計算する．直流の場合と同様に，電力 p [W] は，次式のように，電圧 v [V] と電流 i [A] の積で定義される．

$$p = vi \tag{6.1}$$

交流の場合には，電圧および電流は，その向きと大きさが時間的に変化するので，電力 p も時間的に変化する量となる．すなわち，式 (6.1) に現れる電圧，電流は瞬時値であり，計算される電力も瞬時値となる．

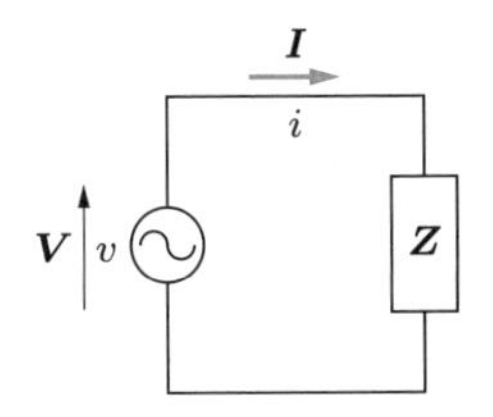

図 6.1　インピーダンス $\boldsymbol{Z}$ に正弦波交流を加えた回路

図の回路において，負荷インピーダンス $\boldsymbol{Z}$ の偏角を θ とする．このとき，回路を流れる電流 i の位相は，印加電圧 v のそれよりも θ だけ遅れる．すなわち，

$$v = \sqrt{2}V \sin \omega t \tag{6.2}$$

$$i = \sqrt{2}I \sin(\omega t - \theta) \tag{6.3}$$

となる．これらを式 (6.1) に代入すると，次式のようになる．

$$
\begin{aligned}
p = vi &= \sqrt{2}V\sin\omega t\cdot\sqrt{2}I\sin(\omega t-\theta) = 2VI\sin\omega t\cdot\sin(\omega t-\theta)\\
&= 2VI\left(-\frac{1}{2}\right)\{\cos(2\omega t-\theta)-\cos\theta\} = VI\{\cos\theta-\cos(2\omega t-\theta)\}
\end{aligned}
\tag{6.4}
$$

ここで，三角関数の積を和に直す公式，すなわち付録の式 (A.1.34) を用いた．式 (6.4) で与えられる電力を，**瞬時電力**という．

6.2　有効電力

瞬時電力 p の 1 周期についての平均値 P を，**有効電力**あるいは**交流電力**という．これを，具体的に積分計算を実行して求めてみよう．まず，

$$
\phi = \omega t \tag{6.5}
$$

とおき，この ϕ について，式 (6.4) に対する積分計算を行う．ϕ について 1 周期とは，すなわち 0 から 2π までである．被積分関数である式 (6.4) のうち，第 1 項は定数項であり，また，第 2 項は周期的な三角関数である．明らかに，周期的な三角関数を 1 周期について積分すれば，正負の部分が相殺されるので零となる．実際，

$$
\begin{aligned}
P &= \frac{1}{2\pi}\int_0^{2\pi} p\,\mathrm{d}\phi = \frac{VI}{2\pi}\int_0^{2\pi}\{\cos\theta-\cos(2\phi-\theta)\}\,\mathrm{d}\phi\\
&= \frac{VI}{2\pi}\left\{\Big[\phi\cos\theta\Big]_0^{2\pi}-\frac{1}{2}\Big[\sin(2\phi-\theta)\Big]_0^{2\pi}\right\} = \frac{VI}{2\pi}(2\pi\cos\theta) = VI\cos\theta\ [\mathrm{W}]
\end{aligned}
\tag{6.6}
$$

となって，残るのは第 1 項の定数項のみである．

図 6.2 に，式 (6.4) で与えられる瞬時電力 p の時間変化の様子を示す．ここでは，

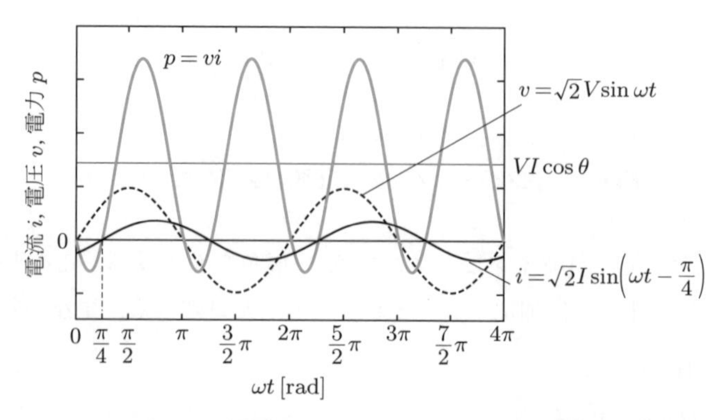

図 6.2　位相差が $\pi/4$ のときの瞬時電力の変化

位相の遅れ θ が $\pi/4$ の場合について示している．$VI\cos\theta$ という一定値のバイアスぶんだけ縦方向にずれた水平線を中心にして，$\cos(2\omega t-\theta)$ で振動している波形であることが読み取れる．式 (6.6) の結果をまとめると，次のようになる．

▶ 有効電力

有効電力 P は，電圧の実効値 V と電流の実効値 I の積に，両者の位相差 θ で決まる $\cos\theta$ を掛けた値で表される．

$$P = VI\cos\theta \text{ [W]} \tag{6.7}$$

式 (6.7) より，$\cos\theta = 0$ となる場合，すなわち，電流と電圧の位相差 θ の絶対値が $\pi/2$ であれば，電力 $P=0$ になることがわかる．この条件を満たす場合とは，回路の中に抵抗 R がなく，インダクタンスやキャパシタンスだけで構成されているときである．逆に，$P=0$ でないための条件は，次のようになる．

▶ 有効電力の発生条件

有効電力は，抵抗 R が存在するときにのみ発生する．

6.3 皮相電力，無効電力と力率

交流の有効電力は，このように，電圧 V と電流 I の大きさのみでは決まらず，お互いの位相差 θ に依存する．さて，交流の電力を特徴づけるためには，この有効電力以外に，いくつかの電力に関する量を考えなければならない．この節では，これらを定義していくことにする．

▶ 正弦波交流の電力諸量

電圧の実効値 V と電流の実効値 I の積を，単なる見かけ上の電力という意味で，**皮相電力**という．単位には**ボルトアンペア** [VA] を用いる．

$$P_a = VI \text{ [VA]} \tag{6.8}$$

また，**無効電力**を次式で定義する．単位には**バール** [var] を用いる．

$$P_r = VI\sin\theta \text{ [var]} \tag{6.9}$$

皮相電力 P_a に対する有効電力 P の割合を**力率**という．また，位相差 θ を**力率角**という．

$$\text{力率} = \frac{P}{P_a} = \frac{VI\cos\theta}{VI} = \cos\theta \tag{6.10}$$

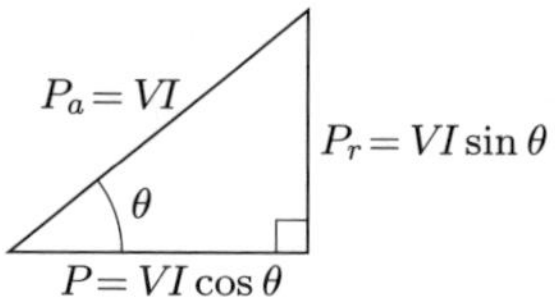

図 **6.3**　有効電力，皮相電力，無効電力の関係

有効電力，皮相電力と無効電力の間には，次の関係がある．

$$P_a = VI = \sqrt{P^2 + P_r^2} = \sqrt{(VI\cos\theta)^2 + (VI\sin\theta)^2} \tag{6.11}$$

この関係を図 **6.3** に示す．

有効電力とは，抵抗で実際に消費される電力のことである．一方，無効電力とは，コイルやコンデンサなどのリアクタンス素子に，一時的に蓄えられるエネルギーに対応した電力を表している．また，皮相電力は，抵抗で消費される電力とリアクタンス素子に蓄えられる電力を合わせたものであり，電気機器の容量を決める電力である．

無効電力が存在すると，必要以上に大きな電流を流すことになり，このため，送電によるむだなジュール損失が発生したり，あるいは電気機器の容量を必要以上に大きくすることになる．これを避けるため，力率がなるべく 1 に近づくように回路を設計する．これを，**力率改善**という．

図 6.2 をもう一度詳しくながめてみよう．v と i の正負の向きがお互いに同じ場合には，p は正になる．このことは，電源から回路素子に電力が供給されていることを表す．一方，v と i の正負の向きがお互いに逆向きの場合には，p は負となる．このことは，回路中の素子に蓄えられている電力が電源に戻っていることを示す．

例題 6.1　抵抗値 $R = 8$ [Ω] の抵抗，誘導性リアクタンス $X_L = 11$ [Ω] のコイル，容量性リアクタンス $X_C = 5$ [Ω] のコンデンサが，直列に接続された交流回路がある．この回路に，複素電圧 $\boldsymbol{V} = 100\angle 0^\circ$ [V] を加えた．回路を流れる複素電流 $\boldsymbol{I}$，力率，皮相電力 P_a，有効電力 P，および無効電力 P_r を求めよ．

解答　回路のインピーダンス $\boldsymbol{Z}$ は，

$$\boldsymbol{Z} = R + jX_L - jX_C = 8 + j11 - j5 = 8 + j6 \ [\Omega]$$

$\boldsymbol{Z}$ の大きさは，

$$|\boldsymbol{Z}| = \sqrt{8^2 + 6^2} = \sqrt{100} = 10 \ [\Omega]$$

$\boldsymbol{Z}$ の偏角は，

$$\theta = \tan^{-1}\frac{6}{8} = 36.9^\circ$$

となる．よって，

$$\boldsymbol{I} = \frac{\boldsymbol{V}}{\boldsymbol{Z}} = \frac{100\angle 0^\circ}{10\angle 36.9^\circ} = 10\angle(-36.9^\circ)\ [\mathrm{A}]$$

となる．$\boldsymbol{Z}$ の偏角が，電流と電圧の位相差を与える．よって，力率は，次のようになる．

$$\cos\theta = \cos 36.9^\circ = 0.8$$

皮相電力 P_a，有効電力 P，および無効電力 P_r は，それぞれ次のようになる．

$$P_a = VI = 100 \times 10 = 1000\ [\mathrm{VA}]$$
$$P = VI\cos\theta = 1000 \times 0.8 = 800\ [\mathrm{W}]$$
$$P_r = VI\sin\theta = 1000 \times 0.6 = 600\ [\mathrm{var}]$$

6.4 電力の複素数表示

複素数を用いて電力を計算してみよう．複素電圧を，その初期位相を ϕ とおいて，

$$\boldsymbol{V} = Ve^{j\phi} \tag{6.12}$$

と表す．この電圧を図 6.1 の回路に印加した結果，

$$\boldsymbol{I} = Ie^{j(\phi-\theta)} \tag{6.13}$$

の複素電流が発生したとする．ここで，V および I は，電圧および電流の実効値である．式 (6.12) および式 (6.13) は，それぞれ式 (6.2) および式 (6.3) と対応する．ただし，ここでは，一般化して電圧の初期位相を ϕ とおいてある点に再度注意されたい．電流の位相は，電圧に比べて θ だけ位相が遅れている．

ここで，$\boldsymbol{I}$ の共役複素数を導入する．

$$\overline{\boldsymbol{I}} = Ie^{-j(\phi-\theta)} \tag{6.14}$$

この電流 $\boldsymbol{I}$ の共役複素数 $\overline{\boldsymbol{I}}$ と電圧 $\boldsymbol{V}$ との積をとる．

$$\boldsymbol{V}\overline{\boldsymbol{I}} = Ve^{j\phi} \cdot Ie^{-j(\phi-\theta)} = VIe^{j\theta} = VI\cos\theta + jVI\sin\theta \tag{6.15}$$

この結果を，式 (6.7) および式 (6.9) と比べてみよう．式 (6.15) の実部および虚部は，それぞれ有効電力 P と無効電力 P_r になっていることがわかる．以上をまとめると，次のようになる．

▶ 複素電力の定義

複素電力 $\boldsymbol{P}$ を次のように定義する．

$$\boldsymbol{P} = \boldsymbol{V}\overline{\boldsymbol{I}} = P + jP_r \tag{6.16}$$

このように，複素数を用いると，電力計算がきわめて簡単にできる．また，電力の諸量が簡潔に表現できる．式 (6.6) の計算過程を振り返って，三角関数を使うことの複雑さを確認してほしい．

図 6.1 の負荷インピーダンス $\boldsymbol{Z}$ を

$$\boldsymbol{Z} = R + jX \tag{6.17}$$

とおく．これを用い，式 (6.16) の定義に従って電力計算を行うと，次のようになる．

▶ 複素電流を用いた電力表現

$$\boldsymbol{P} = \boldsymbol{V}\overline{\boldsymbol{I}} = \boldsymbol{Z}\boldsymbol{I}\overline{\boldsymbol{I}} = \boldsymbol{Z}|\boldsymbol{I}|^2 = (R + jX)|\boldsymbol{I}|^2 = R|\boldsymbol{I}|^2 + jX|\boldsymbol{I}|^2 \tag{6.18}$$

すなわち，

$$P = R|\boldsymbol{I}|^2 \tag{6.19}$$

$$P_r = X|\boldsymbol{I}|^2 \tag{6.20}$$

なお，式 (6.18) の導出過程で，式 (3.46) を用いている．

結局，有効電力とは，複素電力 $\boldsymbol{P}$ の抵抗部分（実部）であり，また，無効電力とは，複素電力 $\boldsymbol{P}$ のリアクタンス部分（虚部）である．ここで，誘導性リアクタンスのように，X が正の場合には，無効電力は正の値をとるが，容量性リアクタンスのように，X が負の場合には，無効電力は負の値となる．

例題 6.2　ある交流回路に複素電圧 $\boldsymbol{V} = 200 + j100$ [V] を加えたところ，複素電流 $\boldsymbol{I} = 8 + j6$ [A] が流れた．この回路のインピーダンス $\boldsymbol{Z}$ とアドミタンス $\boldsymbol{Y}$ を求めよ．次に複素電力 $\boldsymbol{P}$ を計算し，これから有効電力 P，無効電力 P_r および皮相電力 P_a を求めよ．

解答　インピーダンス $\boldsymbol{Z}$ は，

$$\boldsymbol{Z} = \frac{\boldsymbol{V}}{\boldsymbol{I}} = \frac{200 + j100}{8 + j6} = \frac{(200 + j100)(8 - j6)}{(8 + j6)(8 - j6)} = \frac{2200 - j400}{100} = 22 - j4\ [\Omega]$$

アドミタンス $\boldsymbol{Y}$ は，

$$\boldsymbol{Y} = \frac{1}{\boldsymbol{Z}} = \frac{1}{22 - j4} = \frac{22 + j4}{(22 - j4)(22 + j4)} = \frac{22 + j4}{500} = 0.044 + j0.008\ [\mathrm{S}]$$

複素電力 $\boldsymbol{P}$ は，

$$\boldsymbol{P} = \boldsymbol{V}\overline{\boldsymbol{I}} = (200 + j100)(8 - j6) = 2200 - j400\ [\mathrm{VA}]$$

となる．よって，

$$P = 2200\ [\mathrm{W}], \quad P_r = -400\ [\mathrm{var}]$$

となり，皮相電力 P_a は，以下のように計算できる．

$$P_a = \sqrt{P^2 + P_r^2} = \sqrt{2200^2 + (-400)^2} = 2236\ [\mathrm{VA}]$$

演習問題

6.1 **【電力の諸量】** ある交流回路に実効値が 100 [V] の電圧を加えたところ，実効値が 30 [A] の電流が流れ，負荷インピーダンスにおいて，1.8 [kW] の電力が消費された．この回路の力率，皮相電力，無効電力を求めよ．

6.2 **【RLC 直列回路の電力・リアクタンス表示】** 抵抗値 $R=4$ [Ω] の抵抗，誘導性リアクタンス $X_L=18$[Ω] のコイル，容量性リアクタンス $X_C=14$ [Ω] のコンデンサが，直列に接続された交流回路がある．この回路に，複素電圧 $\boldsymbol{V}=150\angle 0^\circ$ [V] を加えた．力率，皮相電力，有効電力，無効電力を求めよ．

6.3 **【RLC 直列回路の電力】** 抵抗値 $R=50$ [Ω] の抵抗，インダクタンス $L=200$ [mH] のコイル，キャパシタンス $C=100$ [μF] のコンデンサを接続した RLC 直列回路に，実効値 100 [V]，周波数 50 [Hz] の電圧を加えた．R, L, C を共通に流れる電流 $\boldsymbol{I}$ を求めよ．また，この回路の，力率，皮相電力，有効電力，無効電力を求めよ．

6.4 **【RLC 並列回路の電力】** 抵抗値 $R=25$ [Ω] の抵抗，誘導性リアクタンス $X_L=40$ [Ω] のコイル，容量性リアクタンス $X_C=20$ [Ω] のコンデンサを接続した RLC 並列回路に，実効値 100 [V] の交流電圧を加えた．合成インピーダンス $\boldsymbol{Z}$ を流れる電流 $\boldsymbol{I}$ を求めよ．また，この回路の，力率，皮相電力，有効電力，無効電力を求めよ．

6.5 **【複素電力】** インピーダンス $\boldsymbol{Z}=40-j30$ [Ω] をもつ回路に，複素電圧 $\boldsymbol{V}=200+j100$ [V] を加えた．回路に流れる複素電流 $\boldsymbol{I}$，複素電力，有効電力，無効電力，皮相電力を求めよ．

6.6 **【複素電力】** ある回路に，複素電圧 $\boldsymbol{V}=160+j60$ [V] を加えたところ，複素電流 $\boldsymbol{I}=6.8+j6.2$ [A] が流れた．この回路のアドミタンス $\boldsymbol{Y}$ とインピーダンス $\boldsymbol{Z}$ を求めよ．次に，力率，複素電力，有効電力，無効電力および皮相電力を求めよ．

6.7 **【力率改善】** **図 6.4** は，C–D 間に R と L を直列に接続し，角周波数 ω の交流電圧 $\boldsymbol{V}$ を加えた回路である．E–F 間にコンデンサ C を並列に接続することにより，力率を 1 にしたい．この条件を与える C の表式を求めよ．また，$R=20$ [Ω], $L=10$ [mH], $\omega=1000$ [rad/s] のとき，C の値はいくらになるか．

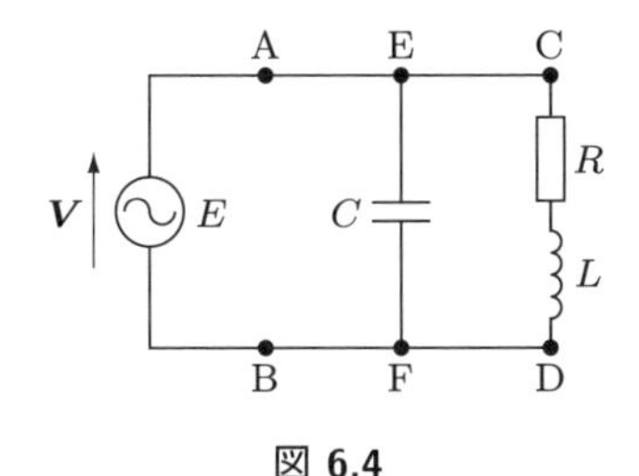

図 6.4

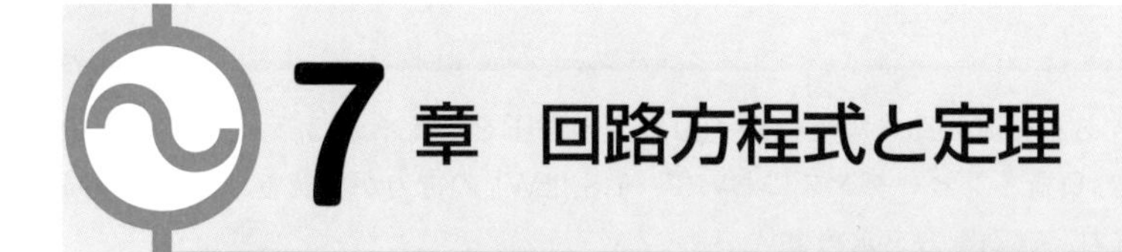

7章 回路方程式と定理

2章では，直流を対象にして，回路網を流れる電流や線路上の2点間の電圧を求めるための，キルヒホッフの法則について学んだ．この法則は交流の場合にも成立し，これを使えば，ほとんどの回路解析を行うことができる．しかし，複雑な回路網の解析を行うときに，具体的にどのように方程式を作っていけばよいのか，あるいは，作り上げた方程式系が独立なものになっているのか，はっきりしないこともある．この章では，まず，キルヒホッフの法則を交流の場合に一般化する．次に，キルヒホッフの法則を具体的に適用して，独立な方程式をたてるための確実な方法を学ぶ．それが，この章で紹介する枝電流法，閉路電流法，および接点電位法である．さらに，回路網解析を行ううえで大切な，電源に関連した三つの定理，すなわち，重ね合わせの理，テブナンの定理，そしてノートンの定理について学ぶ．これらの定理は，とくに回路網が複雑になったときにとても役に立つ．

7.1 交流のキルヒホッフの法則

キルヒホッフの法則は，電流の保存を表す第一法則と，電圧の保存を表す第二法則から成り立っている．回路網中の k 番目の枝路を流れる交流複素電流を $\boldsymbol{I}_k$ とする．三つ以上の枝路が交わる節点を考える．任意の時間において，節点に流入する電流の総和と，流出する電流の総和はつねに等しくなる．節点に流入する向きを正，節点から流出する向きを負とすると，キルヒホッフの第一法則は，次のようになる．

▶ 交流におけるキルヒホッフの第一法則

回路網の任意の節点に流入する交流電流の総和と，流出する交流電流の総和を足し合わせたものは，つねに0となる．

$$\sum_{k=1}^{n} \boldsymbol{I}_k = 0 \tag{7.1}$$

また，キルヒホッフの第二法則は，次のようになる．

▶ **交流におけるキルヒホッフの第二法則**

回路網中の任意の閉回路に沿って 1 周したとき，電圧降下の総和と，起電力の総和は等しい．k 番目のインピーダンス $\boldsymbol{Z}_k$ に流れる交流電流 $\boldsymbol{I}_k$ による電圧降下を $\boldsymbol{Z}_k\boldsymbol{I}_k$ とし，また，i 番目の起電力を $\boldsymbol{E}_i$ とすると，次のように表される．

$$\underbrace{\sum_{k=1}^{n} \boldsymbol{Z}_k\boldsymbol{I}_k}_{\text{電圧降下の総和}} = \underbrace{\sum_{i=1}^{m} \boldsymbol{E}_i}_{\text{起電力の総和}} \tag{7.2}$$

回路網中の電流や電位を仮定し，ここで述べたキルヒホッフの二つの法則を組み合わせることで，これらの電流や電位を求めるための回路方程式を導くことができる．キルヒホッフの法則は，交流解析を行うための道具である．この道具を，以下に述べるいくつかの方法に適用することによって，電流や電位を求めていく．

7.2 枝電流法

図 **7.1** の回路において，各素子を流れる枝電流 $\boldsymbol{I}_1, \boldsymbol{I}_2, \boldsymbol{I}_3$ を仮定する．このように，各枝路に電流を仮定して解くことから，この方法を**枝電流法**とよぶ．求めるべき未知変数は三つであるので，これから三つの方程式を作っていく．まず，一つ目の方程式として，節点 A に対しキルヒホッフの第一法則を適用する．

$$\boldsymbol{I}_1 + \boldsymbol{I}_2 - \boldsymbol{I}_3 = 0 \tag{7.3}$$

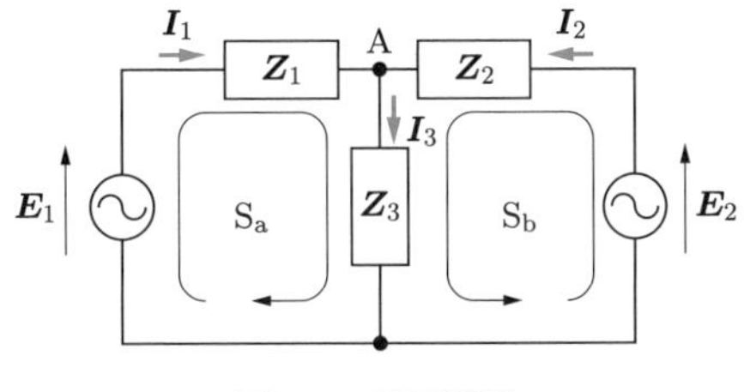

図 7.1　枝電流法

次に，これらの枝電流を用いて，二つの独立な閉回路 $\mathrm{S_a}$ および $\mathrm{S_b}$ に対してキルヒホッフの第二法則を適用する．これにより，次の残り二つの方程式が作られる．

$$\boldsymbol{Z}_1\boldsymbol{I}_1 + \boldsymbol{Z}_3\boldsymbol{I}_3 = \boldsymbol{E}_1 \tag{7.4}$$

$$\boldsymbol{Z}_2\boldsymbol{I}_2 + \boldsymbol{Z}_3\boldsymbol{I}_3 = \boldsymbol{E}_2 \tag{7.5}$$

方程式は式 (7.3)〜(7.5) の合計三つあり，未知数は三つの枝電流 $\boldsymbol{I}_1, \boldsymbol{I}_2, \boldsymbol{I}_3$ であるの

で，この方程式から1次独立な解を得ることができる．行列を用いたクラメールの公式を用いて解こう．クラメールの公式については，付録A.3を参照されたい．

これらの方程式を行列を用いて表現すると，

$$\begin{bmatrix} 1 & 1 & -1 \\ \boldsymbol{Z}_1 & 0 & \boldsymbol{Z}_3 \\ 0 & \boldsymbol{Z}_2 & \boldsymbol{Z}_3 \end{bmatrix} \begin{bmatrix} \boldsymbol{I}_1 \\ \boldsymbol{I}_2 \\ \boldsymbol{I}_3 \end{bmatrix} = \begin{bmatrix} 0 \\ \boldsymbol{E}_1 \\ \boldsymbol{E}_2 \end{bmatrix} \tag{7.6}$$

となる．左辺の行列の行列式 $\varDelta$ は，

$$\varDelta = \begin{vmatrix} 1 & 1 & -1 \\ \boldsymbol{Z}_1 & 0 & \boldsymbol{Z}_3 \\ 0 & \boldsymbol{Z}_2 & \boldsymbol{Z}_3 \end{vmatrix} = -(\boldsymbol{Z}_1\boldsymbol{Z}_2 + \boldsymbol{Z}_2\boldsymbol{Z}_3 + \boldsymbol{Z}_3\boldsymbol{Z}_1) \tag{7.7}$$

と計算できる．これを用いて，枝電流 $\boldsymbol{I}_1, \boldsymbol{I}_2, \boldsymbol{I}_3$ は，次のように求められる．

$$\boldsymbol{I}_1 = \frac{1}{\varDelta} \begin{vmatrix} 0 & 1 & -1 \\ \boldsymbol{E}_1 & 0 & \boldsymbol{Z}_3 \\ \boldsymbol{E}_2 & \boldsymbol{Z}_2 & \boldsymbol{Z}_3 \end{vmatrix} = \frac{(\boldsymbol{Z}_2 + \boldsymbol{Z}_3)\boldsymbol{E}_1 - \boldsymbol{Z}_3\boldsymbol{E}_2}{\boldsymbol{Z}_1\boldsymbol{Z}_2 + \boldsymbol{Z}_2\boldsymbol{Z}_3 + \boldsymbol{Z}_3\boldsymbol{Z}_1} \tag{7.8}$$

$$\boldsymbol{I}_2 = \frac{1}{\varDelta} \begin{vmatrix} 1 & 0 & -1 \\ \boldsymbol{Z}_1 & \boldsymbol{E}_1 & \boldsymbol{Z}_3 \\ 0 & \boldsymbol{E}_2 & \boldsymbol{Z}_3 \end{vmatrix} = \frac{(\boldsymbol{Z}_1 + \boldsymbol{Z}_3)\boldsymbol{E}_2 - \boldsymbol{Z}_3\boldsymbol{E}_1}{\boldsymbol{Z}_1\boldsymbol{Z}_2 + \boldsymbol{Z}_2\boldsymbol{Z}_3 + \boldsymbol{Z}_3\boldsymbol{Z}_1} \tag{7.9}$$

$$\boldsymbol{I}_3 = \frac{1}{\varDelta} \begin{vmatrix} 1 & 1 & 0 \\ \boldsymbol{Z}_1 & 0 & \boldsymbol{E}_1 \\ 0 & \boldsymbol{Z}_2 & \boldsymbol{E}_2 \end{vmatrix} = \frac{\boldsymbol{Z}_2\boldsymbol{E}_1 + \boldsymbol{Z}_1\boldsymbol{E}_2}{\boldsymbol{Z}_1\boldsymbol{Z}_2 + \boldsymbol{Z}_2\boldsymbol{Z}_3 + \boldsymbol{Z}_3\boldsymbol{Z}_1} \tag{7.10}$$

$\boldsymbol{I}_3$ は行列式を用いて解いたが，式(7.3)を用いて，

$$\begin{aligned} \boldsymbol{I}_3 = \boldsymbol{I}_1 + \boldsymbol{I}_2 &= \frac{(\boldsymbol{Z}_2 + \boldsymbol{Z}_3)\boldsymbol{E}_1 - \boldsymbol{Z}_3\boldsymbol{E}_2}{\boldsymbol{Z}_1\boldsymbol{Z}_2 + \boldsymbol{Z}_2\boldsymbol{Z}_3 + \boldsymbol{Z}_3\boldsymbol{Z}_1} + \frac{(\boldsymbol{Z}_1 + \boldsymbol{Z}_3)\boldsymbol{E}_2 - \boldsymbol{Z}_3\boldsymbol{E}_1}{\boldsymbol{Z}_1\boldsymbol{Z}_2 + \boldsymbol{Z}_2\boldsymbol{Z}_3 + \boldsymbol{Z}_3\boldsymbol{Z}_1} \\ &= \frac{\boldsymbol{Z}_2\boldsymbol{E}_1 + \boldsymbol{Z}_1\boldsymbol{E}_2}{\boldsymbol{Z}_1\boldsymbol{Z}_2 + \boldsymbol{Z}_2\boldsymbol{Z}_3 + \boldsymbol{Z}_3\boldsymbol{Z}_1} \end{aligned} \tag{7.11}$$

と求めてもよい．

例題 7.1　図7.2に示す交流回路がある．ここで，$L = 100$ [mH]，$R = 100$ [Ω]，$C = 25$ [μF] である．この回路に，角周波数 $\omega = 800$ [rad/s] の電圧 $\boldsymbol{E}_1 = 200\angle 90^\circ$ [V] および $\boldsymbol{E}_2 = 200\angle 0^\circ$ [V] を印加した．この回路に流れる枝電流 $\boldsymbol{I}_1, \boldsymbol{I}_2, \boldsymbol{I}_3$ を，枝電流法を用いて求めよ．

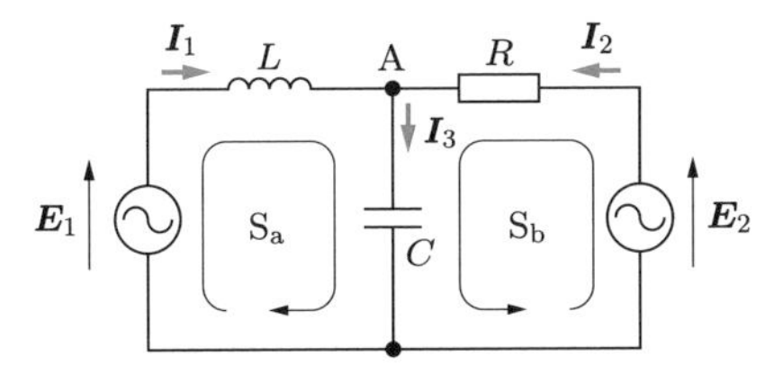

図 7.2 例題 7.1

解答 図 7.1 と図 7.2 を対応させて各素子のインピーダンスを求めると，次のようになる．

$$\boldsymbol{Z}_1 = j\omega L = j800 \times 0.1 = j80\ [\Omega]$$
$$\boldsymbol{Z}_2 = R = 100\ [\Omega]$$
$$\boldsymbol{Z}_3 = \frac{1}{j\omega C} = \frac{1}{j800 \times 2.5 \times 10^{-5}} = \frac{1}{j0.02} = -j50\ [\Omega]$$

節点 A に対しキルヒホッフの第一法則を適用することにより，

$$\boldsymbol{I}_1 + \boldsymbol{I}_2 - \boldsymbol{I}_3 = 0 \tag{1}$$

が得られる．次に，これらの枝電流を用いて，二つの独立な閉回路 S_a および S_b に対してキルヒホッフの第二法則を適用する．

$$j80\boldsymbol{I}_1 - j50\boldsymbol{I}_3 = 200\angle 90^\circ = j200 \tag{2}$$
$$100\boldsymbol{I}_2 - j50\boldsymbol{I}_3 = 200\angle 0^\circ = 200 \tag{3}$$

式 (1)〜(3) の連立方程方程式を行列を用いて表すと，

$$\begin{bmatrix} 1 & 1 & -1 \\ j80 & 0 & -j50 \\ 0 & 100 & -j50 \end{bmatrix} \begin{bmatrix} \boldsymbol{I}_1 \\ \boldsymbol{I}_2 \\ \boldsymbol{I}_3 \end{bmatrix} = \begin{bmatrix} 0 \\ j200 \\ 200 \end{bmatrix}$$

となる．この行列方程式を，クラメールの公式を用いて解く．左辺の行列の行列式 Δ は，

$$\Delta = \begin{vmatrix} 1 & 1 & -1 \\ j80 & 0 & -j50 \\ 0 & 100 & -j50 \end{vmatrix}$$
$$= 100 \times j80 \times (-1) - 100 \times (-j50) \times 1 - j80 \times 1 \times (-j50)$$
$$= -j8000 + j5000 - 4000 = -4000 - j3000$$

であるので，

$$\boldsymbol{I}_1 = \frac{1}{\Delta} \begin{vmatrix} 0 & 1 & -1 \\ j200 & 0 & -j50 \\ 200 & 100 & -j50 \end{vmatrix}$$
$$= \frac{1 \times (-j50) \times 200 + (-1) \times j200 \times 100 - 1 \times j200 \times (-j50)}{-4000 - j3000}$$

$$= \frac{-10000 - j30000}{-4000 - j3000} = \frac{10 + j30}{4 + j3} = \frac{(10 + j30)(4 - j3)}{(4 + j3)(4 - j3)}$$

$$= \frac{40 - j30 + j120 + 90}{4^2 + 3^2} = \frac{130 + j90}{25} = 5.2 + j3.6 \text{ [A]} \tag{4}$$

$$\boldsymbol{I}_2 = \frac{1}{\varDelta}\begin{vmatrix} 1 & 0 & -1 \\ j80 & j200 & -j50 \\ 0 & 200 & -j50 \end{vmatrix} = \frac{10000 - j6000}{-4000 - j3000} = \frac{-10 + j6}{4 + j3}$$

$$= -0.88 + j2.16 \text{ [A]} \tag{5}$$

$$\boldsymbol{I}_3 = \frac{1}{\varDelta}\begin{vmatrix} 1 & 1 & 0 \\ j80 & 0 & j200 \\ 0 & 100 & 200 \end{vmatrix} = \frac{-j36000}{-4000 - j3000} = \frac{j36}{4 + j3}$$

$$= 4.32 + j5.76 \text{ [A]} \tag{6}$$

となる.

式(4)〜(6)より，$\boldsymbol{I}_1 + \boldsymbol{I}_2$ の実部と虚部が，$\boldsymbol{I}_3$ のそれらと等しく，式(1)を満たしていることが確認できる.

7.3　閉路電流法

図7.3 のように，閉回路に沿って流れる**閉路電流**を仮定し，閉路方程式をたてて解く方法を**閉路電流法**という．閉回路 $\mathrm{S_a}$ を流れる閉路電流を $\boldsymbol{I}_\mathrm{a}$，閉回路 $\mathrm{S_b}$ を流れる閉路電流を $\boldsymbol{I}_\mathrm{b}$ として，それぞれの閉回路にキルヒホッフの第二法則を適用する.

$$(\boldsymbol{Z}_1 + \boldsymbol{Z}_3)\boldsymbol{I}_\mathrm{a} + \boldsymbol{Z}_3\boldsymbol{I}_\mathrm{b} = \boldsymbol{E}_1 \tag{7.12}$$

$$\boldsymbol{Z}_3\boldsymbol{I}_\mathrm{a} + (\boldsymbol{Z}_2 + \boldsymbol{Z}_3)\boldsymbol{I}_\mathrm{b} = \boldsymbol{E}_2 \tag{7.13}$$

なお，$\boldsymbol{Z}_3$ には $\boldsymbol{I}_\mathrm{a}$ および $\boldsymbol{I}_\mathrm{b}$ の電流が流れ，これら両者による電圧降下が発生することに注意してほしい.

未知数が閉路電流 $\boldsymbol{I}_\mathrm{a}$ と $\boldsymbol{I}_\mathrm{b}$ の二つであり，方程式が二つあるから，確実に解くこ

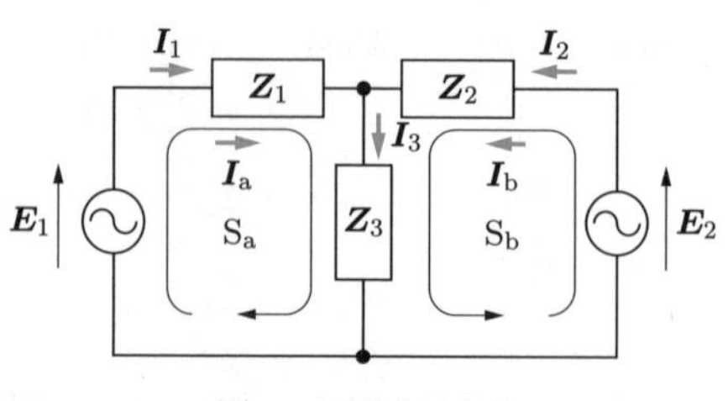

図7.3　閉路電流法

とができる．これらの方程式を，行列を用いたクラメールの公式を使って解いていこう．式 (7.12) および式 (7.13) を行列を用いて表現すると，

$$\begin{bmatrix} \boldsymbol{Z}_1 + \boldsymbol{Z}_3 & \boldsymbol{Z}_3 \\ \boldsymbol{Z}_3 & \boldsymbol{Z}_2 + \boldsymbol{Z}_3 \end{bmatrix} \begin{bmatrix} \boldsymbol{I}_\mathrm{a} \\ \boldsymbol{I}_\mathrm{b} \end{bmatrix} = \begin{bmatrix} \boldsymbol{E}_1 \\ \boldsymbol{E}_2 \end{bmatrix} \tag{7.14}$$

となる．左辺の行列の行列式 Δ は，

$$\Delta = \begin{vmatrix} \boldsymbol{Z}_1 + \boldsymbol{Z}_3 & \boldsymbol{Z}_3 \\ \boldsymbol{Z}_3 & \boldsymbol{Z}_2 + \boldsymbol{Z}_3 \end{vmatrix} = (\boldsymbol{Z}_1 + \boldsymbol{Z}_3)(\boldsymbol{Z}_2 + \boldsymbol{Z}_3) - \boldsymbol{Z}_3\boldsymbol{Z}_3$$
$$= \boldsymbol{Z}_1\boldsymbol{Z}_2 + \boldsymbol{Z}_2\boldsymbol{Z}_3 + \boldsymbol{Z}_3\boldsymbol{Z}_1 \tag{7.15}$$

となるので，$\boldsymbol{I}_\mathrm{a}$ および $\boldsymbol{I}_\mathrm{b}$ は以下のように計算できる．

$$\boldsymbol{I}_\mathrm{a} = \frac{1}{\Delta}\begin{vmatrix} \boldsymbol{E}_1 & \boldsymbol{Z}_3 \\ \boldsymbol{E}_2 & \boldsymbol{Z}_2 + \boldsymbol{Z}_3 \end{vmatrix} = \frac{(\boldsymbol{Z}_2 + \boldsymbol{Z}_3)\boldsymbol{E}_1 - \boldsymbol{Z}_3\boldsymbol{E}_2}{\boldsymbol{Z}_1\boldsymbol{Z}_2 + \boldsymbol{Z}_2\boldsymbol{Z}_3 + \boldsymbol{Z}_3\boldsymbol{Z}_1} \tag{7.16}$$

$$\boldsymbol{I}_\mathrm{b} = \frac{1}{\Delta}\begin{vmatrix} \boldsymbol{Z}_1 + \boldsymbol{Z}_3 & \boldsymbol{E}_1 \\ \boldsymbol{Z}_3 & \boldsymbol{E}_2 \end{vmatrix} = \frac{(\boldsymbol{Z}_1 + \boldsymbol{Z}_3)\boldsymbol{E}_2 - \boldsymbol{Z}_3\boldsymbol{E}_1}{\boldsymbol{Z}_1\boldsymbol{Z}_2 + \boldsymbol{Z}_2\boldsymbol{Z}_3 + \boldsymbol{Z}_3\boldsymbol{Z}_1} \tag{7.17}$$

ここまで計算できたら，枝電流 $\boldsymbol{I}_1, \boldsymbol{I}_2, \boldsymbol{I}_3$ は次のようにして求められる．

$$\boldsymbol{I}_1 = \boldsymbol{I}_\mathrm{a} \tag{7.18}$$
$$\boldsymbol{I}_2 = \boldsymbol{I}_\mathrm{b} \tag{7.19}$$
$$\boldsymbol{I}_3 = \boldsymbol{I}_\mathrm{a} + \boldsymbol{I}_\mathrm{b} \tag{7.20}$$

このように，閉路電流法を用いると，見かけ上，キルヒホッフの第一法則が不要となる．実際には，式 (7.20) において，この第一法則を使っている．

例題 7.2　**図 7.4** は，例題 7.1 で用いたものと同じ交流回路である．この回路に流れる閉路電流 $\boldsymbol{I}_\mathrm{a}$, $\boldsymbol{I}_\mathrm{b}$，および枝電流 $\boldsymbol{I}_1, \boldsymbol{I}_2, \boldsymbol{I}_3$ を，閉路電流法を用いて求めよ．各素子および起電力の値は，例題 7.1 の場合と同じとする．

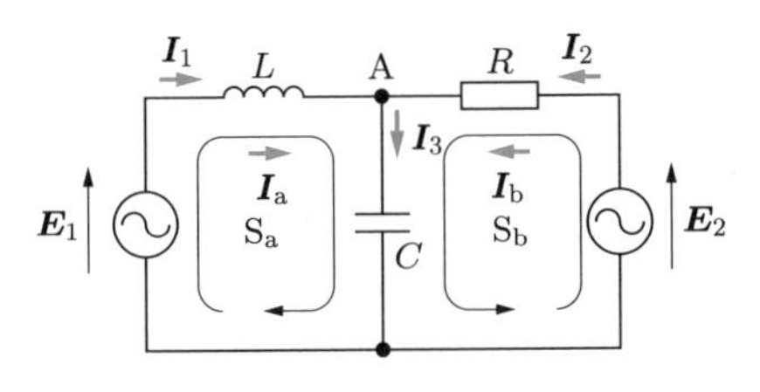

図 7.4　例題 7.2

解答　各素子のインピーダンスは，例題 7.1 より次のようになる．

$$\boldsymbol{Z}_1 = j\omega L = j80\ [\Omega], \quad \boldsymbol{Z}_2 = R = 100\ [\Omega], \quad \boldsymbol{Z}_3 = \frac{1}{j\omega C} = -j50\ [\Omega]$$

また，起電力は次のようになる．

$$\boldsymbol{E}_1 = j200\ [\mathrm{V}], \quad \boldsymbol{E}_2 = 200\ [\mathrm{V}]$$

閉回路 $\mathrm{S_a}$ を流れる閉路電流を $\boldsymbol{I}_\mathrm{a}$，閉回路 $\mathrm{S_b}$ を流れる閉路電流を $\boldsymbol{I}_\mathrm{b}$ として，式 (7.12) および式 (7.13) に従い，それぞれの閉回路にキルヒホッフの第二法則を適用する．

$$(j80 - j50)\boldsymbol{I}_\mathrm{a} - j50\boldsymbol{I}_\mathrm{b} = j200$$
$$-j50\boldsymbol{I}_\mathrm{a} + (100 - j50)\boldsymbol{I}_\mathrm{b} = 200$$

整理して，

$$3\boldsymbol{I}_\mathrm{a} - 5\boldsymbol{I}_\mathrm{b} = 20$$
$$-j5\boldsymbol{I}_\mathrm{a} + (10 - j5)\boldsymbol{I}_\mathrm{b} = 20$$

これらを行列を用いて表すと，

$$\begin{bmatrix} 3 & -5 \\ -j5 & 10 - j5 \end{bmatrix} \begin{bmatrix} \boldsymbol{I}_\mathrm{a} \\ \boldsymbol{I}_\mathrm{b} \end{bmatrix} = \begin{bmatrix} 20 \\ 20 \end{bmatrix}$$

となる．この行列方程式をクラメールの公式を用いて解く．左辺の行列の行列式 $\varDelta$ は，

$$\varDelta = \begin{vmatrix} 3 & -5 \\ -j5 & 10 - j5 \end{vmatrix} = 3 \times (10 - j5) - (-5) \times (-j5) = 30 - j15 - j25$$
$$= 30 - j40$$

であるので，求める閉路電流 $\boldsymbol{I}_\mathrm{a}$ および $\boldsymbol{I}_\mathrm{b}$ は，次のように計算できる．

$$\boldsymbol{I}_\mathrm{a} = \frac{1}{\varDelta} \begin{vmatrix} 20 & -5 \\ 20 & 10 - j5 \end{vmatrix} = \frac{20 \times (10 - j5) - (-5) \times 20}{30 - j40} = \frac{200 - j100 + 100}{30 - j40}$$
$$= \frac{30 - j10}{3 - j4} = \frac{(30 - j10)(3 + j4)}{(3 - j4)(3 + j4)} = \frac{90 + j120 - j30 + 40}{3^2 + 4^2} = \frac{130 + j90}{25}$$
$$= 5.2 + j3.6$$

$$\boldsymbol{I}_\mathrm{b} = \frac{1}{\varDelta} \begin{vmatrix} 3 & 20 \\ -j5 & 20 \end{vmatrix} = \frac{60 + j100}{30 - j40} = -0.88 + j2.16$$

よって，$\boldsymbol{I}_1, \boldsymbol{I}_2, \boldsymbol{I}_3$ は次のようにして求められる．

$$\boldsymbol{I}_1 = \boldsymbol{I}_\mathrm{a} = 5.2 + j3.6\ [\mathrm{A}]$$
$$\boldsymbol{I}_2 = \boldsymbol{I}_\mathrm{b} = -0.88 + j2.16\ [\mathrm{A}]$$
$$\boldsymbol{I}_3 = \boldsymbol{I}_\mathrm{a} + \boldsymbol{I}_\mathrm{b} = 4.32 + j5.76\ [\mathrm{A}]$$

この計算結果は，例題 7.1 の結果と一致している．

7.4 節点電位法

節点電位法は，とくに電源が電流源である場合に有効な方法である．ここでは，枝電流法や閉路電流法の結果と比較するため，電源が電圧源の場合について説明する．

図 7.5 において，まず，回路中の一つの節点 D を接地し，他の節点の電位を決める．**接地**とは，この地点を大地に導線で接続することであるが，この場合には，この地点を電位の共通の基準点にとること，と考えればよい．すなわち，点 D を電位が 0 [V] の点とし，ここを基準として，点 A, B, C の電位をそれぞれ $\boldsymbol{V}_{\mathrm{A}}, \boldsymbol{V}_{\mathrm{B}}, \boldsymbol{V}_{\mathrm{C}}$ と仮定する． 明らかに，

$$\boldsymbol{V}_{\mathrm{B}} = \boldsymbol{E}_1 \tag{7.21}$$

$$\boldsymbol{V}_{\mathrm{C}} = \boldsymbol{E}_2 \tag{7.22}$$

である．図中の各枝電流は，アドミタンスを用いて，

$$\boldsymbol{I}_1 = \boldsymbol{Y}_1(\boldsymbol{V}_{\mathrm{B}} - \boldsymbol{V}_{\mathrm{A}}) = \boldsymbol{Y}_1(\boldsymbol{E}_1 - \boldsymbol{V}_{\mathrm{A}}) \tag{7.23}$$

$$\boldsymbol{I}_2 = \boldsymbol{Y}_2(\boldsymbol{V}_{\mathrm{C}} - \boldsymbol{V}_{\mathrm{A}}) = \boldsymbol{Y}_2(\boldsymbol{E}_2 - \boldsymbol{V}_{\mathrm{A}}) \tag{7.24}$$

$$\boldsymbol{I}_3 = \boldsymbol{Y}_3(\boldsymbol{V}_{\mathrm{A}} - 0) = \boldsymbol{Y}_3\boldsymbol{V}_{\mathrm{A}} \tag{7.25}$$

となる．また，接点 A に対しキルヒホッフの第一法則を適用すると，

$$\boldsymbol{I}_3 = \boldsymbol{I}_1 + \boldsymbol{I}_2 \tag{7.26}$$

となる．式 (7.23)〜(7.25) を式 (7.26) に代入すると，次式が得られる．

$$\boldsymbol{Y}_3\boldsymbol{V}_{\mathrm{A}} = \boldsymbol{Y}_1(\boldsymbol{E}_1 - \boldsymbol{V}_{\mathrm{A}}) + \boldsymbol{Y}_2(\boldsymbol{E}_2 - \boldsymbol{V}_{\mathrm{A}}) \tag{7.27}$$

この式を整理すると，

$$\boldsymbol{V}_{\mathrm{A}}(\boldsymbol{Y}_1 + \boldsymbol{Y}_2 + \boldsymbol{Y}_3) = \boldsymbol{Y}_1\boldsymbol{E}_1 + \boldsymbol{Y}_2\boldsymbol{E}_2 \tag{7.28}$$

となり，これより，電位 $\boldsymbol{V}_{\mathrm{A}}$ が次のように決まる．

$$\boldsymbol{V}_{\mathrm{A}} = \frac{\boldsymbol{Y}_1\boldsymbol{E}_1 + \boldsymbol{Y}_2\boldsymbol{E}_2}{\boldsymbol{Y}_1 + \boldsymbol{Y}_2 + \boldsymbol{Y}_3} \tag{7.29}$$

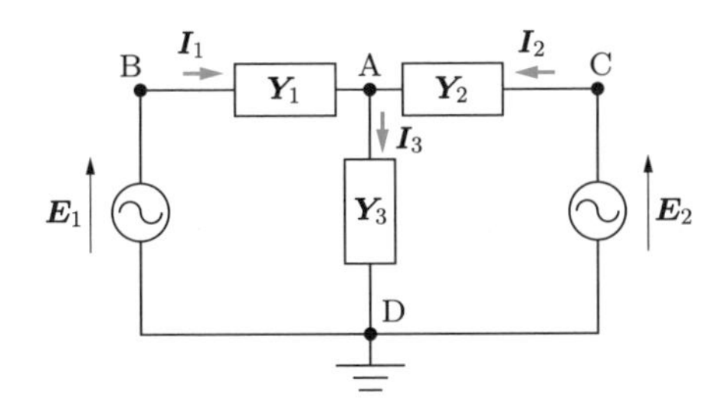

図 7.5 節点電位法

これを式 (7.23)〜(7.25) に代入すると，枝電流 $\boldsymbol{I}_1, \boldsymbol{I}_2, \boldsymbol{I}_3$ が以下のように決まる．

$$\boldsymbol{I}_1 = \frac{\boldsymbol{Y}_1\{(\boldsymbol{Y}_2+\boldsymbol{Y}_3)\boldsymbol{E}_1 - \boldsymbol{Y}_2\boldsymbol{E}_2\}}{\boldsymbol{Y}_1+\boldsymbol{Y}_2+\boldsymbol{Y}_3} \tag{7.30}$$

$$\boldsymbol{I}_2 = \frac{\boldsymbol{Y}_2\{(\boldsymbol{Y}_1+\boldsymbol{Y}_3)\boldsymbol{E}_2 - \boldsymbol{Y}_1\boldsymbol{E}_1\}}{\boldsymbol{Y}_1+\boldsymbol{Y}_2+\boldsymbol{Y}_3} \tag{7.31}$$

$$\boldsymbol{I}_3 = \frac{\boldsymbol{Y}_1\boldsymbol{Y}_3\boldsymbol{E}_1 + \boldsymbol{Y}_2\boldsymbol{Y}_3\boldsymbol{E}_2}{\boldsymbol{Y}_1+\boldsymbol{Y}_2+\boldsymbol{Y}_3} \tag{7.32}$$

アドミタンスによる表記をインピーダンスに戻すことにより，式 (7.8)〜(7.10) が得られる．

節点電位法を振り返ってみると，電流についてのキルヒホッフの第一法則は使っているが，電圧についての第二法則は見かけ上使っていない．このことから，電源が電流源の場合には，各節点における電流の保存側を用いて容易に各枝電流を決定することができる．

例題 7.3　**図 7.6** は例題 7.1 で用いたものと同じ交流回路である．この回路に流れる枝電流 $\boldsymbol{I}_1, \boldsymbol{I}_2, \boldsymbol{I}_3$ を，節点電位法を用いて求めよ．各素子および起電力の値は，例題 7.1 の場合と同じとする．

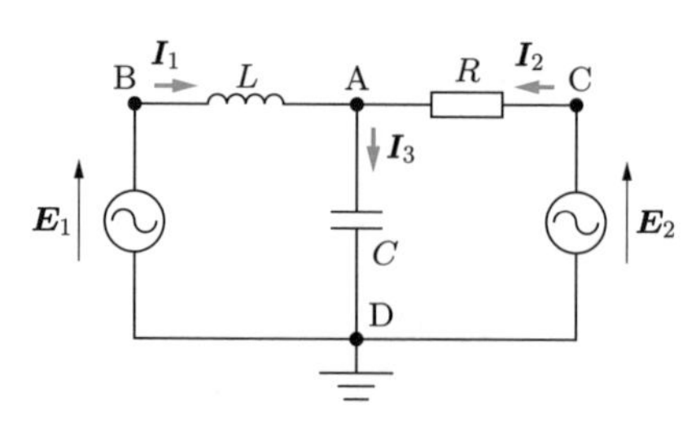

図 7.6　例題 7.3

解答　図 7.5 と図 7.6 を対応させる．各素子のアドミタンスは，例題 7.1 より次のようになる．

$$\boldsymbol{Y}_1 = \frac{1}{\boldsymbol{Z}_1} = \frac{1}{j\omega L} = \frac{1}{j80} = -j0.0125 \text{ [S]}$$

$$\boldsymbol{Y}_2 = \frac{1}{\boldsymbol{Z}_2} = \frac{1}{R} = \frac{1}{100} = 0.01 \text{ [S]}$$

$$\boldsymbol{Y}_3 = \frac{1}{\boldsymbol{Z}_3} = j\omega C = j0.02 \text{ [S]}$$

図 7.6 において，回路中の一つの節点 D を接地する．点 A, B, C の電位を $\boldsymbol{V}_\mathrm{A}, \boldsymbol{V}_\mathrm{B}, \boldsymbol{V}_\mathrm{C}$ と仮定すると，

$$\boldsymbol{V}_\mathrm{B} = \boldsymbol{E}_1 = j200 \text{ [V]}$$

$$\boldsymbol{V}_\mathrm{C} = \boldsymbol{E}_2 = 200 \text{ [V]}$$

である．図中の各枝電流は，アドミタンスを用いて，

$$\boldsymbol{I}_1 = \boldsymbol{Y}_1(\boldsymbol{V}_\mathrm{B} - \boldsymbol{V}_\mathrm{A}) = -j0.0125 \times (j200 - \boldsymbol{V}_\mathrm{A}) \tag{1}$$

$$\boldsymbol{I}_2 = \boldsymbol{Y}_2(\boldsymbol{V}_\mathrm{C} - \boldsymbol{V}_\mathrm{A}) = 0.01 \times (200 - \boldsymbol{V}_\mathrm{A}) \tag{2}$$

$$\boldsymbol{I}_3 = \boldsymbol{Y}_3(\boldsymbol{V}_\mathrm{A} - 0) = j0.02 \times \boldsymbol{V}_\mathrm{A} \tag{3}$$

となる．また，接点 A に対しキルヒホッフの第一法則を適用すると，

$$\boldsymbol{I}_3 = \boldsymbol{I}_1 + \boldsymbol{I}_2 \tag{4}$$

となる．式 (1)〜(3) を式 (4) に代入すると，次式が得られる．

$$j0.02 \times \boldsymbol{V}_\mathrm{A} = -j0.0125 \times (j200 - \boldsymbol{V}_\mathrm{A}) + 0.01 \times (200 - \boldsymbol{V}_\mathrm{A})$$

この式を整理すると，

$$(0.01 + j0.0075)\boldsymbol{V}_\mathrm{A} = 4.5$$

すなわち，

$$(4 + j3)\boldsymbol{V}_\mathrm{A} = 1800$$

となる．これより，電位 $\boldsymbol{V}_\mathrm{A}$ が次のように決まる．

$$\boldsymbol{V}_\mathrm{A} = \frac{1800}{4 + j3} = \frac{1800 \times (4 - j3)}{(4 + j3)(4 - j3)} = \frac{7200 - j5400}{4^2 + 3^2} = \frac{7200 - j5400}{25}$$
$$= 288 - j216$$

これを，式 (1)〜(3) に代入すると，枝電流 $\boldsymbol{I}_1, \boldsymbol{I}_2, \boldsymbol{I}_3$ が以下のように決まる．

$$\boldsymbol{I}_1 = -j0.0125 \times (j200 - 288 + j216) = 5.2 + j3.6 \text{ [A]}$$

$$\boldsymbol{I}_2 = 0.01 \times (200 - 288 + j216) = -0.88 + j2.16 \text{ [A]}$$

$$\boldsymbol{I}_3 = j0.02 \times (288 - j216) = 4.32 + j5.76 \text{ [A]}$$

この計算結果は，例題 7.1 の結果と一致している．

7.5 重ね合わせの理

回路に複数の電源が存在する場合を考えよう．このとき，回路上の各点の電位や，回路中を流れる電流は，それぞれの電源が単独に存在する場合の結果を足し合わせたものとなる．回路解析におけるこの原理を，**重ね合わせの理**という．この定理が成り立つのは，本書で扱う**交流回路**が，**線形素子**のみで構成されていることに基づいている．すなわち，交流回路は，抵抗 R，コイル L，およびコンデンサ C という 3 種類の素子で構成されており，これらの素子の端子電圧と端子電流の間には**線形**の関係が成り立つ．このことを，**回路の線形性**という．

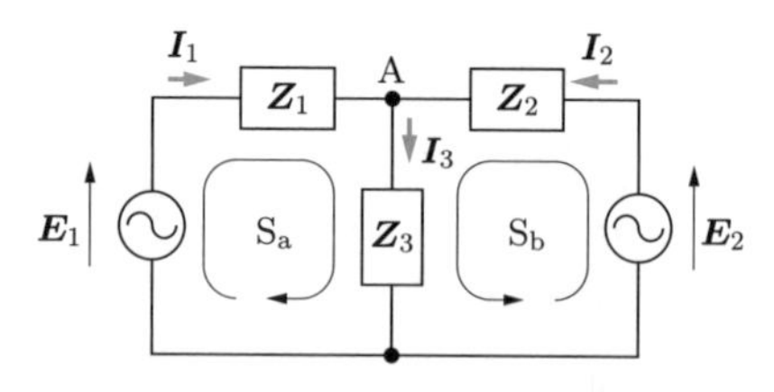

図 7.7　電源が二つ存在する回路

図 7.7 は，電源が二つ存在する回路である．この回路を重ね合わせの理を用いて解析する．

図 7.8(a) のように，電圧源 $\boldsymbol{E}_2$ を取り除き，この取り除いた部分を短絡した回路を考える．図のように電流 $\boldsymbol{I}'_1, \boldsymbol{I}'_2, \boldsymbol{I}'_3$ を仮定して，7.2 節で説明した枝電流法を用いて解いてみよう．

キルヒホッフの第一法則を点 A に適用して，

$$\boldsymbol{I}'_1 + \boldsymbol{I}'_2 - \boldsymbol{I}'_3 = 0 \tag{7.33}$$

となる．キルヒホッフの第二法則を閉回路 $\mathrm{S_a}$ および $\mathrm{S_b}$ に適用して，

$$\boldsymbol{Z}_1\boldsymbol{I}'_1 + \boldsymbol{Z}_3\boldsymbol{I}'_3 = \boldsymbol{E}_1 \tag{7.34}$$

$$\boldsymbol{Z}_2\boldsymbol{I}'_2 + \boldsymbol{Z}_3\boldsymbol{I}'_3 = 0 \tag{7.35}$$

となる．式 (7.33)〜(7.35) を行列を用いて表すと，次のようになる．

$$\begin{bmatrix} 1 & 1 & -1 \\ \boldsymbol{Z}_1 & 0 & \boldsymbol{Z}_3 \\ 0 & \boldsymbol{Z}_2 & \boldsymbol{Z}_3 \end{bmatrix} \begin{bmatrix} \boldsymbol{I}'_1 \\ \boldsymbol{I}'_2 \\ \boldsymbol{I}'_3 \end{bmatrix} = \begin{bmatrix} 0 \\ \boldsymbol{E}_1 \\ 0 \end{bmatrix} \tag{7.36}$$

この行列方程式を，クラメールの公式を用いて解く．ここでは，7.2 節の計算結果を用いる．式 (7.8)〜(7.10) において $\boldsymbol{E}_2 = 0$ とすればよいので，求める $\boldsymbol{I}'_1, \boldsymbol{I}'_2, \boldsymbol{I}'_3$ は，以下のようになる．

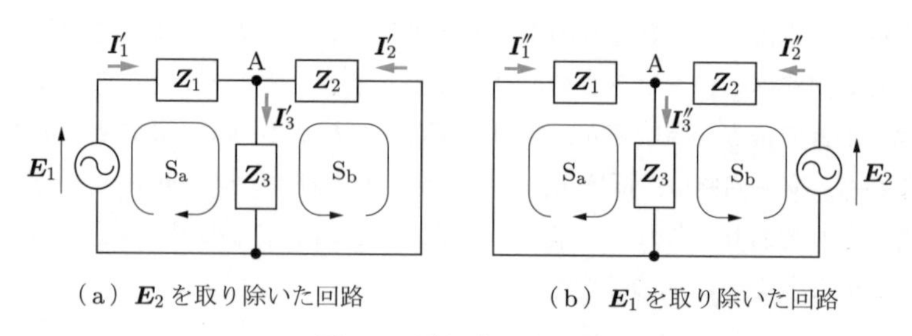

（a）$\boldsymbol{E}_2$ を取り除いた回路　（b）$\boldsymbol{E}_1$ を取り除いた回路

図 7.8　重ね合わせの理

$$\boldsymbol{I}_1' = \frac{(\boldsymbol{Z}_2 + \boldsymbol{Z}_3)\boldsymbol{E}_1}{\boldsymbol{Z}_1\boldsymbol{Z}_2 + \boldsymbol{Z}_2\boldsymbol{Z}_3 + \boldsymbol{Z}_3\boldsymbol{Z}_1} \tag{7.37}$$

$$\boldsymbol{I}_2' = \frac{-\boldsymbol{Z}_3\boldsymbol{E}_1}{\boldsymbol{Z}_1\boldsymbol{Z}_2 + \boldsymbol{Z}_2\boldsymbol{Z}_3 + \boldsymbol{Z}_3\boldsymbol{Z}_1} \tag{7.38}$$

$$\boldsymbol{I}_3' = \frac{\boldsymbol{Z}_2\boldsymbol{E}_1}{\boldsymbol{Z}_1\boldsymbol{Z}_2 + \boldsymbol{Z}_2\boldsymbol{Z}_3 + \boldsymbol{Z}_3\boldsymbol{Z}_1} \tag{7.39}$$

一方，図 (b) は，$\boldsymbol{E}_2$ はそのままにして，電圧源 $\boldsymbol{E}_1$ を取り除き，この取り除いた部分を短絡した回路である．同様にして，図のように電流 $\boldsymbol{I}_1'', \boldsymbol{I}_2'', \boldsymbol{I}_3''$ を仮定し，枝電流法を用いて解くことにする．この場合には，式 (7.33)～(7.35) において，式 (7.34) の右辺の $\boldsymbol{E}_1$ を 0 とおき，式 (7.35) の右辺の 0 を $\boldsymbol{E}_2$ と置き換えればよい．すると，次の行列方程式が導かれる．

$$\begin{bmatrix} 1 & 1 & -1 \\ \boldsymbol{Z}_1 & 0 & \boldsymbol{Z}_3 \\ 0 & \boldsymbol{Z}_2 & \boldsymbol{Z}_3 \end{bmatrix} \begin{bmatrix} \boldsymbol{I}_1'' \\ \boldsymbol{I}_2'' \\ \boldsymbol{I}_3'' \end{bmatrix} = \begin{bmatrix} 0 \\ 0 \\ \boldsymbol{E}_2 \end{bmatrix} \tag{7.40}$$

この行列方程式をクラメールの公式を用いて解くと，以下の解が得られる．すなわち，式 (7.8)～(7.10) において，$\boldsymbol{E}_1 = 0$ とすればよい．

$$\boldsymbol{I}_1'' = \frac{-\boldsymbol{Z}_3\boldsymbol{E}_2}{\boldsymbol{Z}_1\boldsymbol{Z}_2 + \boldsymbol{Z}_2\boldsymbol{Z}_3 + \boldsymbol{Z}_3\boldsymbol{Z}_1} \tag{7.41}$$

$$\boldsymbol{I}_2'' = \frac{(\boldsymbol{Z}_1 + \boldsymbol{Z}_3)\boldsymbol{E}_2}{\boldsymbol{Z}_1\boldsymbol{Z}_2 + \boldsymbol{Z}_2\boldsymbol{Z}_3 + \boldsymbol{Z}_3\boldsymbol{Z}_1} \tag{7.42}$$

$$\boldsymbol{I}_3'' = \frac{\boldsymbol{Z}_1\boldsymbol{E}_2}{\boldsymbol{Z}_1\boldsymbol{Z}_2 + \boldsymbol{Z}_2\boldsymbol{Z}_3 + \boldsymbol{Z}_3\boldsymbol{Z}_1} \tag{7.43}$$

図 7.7 に流れる電流は，図 7.8 (a) および図 (b) の解を重ね合わせたものであるので，

$$\boldsymbol{I}_1 = \boldsymbol{I}_1' + \boldsymbol{I}_1'' = \frac{(\boldsymbol{Z}_2 + \boldsymbol{Z}_3)\boldsymbol{E}_1 - \boldsymbol{Z}_3\boldsymbol{E}_2}{\boldsymbol{Z}_1\boldsymbol{Z}_2 + \boldsymbol{Z}_2\boldsymbol{Z}_3 + \boldsymbol{Z}_3\boldsymbol{Z}_1} \tag{7.44}$$

$$\boldsymbol{I}_2 = \boldsymbol{I}_2' + \boldsymbol{I}_2'' = \frac{(\boldsymbol{Z}_1 + \boldsymbol{Z}_3)\boldsymbol{E}_2 - \boldsymbol{Z}_3\boldsymbol{E}_1}{\boldsymbol{Z}_1\boldsymbol{Z}_2 + \boldsymbol{Z}_2\boldsymbol{Z}_3 + \boldsymbol{Z}_3\boldsymbol{Z}_1} \tag{7.45}$$

$$\boldsymbol{I}_3 = \boldsymbol{I}_3' + \boldsymbol{I}_3'' = \frac{\boldsymbol{Z}_2\boldsymbol{E}_1 + \boldsymbol{Z}_1\boldsymbol{E}_2}{\boldsymbol{Z}_1\boldsymbol{Z}_2 + \boldsymbol{Z}_2\boldsymbol{Z}_3 + \boldsymbol{Z}_3\boldsymbol{Z}_1} \tag{7.46}$$

となって，7.2 節で求めた式 (7.8)～(7.10) の結果と一致する．

以上から，次の定理が成り立つ．

▶ 重ね合わせの理

回路中に複数の電源が存在する場合，任意の枝路を流れる電流は，それぞれの電源が単独に存在する場合に流れる電流の和で与えられる．

7.6　テブナンの定理

図 7.9 は，交流の電圧源と電流源をもつ回路網である．この回路網から出ている任意の二つの端子 a, b に着目する．**テブナンの定理**は，この二つの端子間にインピーダンスを接続したとき，ここを流れる電流を求めるのに大変役立つ．

図 7.9 において．端子 a–b 間の電圧を測定したところ，$\boldsymbol{V}_0$ であったとする．次に，**図 7.10** に示すように，回路網中に電圧源がある場合には，これを取り除いて，この部分を短絡する．また，電流源がある場合には，これを取り除いて，この部分を開放する．このようにしたあと，端子 a–b から回路網を見た内部インピーダンスを測定し，これを $\boldsymbol{Z}_0$ とする．ここで，**内部インピーダンス**とは，回路網自体がもつインピーダンスのことである．

この回路網に対して，**図 7.11** に示すように，端子 a–b の両端に負荷インピーダンス $\boldsymbol{Z}$ を接続する．ここで，**負荷インピーダンス**とは，この回路網に外部から接続するインピーダンスのことである．このとき，この負荷インピーダンス $\boldsymbol{Z}$ を流れる電流は，次のテブナンの定理を用いて求められる．

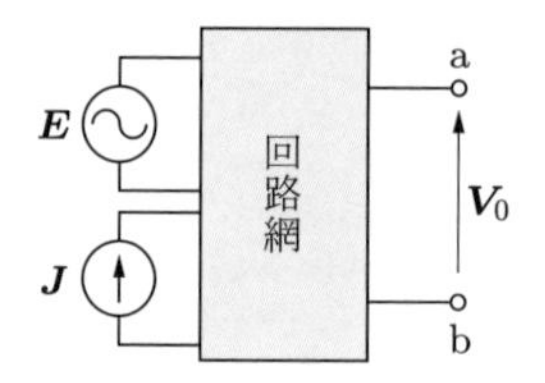

図 7.9　電圧源と電流源をもつ回路網および端子電圧

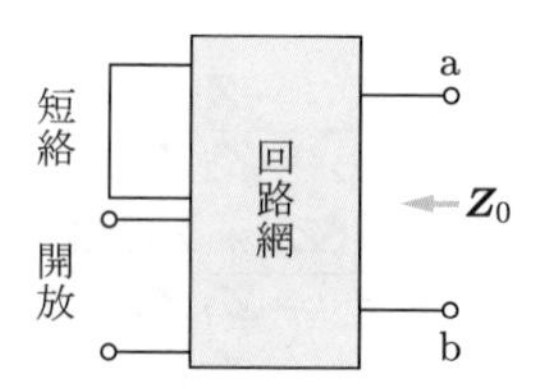

図 7.10　回路網の内部インピーダンス

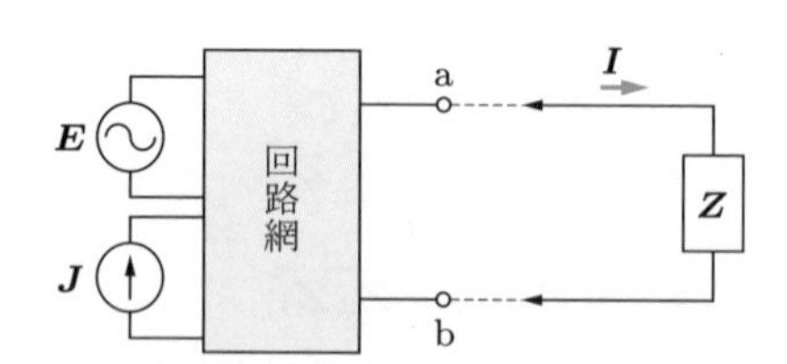

図 7.11　負荷インピーダンスに流れる電流

▶ テブナンの定理

ある回路網から出ている二つの端子間に現れる電圧を $\boldsymbol{V}_0$ とする．また，回路網中の電源を取り去ったとき，この端子間から見た回路網の内部インピーダンスを $\boldsymbol{Z}_0$ とする．この端子間に負荷インピーダンス $\boldsymbol{Z}$ をつないだとき，$\boldsymbol{Z}$ に流れる電流 $\boldsymbol{I}$ は，次式で与えられる．

$$\boldsymbol{I} = \frac{\boldsymbol{V}_0}{\boldsymbol{Z}_0 + \boldsymbol{Z}} \tag{7.47}$$

結局，端子 a–b から見たこの回路網は，**図 7.12** に示すような，電圧源 $\boldsymbol{V}_0$ と内部インピーダンス $\boldsymbol{Z}_0$ を直列に接続した回路で置き換えることができる．これを**等価電圧源**という．このことから，テブナンの定理のことを**等価電圧源の定理**ともいう．

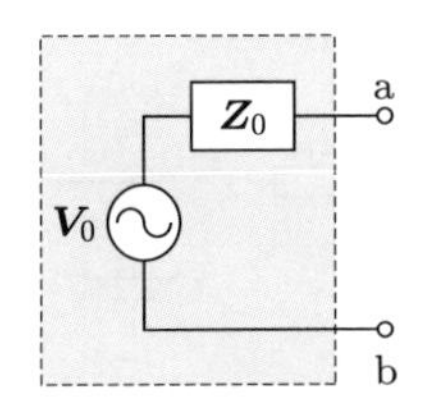

図 7.12 等価電圧源

例題 7.4 **図 7.13** に示す抵抗 R，コイル L，コンデンサ C，電圧源 $\boldsymbol{E}$ で構成された交流回路がある．端子 a–b の両端に負荷インピーダンス $\boldsymbol{Z}$ を接続したとき，$\boldsymbol{Z}$ を流れる電流 $\boldsymbol{I}$ を与える表式を，テブナンの定理を用いて求めよ．また，$R = 300$ [Ω], $L = 10$ [mH], $C = 2$ [μF], $\boldsymbol{Z} = 50$ [Ω], $\boldsymbol{E} = 100\angle 90^\circ$ [V]，角周波数が $\omega = 5000$ [rad/s] であるとき，$\boldsymbol{I}$ の値を計算せよ．

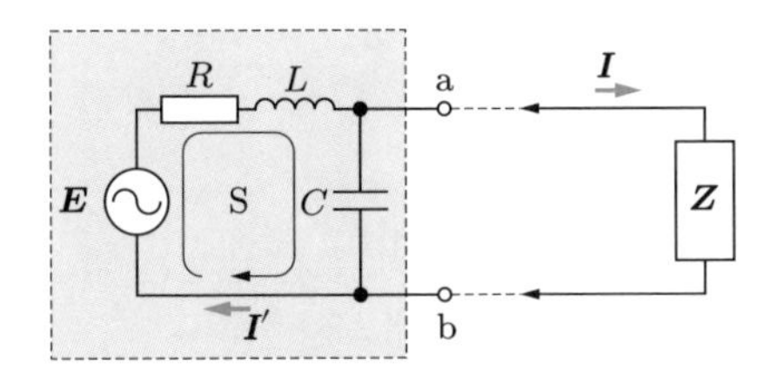

図 7.13 例題 7.4

解答 四つのステップに分けて解くとわかりやすい．

ステップ 1 端子 a–b 間の両端の電圧 $\boldsymbol{V}_0$ を求める．

破線で囲った，インピーダンス $\boldsymbol{Z}$ を接続する前の回路について考える．この閉回路 S を

流れる電流 $\boldsymbol{I}'$ を求める．この閉回路は R, L, C が直列に接続された回路であるので，

$$\boldsymbol{I}' = \frac{\boldsymbol{E}}{R + j\omega L + 1/(j\omega C)}$$

となる．求める電圧 $\boldsymbol{V}_0$ は，コンデンサ C の両端にかかる電圧である．よって，$\boldsymbol{V}_0$ は次のように与えられる．

$$\boldsymbol{V}_0 = \frac{1}{j\omega C}\boldsymbol{I}' = \frac{\boldsymbol{E}}{j\omega C\{R + j\omega L + 1/(j\omega C)\}} = \frac{\boldsymbol{E}}{1 - \omega^2 CL + j\omega CR} \tag{1}$$

ステップ2　内部インピーダンス $\boldsymbol{Z}_0$ を求める．

図 7.14 のように，電圧源を取り除いて，この部分を短絡させた回路を考える．端子 a-b からこの回路を見た内部インピーダンス $\boldsymbol{Z}_0$ を求める．この回路は，R と L が直列につながった部分と C が，並列に接続された回路である．よって，式 (5.54) を用いて，$\boldsymbol{Z}_0$ は次式で与えられる．

$$\boldsymbol{Z}_0 = \frac{(R + j\omega L)/(j\omega C)}{(R + j\omega L) + 1/(j\omega C)} = \frac{R + j\omega L}{j\omega C(R + j\omega L) + 1} = \frac{R + j\omega L}{1 - \omega^2 CL + j\omega CR} \tag{2}$$

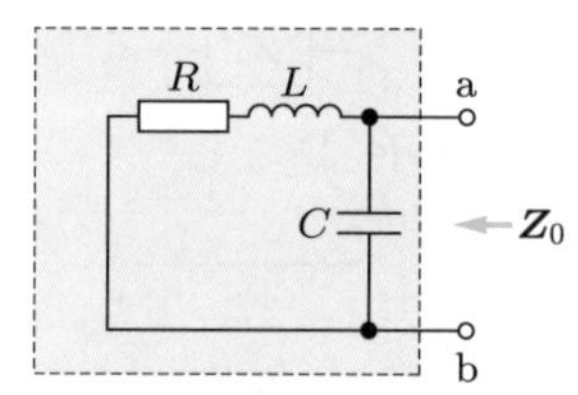

図 7.14　電圧源を取り除いた回路

ステップ3　負荷インピーダンス $\boldsymbol{Z}$ を流れる電流を求める．

以上より，図 7.13 において，端子 a-b の両端にインピーダンス $\boldsymbol{Z}$ を接続したとき，この $\boldsymbol{Z}$ に流れる電流 $\boldsymbol{I}$ は，式 (1), (2) をテブナンの定理である式 (7.47) に代入して，次のようになる．

$$\boldsymbol{I} = \frac{\boldsymbol{V}_0}{\boldsymbol{Z}_0 + \boldsymbol{Z}} = \frac{\dfrac{\boldsymbol{E}}{1 - \omega^2 CL + j\omega CR}}{\dfrac{R + j\omega L}{1 - \omega^2 CL + j\omega CR} + \boldsymbol{Z}} = \frac{\boldsymbol{E}}{R + j\omega L + \boldsymbol{Z}\{(1 - \omega^2 CL) + j\omega CR\}} \tag{3}$$

ステップ4　具体的な数値を求める．

$$\omega L = 5000 \times 10 \times 10^{-3} = 50\ [\Omega]$$
$$\omega C = 5000 \times 2 \times 10^{-6} = 0.01\ [\mathrm{S}]$$

であることを考慮して，これらと与えられた数値を式 (3) に代入すると，

$$\boldsymbol{I} = \frac{j100}{300 + j50 + 50 \times \{(1 - 0.5) + j3\}} = \frac{j100}{325 + j200} = \frac{j4}{13 + j8} = \frac{j4 \times (13 - j8)}{(13 + j8)(13 - j8)}$$
$$= \frac{32 + j52}{13^2 + 8^2} = \frac{32 + j52}{233} = 0.137 + j0.223\ [\mathrm{A}]$$

となる．

7.7　ノートンの定理

図 7.15 は，交流の電圧源と電流源をもつ回路網である．この回路網から出ている任意の二つの端子 a, b に着目する．**ノートンの定理**は，この二つの端子間にアドミタンスを接続したとき，この両端にかかる電圧を求めるのに大変役立つ．

ここまで勉強してきた皆さんも気づかれているように，電気回路は，電圧に対して電流，短絡に対して開放，直列接続に対して並列接続といったように，ペアになった二つの概念，すなわち双対な概念に基づいて組み立てられており，これを**双対性**という．ノートンの定理は，テブナンの定理と双対の関係にある定理である．

図 7.15 において，端子 a–b 間を短絡したときに流れる電流を測定したところ，$\boldsymbol{I}_0$ であったとする．次に，**図 7.16** に示すように，回路網中に電圧源がある場合には，これを取り除いて，この部分を短絡する．また，電流源がある場合には，これを取り除いて，この部分を開放する．このようにしたあと，端子 a–b から回路網を見た**内部アドミタンス**を測定し，これを $\boldsymbol{Y}_0$ とする．

この回路網に対して，**図 7.17** に示すように，端子 a–b の両端に**負荷アドミタンス** $\boldsymbol{Y}$ を接続したとき，この負荷アドミタンスにかかる電圧は，次のノートンの定理を用いて求められる．

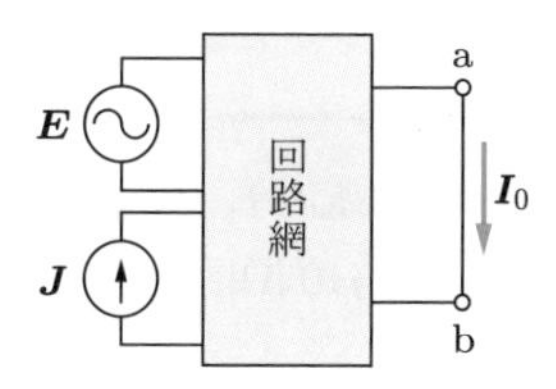

図 7.15　電圧源と電流源をもつ回路網および端子間電流

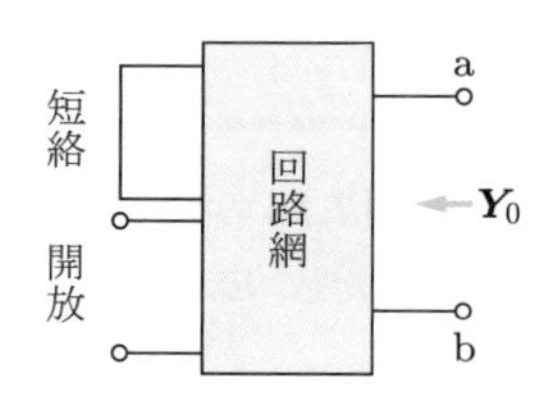

図 7.16　回路網の内部アドミタンス

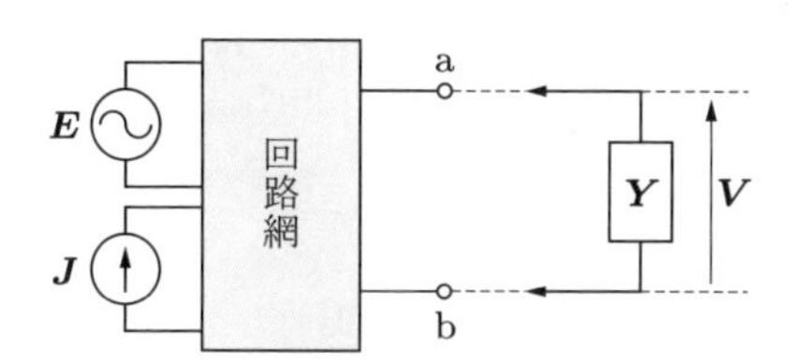

図 7.17　負荷アドミタンスにかかる電圧

▶ ノートンの定理

ある回路網から出ている二つの端子間を短絡したときに流れる電流を $\boldsymbol{I}_0$ とする．また，回路網中の電源を取り去ったとき，この端子間から見た回路網の内部アドミタンスを $\boldsymbol{Y}_0$ とする．この端子間に負荷アドミタンス $\boldsymbol{Y}$ をつないだとき，$\boldsymbol{Y}$ にかかる電圧 $\boldsymbol{V}$ は，次式で与えられる．

$$\boldsymbol{V} = \frac{\boldsymbol{I}_0}{\boldsymbol{Y}_0 + \boldsymbol{Y}} \tag{7.48}$$

結局，端子 a-b から見たこの回路網は，**図 7.18** に示すような，電流源 $\boldsymbol{I}_0$ と内部アドミタンス $\boldsymbol{Y}_0$ を並列に接続した回路で置き換えることができる．これを**等価電流源**という．このことから，ノートンの定理のことを**等価電流源の定理**ともいう．

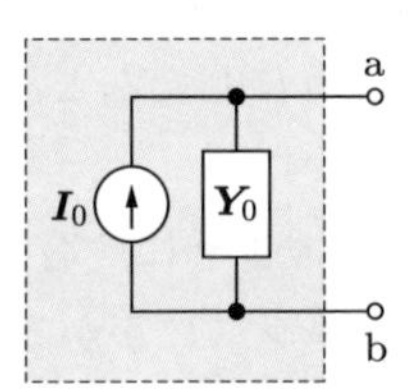

図 7.18　等価電流源

演習問題

7.1 【枝電流法】 図 **7.19** の交流回路において，各素子に流れる枝電流 $\boldsymbol{I}_1, \boldsymbol{I}_2, \boldsymbol{I}_3$ を枝電流法を用いて求めよ．ただし，$\boldsymbol{E} = 100\angle 0^\circ$ [V], $\boldsymbol{Z}_1 = 40$ [Ω], $\boldsymbol{Z}_2 = -j10$ [Ω], $\boldsymbol{Z}_3 = j20$ [Ω], $\boldsymbol{Z}_4 = 10$ [Ω] とする．

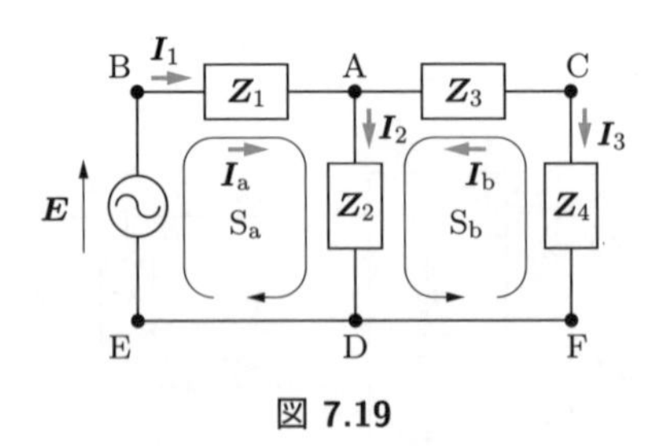

図 7.19

7.2 【閉路電流法】 図 7.19 の交流回路において，閉路電流 $\boldsymbol{I}_\mathrm{a}, \boldsymbol{I}_\mathrm{b}$ および各素子に流れる枝電流 $\boldsymbol{I}_1 \sim \boldsymbol{I}_3$ を閉路電流法を用いて求めよ．各素子の値は問題 7.1 と同じとする．

7.3 【節点電位法】 図 7.19 の交流回路において，各素子に流れる枝電流 $\boldsymbol{I}_1 \sim \boldsymbol{I}_3$ および閉路電流 $\boldsymbol{I}_\mathrm{a}, \boldsymbol{I}_\mathrm{b}$ を節点電位法を用いて求めよ．各素子の値は問題 7.1 と同じとする．

7.4 **【重ね合わせの理】** 図 **7.20** のような二つの電圧源 $\boldsymbol{E}_1, \boldsymbol{E}_2$ をもつ交流回路がある．角周波数は ω である．抵抗 R を流れる電流 $\boldsymbol{I}$ を表す式を，$R, L, C, \boldsymbol{E}_1, \boldsymbol{E}_2$ を使い，重ね合わせの理を用いて求めよ．次に，$R = 20$ [Ω], $X_L = \omega L = 40$ [Ω], $X_C = 1/(\omega C) = 10$ [Ω], $\boldsymbol{E}_1 = 100\angle 0^\circ$ [V], $\boldsymbol{E}_2 = 100\angle 90^\circ$ [V] として，電流 $\boldsymbol{I}$ の具体的な数値を求めよ．

7.5 **【重ね合わせの理】** 図 **7.21** のような電圧源 $\boldsymbol{E}$ と電流源 $\boldsymbol{J}$ をもつ交流回路がある．インピーダンス $\boldsymbol{Z}_4$ を流れる電流 $\boldsymbol{I}$ を，重ね合わせの理を用いて求めよ．

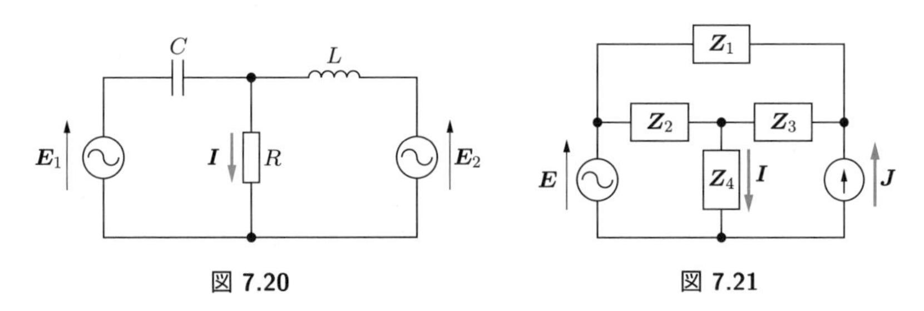

図 **7.20**　　図 **7.21**

7.6 **【テブナンの定理】** 図 7.11 に示す回路網において，端子 a-b 間の電圧 $\boldsymbol{V}_0$ を測定したところ，$\boldsymbol{V}_0 = 60 + j30$ [V] であった．回路網中の電源を取り去って，端子 a-b から回路網の内部インピーダンス $\boldsymbol{Z}_0$ を測定したところ，$\boldsymbol{Z}_0 = 3 + j9$ [Ω] であった．端子 a-b の両端に負荷インピーダンス $\boldsymbol{Z} = 5 - j3$ [Ω] を接続したとき，$\boldsymbol{Z}$ に流れる電流 $\boldsymbol{I}$ を，テブナンの定理を用いて求めよ．

7.7 **【テブナンの定理】** 図 **7.22** に示す回路がある．端子 a-b に負荷インピーダンス $\boldsymbol{Z}$ を接続したとき，$\boldsymbol{Z}$ に流れる電流 $\boldsymbol{I}$ を，テブナンの定理を用いて求めよ．

7.8 **【ノートンの定理】** 図 7.17 に示す回路網において，端子 a-b を短絡したときに流れる電流は $\boldsymbol{I}_0 = 5 + j3$ [A] であった．回路網中の電源を取り去って，端子 a-b 側から回路網の内部アドミタンスを測定したところ，$\boldsymbol{Y}_0 = 3 + j2$ [S] であった．端子 a-b の両端に負荷アドミタンス $\boldsymbol{Y} = 1 - j5$ [S] を接続したとき，$\boldsymbol{Y}$ の両端にかかる電圧 $\boldsymbol{V}$ を，ノートンの定理を用いて求めよ．

7.9 **【ノートンの定理】** 図 **7.23** に示す回路がある．端子 a-b に負荷アドミタンス $\boldsymbol{Y}$ を接続したとき，$\boldsymbol{Y}$ にかかる電圧 $\boldsymbol{V}$ を，ノートンの定理を用いて求めよ．なお，この回路は問題 7.7 と同一の回路である．

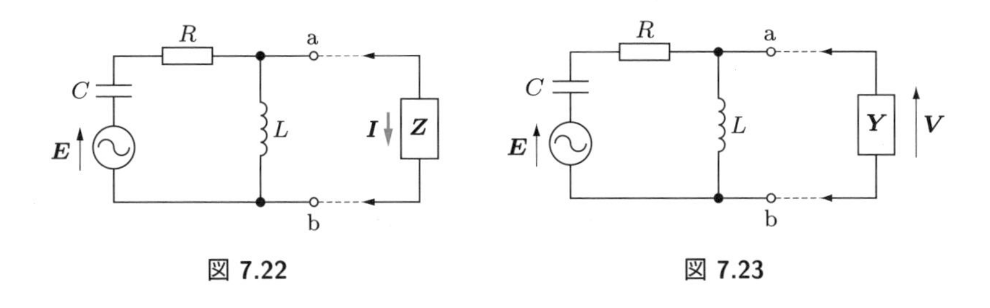

図 **7.22**　　図 **7.23**

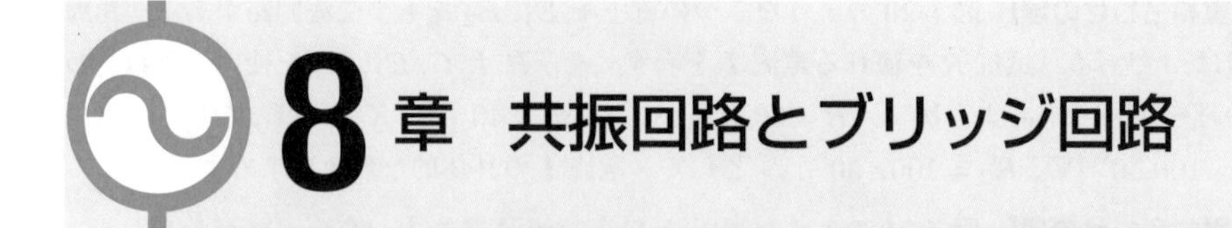

8章　共振回路とブリッジ回路

これまで，抵抗，コイルおよびコンデンサが，直列や並列に接続された回路，すなわち組み合わせ素子の交流回路について，その電気特性を調べた．この章では，このような交流回路の応用例を，二つ紹介することにしよう．一つめは，共振回路である．RLC 直列交流回路に，ある条件を満たす周波数の交流電源を加えると，小さい供給電圧で，コイルやコンデンサの両端に大きな電圧を発生させ，必要な周波数の信号のみを選択的に取り出すことができる．回路が共振を起こすための条件や，共振の際の電気特性の特徴的な振舞いについて勉強する．二つめは，交流ブリッジ回路である．五つの素子をひし形状に配置し，対角線上の 5 番目の素子に電流が流れない平衡条件を作り出す回路である．共振回路や交流ブリッジ回路の特徴を活かし，これらは，同調器やフィルタなどとして利用される．

8.1　直列共振回路

図 8.1 に示す RLC 直列交流回路を考える．この回路の端子電圧について，次の関係が成り立つ．

$$\boldsymbol{V} = \boldsymbol{V}_R + \boldsymbol{V}_L + \boldsymbol{V}_C = R\boldsymbol{I} + j\omega L\boldsymbol{I} + \frac{1}{j\omega C}\boldsymbol{I} = \left\{R + j\left(\omega L - \frac{1}{\omega C}\right)\right\}\boldsymbol{I} \tag{8.1}$$

よって，この回路のインピーダンス $\boldsymbol{Z}$ は，

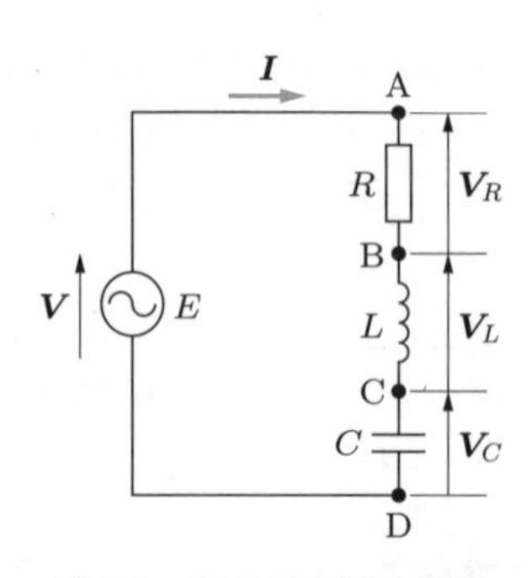

図 8.1　RLC 直列共振回路

$$\boldsymbol{Z} = \frac{\boldsymbol{V}}{\boldsymbol{I}} = R + jX \tag{8.2}$$

となる．ただし，

$$X = \omega L - \frac{1}{\omega C} \tag{8.3}$$

である．インピーダンス $\boldsymbol{Z}$ の大きさは，

$$|\boldsymbol{Z}| = \sqrt{R^2 + X^2} \tag{8.4}$$

で与えられる．これを用いると，電流 $\boldsymbol{I}$ の大きさは次式で与えられる．

$$|\boldsymbol{I}| = \frac{|\boldsymbol{V}|}{|\boldsymbol{Z}|} = \frac{|\boldsymbol{V}|}{\sqrt{R^2 + X^2}} \tag{8.5}$$

ここで，電流 $\boldsymbol{I}$ の大きさ $|\boldsymbol{I}|$ が最大となる条件を求めてみよう．$\boldsymbol{Z}$ のリアクタンス部分（虚部）X は，式 (8.3) からわかるように，角周波数 ω で変化する．式 (8.5) より，この X が零になるとき，インピーダンス $\boldsymbol{Z}$ の大きさは最小となり，この結果，電流 I が最大となる．この条件

$$X = \omega L - \frac{1}{\omega C} = 0 \tag{8.6}$$

を，**直列共振条件**という．これを満たす角周波数 ω_0 は，以下の式から求められる．

$$\omega_0 L = \frac{1}{\omega_0 C} \tag{8.7}$$

すなわち，次のようにまとめることができる．

▶ 直列共振の共振角周波数

RLC 直列共振回路における**共振角周波数** ω_0 は，次式で与えられる．

$$\omega_0 = \frac{1}{\sqrt{LC}} \tag{8.8}$$

$\omega = \omega_0$ の共振条件を満たすとき，インピーダンスの大きさ $|\boldsymbol{Z}|$ は最小となり，電流の大きさ $|\boldsymbol{I}|$ は最大となる．

また，これに対応して，

$$f_0 = \frac{1}{2\pi\sqrt{LC}} \tag{8.9}$$

を**共振周波数**という．

さて，この共振条件を満たしているとき，図 8.1 の回路は，B と D を短絡した場合と同じ状態になる．このことを確かめてみよう．式 (8.7) の直列共振条件が成立しているとき，

$$\boldsymbol{V}_L = j\omega L\boldsymbol{I} = j\omega_0 L\boldsymbol{I} \tag{8.10}$$

$$\boldsymbol{V}_C = -j\frac{1}{\omega C}\boldsymbol{I} = -j\frac{1}{\omega_0 C}\boldsymbol{I} \tag{8.11}$$

の二つの複素電圧の絶対値はお互いに等しく，また，位相はお互いに 180° 異なっている．よって，$\boldsymbol{V}_L$ と $\boldsymbol{V}_C$ は相殺し合い，

$$\boldsymbol{V}_L + \boldsymbol{V}_C = 0 \tag{8.12}$$

となる．この結果，式 (8.1) の複素電圧は，次のように抵抗成分のみとなる．

$$\boldsymbol{V} = \boldsymbol{V}_R + \boldsymbol{V}_L + \boldsymbol{V}_C = \boldsymbol{V}_R = R\boldsymbol{I} \tag{8.13}$$

式 (8.12) の関係が成り立つことから，直列共振のことを**電圧共振**ともいう．共振条件を満たしているときの，これら複素電圧の関係を，電流 $\boldsymbol{I}$ を基準にとって，**図 8.2** に示す．電圧 $\boldsymbol{V}$ は電流 $\boldsymbol{I}$ と同じ位相（同相）になることに注意しよう．

図 8.3 は，式 (8.3) で与えられるリアクタンス X の，角周波数 ω に対する変化を表している．X を構成している X_L および X_C それぞれの変化も，併せて示している．なお，ここでは，$L = 5$ [H], $C = 5$ [μF] を採用し，このとき，$\omega_0 = 200$ [rad/s] となる．$\omega < \omega_0$ の周波数領域では，X は負の値をとる．X_C の絶対値は X_L のそれより大きく，この領域は**容量性**であるという．一方，$\omega > \omega_0$ の周波数領域では，X は正の値をとる．X_L の絶対値は X_C のそれより大きく，この領域は**誘導性**であるという．

共振条件を満たしているときの電流の大きさを I_0 とおくと，式 (8.5) あるいは式 (8.13) より

$$I_0 = \frac{|\boldsymbol{V}|}{R} \tag{8.14}$$

で与えられる．この I_0 を**共振電流**という．

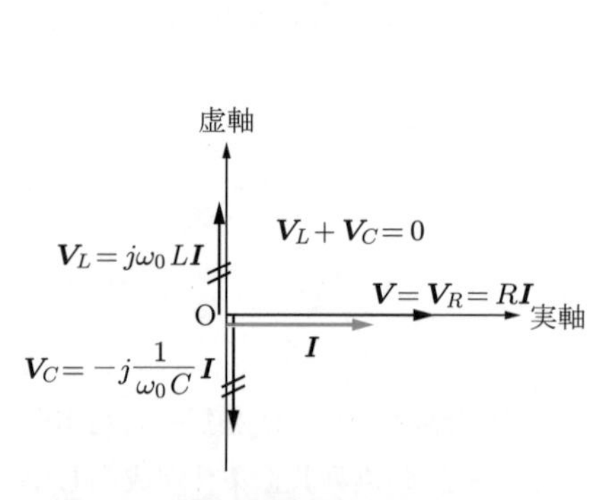

図 8.2　直列共振条件を満たしている場合の複素電圧の関係

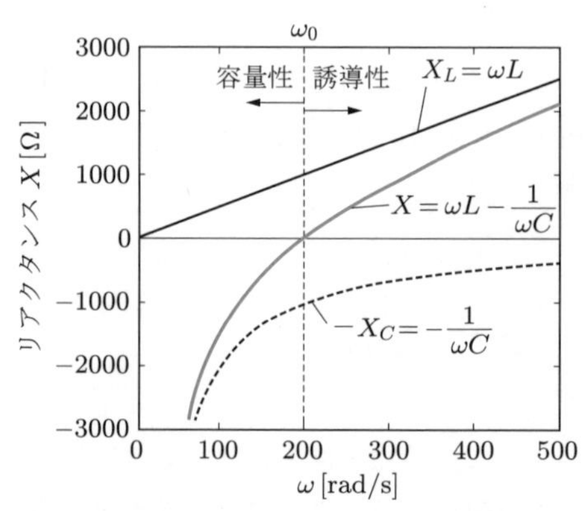

図 8.3　ω の変化に対する X の変化

8.2　Q 値（尖鋭度）

共振時には，コイルおよびコンデンサの両端の電圧の大きさが，印加した交流電圧の大きさに比べて何倍にも大きくなる．この大きさの尺度として，Q 値，あるいは尖鋭度（せんえいど）Q とよばれる次の量を定義する．

▶ 直列共振の Q 値

コイルに対する Q 値

$$Q = \frac{|\boldsymbol{V}_L|}{|\boldsymbol{V}|} = \frac{\omega_0 L}{R} = \frac{1}{\sqrt{LC}}\frac{L}{R} = \frac{1}{R}\sqrt{\frac{L}{C}} \tag{8.15}$$

コンデンサに対する Q 値

$$Q = \frac{|\boldsymbol{V}_C|}{|\boldsymbol{V}|} = \frac{1}{\omega_0 CR} = \frac{\sqrt{LC}}{RC} = \frac{1}{R}\sqrt{\frac{L}{C}} \tag{8.16}$$

Q 値は，リアクタンス素子としての性能のよさの尺度を与える．**図 8.4**(a) に示すように，現実のコイルは，インダクタンス L に加え，いくぶんかの抵抗 R_0 を直列に含む．同様に，現実のコンデンサは，キャパシタンス C に加え，図 (b) に示すように，いくぶんかのコンダクタンス G を並列に含む．一般にコイルの R_0 は無視できず，一方コンデンサの G は，ほとんど無視できる．よって，図 8.1 に示される RLC 直列共振回路において，R は実質的にコイルの R_0 に由来したものとなる．式 (8.15) から，Q 値は R に比べ $\omega_0 L$ がどの程度大きいか，すなわち，R による電圧降下がどの程度小さく無視できるかの尺度を与えていることがわかる．コンデンサに対する式 (8.16) も，同様に理解することができる．

ω_0 を用いて式 (8.5) を変形してみる．

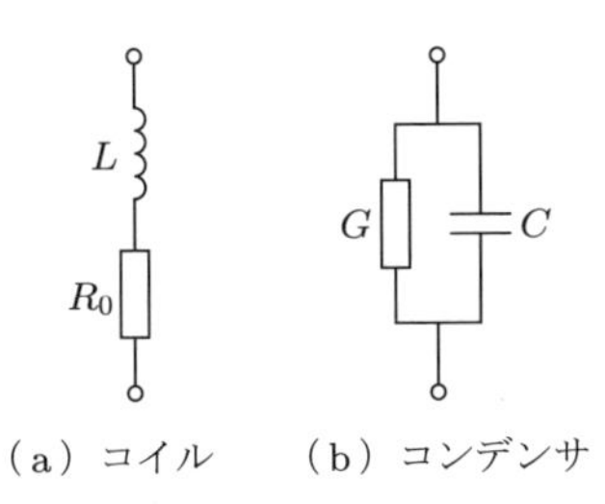

図 8.4　現実のリアクタンス素子

$$|\boldsymbol{I}| = \frac{|\boldsymbol{V}|}{\sqrt{R^2 + \left(\omega L - \dfrac{1}{\omega C}\right)^2}} = \frac{|\boldsymbol{V}|}{R\sqrt{1 + \left(\dfrac{\omega L}{R} - \dfrac{1}{\omega CR}\right)^2}}$$

$$= \frac{|\boldsymbol{V}|}{R\sqrt{1 + \left(\dfrac{\omega}{\omega_0}\dfrac{\omega_0 L}{R} - \dfrac{\omega_0}{\omega}\dfrac{1}{\omega_0 CR}\right)^2}}$$

$$= \frac{|\boldsymbol{V}|}{R\sqrt{1 + Q^2\left(\dfrac{\omega}{\omega_0} - \dfrac{\omega_0}{\omega}\right)^2}} = \frac{I_0}{\sqrt{1 + Q^2\left(\dfrac{\omega}{\omega_0} - \dfrac{\omega_0}{\omega}\right)^2}} \tag{8.17}$$

図 8.5(a) は，式 (8.17) で導いた電流 $|\boldsymbol{I}|$ を，ω/ω_0 の関数として描いたものである．これを**共振曲線**という．横軸は線形目盛である．ここで，式 (8.15) あるいは式 (8.16) において，L と C を一定にし，抵抗 R を変化させ，これによって変わる Q 値をパラメータにして，いくつかの曲線が描かれている．具体的には，$Q = 1$ のときの $R = R_1$ に対して，$Q = 5$ および 10 の場合の R は，それぞれ R_1 の 1/5 倍および 1/10 倍になっている．一方，$Q = 0.5$ および 0.2 の場合には，それぞれ R_1 の 2 倍および 5 倍になっている．Q 値が大きくなるほど，$\omega/\omega_0 = 1$ で与えられる共振点における電流値 $|\boldsymbol{I}|$ の最大値は，Q 値に比例して大きくなり，また，この近傍の曲線の鋭さが増している様子が読み取れる．Q 値を尖鋭度とよぶ理由が，この図から理解できる．なお，この図では，$Q = 10$ の場合の電流の最大値が 1 になるように規格化されている．

この曲線の鋭さの尺度として，**半値幅**を導入する．図 (b) は，式 (8.17) で与えられる電流 $|\boldsymbol{I}|$ を I_0 で規格化したものを，ω/ω_0 の関数として描いている．ただし，横軸は対数目盛になっている．このように描くことにより，半値幅についての以下の説明

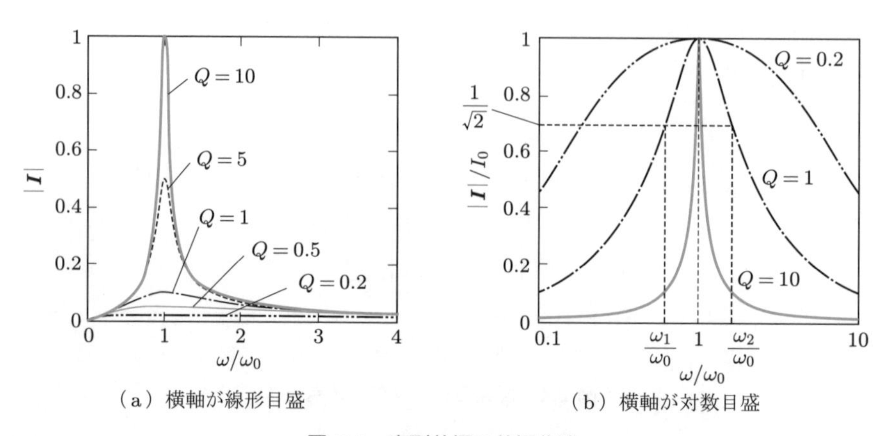

図 8.5　直列共振の共振曲線

が理解しやすくなる．Q 値として，0.2, 1，および 10 の三つの場合を採用している．

図 (b) に示したように，共振点でピーク値をとった曲線が，

$$\frac{|\boldsymbol{I}|}{I_0} = \frac{1}{\sqrt{2}} \tag{8.18}$$

の値まで下がるときの左右両側の角周波数を ω_1 および ω_2 と定義する．半値幅とは，これら両者の差 $\omega_2 - \omega_1$ のことをいう．ただし，$\omega_1 < \omega_2$ である．式 (8.17) と式 (8.18) を比べて，ω_1 および ω_2 は，次の条件を満たす必要がある．

$$Q^2 \left(\frac{\omega}{\omega_0} - \frac{\omega_0}{\omega} \right)^2 = 1 \tag{8.19}$$

これより，

$$\frac{\omega_2}{\omega_0} - \frac{\omega_0}{\omega_2} = +\frac{1}{Q} \tag{8.20}$$

$$\frac{\omega_1}{\omega_0} - \frac{\omega_0}{\omega_1} = -\frac{1}{Q} \tag{8.21}$$

の二つの条件が得られる．式 (8.20) と式 (8.21) を，辺々足し合わせて整理することにより，

$${\omega_0}^2 = \omega_1 \omega_2 \tag{8.22}$$

が得られる．一方，式 (8.20) から式 (8.21) を，辺々差し引くことにより，

$$\frac{\omega_2 - \omega_1}{\omega_0} - \left(\frac{\omega_0}{\omega_2} - \frac{\omega_0}{\omega_1} \right) = \frac{2}{Q} \tag{8.23}$$

となる．式 (8.22) を式 (8.23) に代入して整理すると，次のようになる．

▶ 直列共振の Q 値と半値幅

Q 値と半値幅 $\Delta\omega = \omega_2 - \omega_1$ との関係は，次式で与えられる．

$$Q = \frac{\omega_0}{\omega_2 - \omega_1} = \frac{\omega_0}{\Delta\omega} \tag{8.24}$$

この式より，Q 値が大きいほど半値幅 $\Delta\omega$ が小さくなり，共振曲線はより尖ったピークとなることが理解できる．

共振現象と Q 値のもつ役割について考えてみよう．共振条件を満たすとき，Q 値を数百から数万と大きな値に設定することにより，小さい供給電圧で，たとえばコンデンサの両端に，大きな電圧を発生させることができる．また，Q 値を大きくすることにより，半値幅 $\Delta\omega$ を小さくし，必要な角周波数 ω_0 の信号のみを選択的に取り出し，不要な他の周波数の信号を減衰あるいは除去させることができる．共振現象のこ

のような特徴を活かし，共振回路は同調器やフィルタ，あるいは発振器などとして利用される．

なお，式 (8.10), (8.11), (8.14)，および Q 値の定義式 (8.15), (8.16) より，共振時の各素子の端子電圧は，次のように表すこともできる．

$$\boldsymbol{V}_R = RI_0 = |\boldsymbol{V}| \tag{8.25}$$

$$\boldsymbol{V}_L = j\omega_0 LI_0 = \frac{j\omega_0 L}{R}|\boldsymbol{V}| = jQ|\boldsymbol{V}| \tag{8.26}$$

$$\boldsymbol{V}_C = -j\frac{1}{\omega_0 C}I_0 = -j\frac{1}{\omega_0 CR}|\boldsymbol{V}| = -jQ|\boldsymbol{V}| \tag{8.27}$$

例題 8.1　図 8.1 の RLC 直列共振回路において，$R = 5$ [Ω], $L = 5$ [H], $C = 5$ [μF] とする．この回路に 100 [V] の電圧を印加したときの回路の共振角周波数 ω_0，共振周波数 f_0，Q 値を求めよ．また，共振時に R, L, C それぞれの両端にかかる電圧 $\boldsymbol{V}_R, \boldsymbol{V}_L, \boldsymbol{V}_C$ を求めよ．

解答　共振角周波数 ω_0 は，式 (8.8) を用いて，

$$\omega_0 = \frac{1}{\sqrt{LC}} = \frac{1}{\sqrt{5 \times 5 \times 10^{-6}}} = \frac{1}{5 \times 10^{-3}} = 200 \text{ [rad/s]}$$

となる．また，共振周波数 f_0 は，式 (8.9) を用いて，

$$f_0 = \frac{1}{2\pi\sqrt{LC}} = \frac{200}{2\pi} = 31.8 \text{ [Hz]}$$

となる．Q 値は，式 (8.15) あるいは式 (8.16) に従って，

$$Q = \frac{1}{R}\sqrt{\frac{L}{C}} = \frac{1}{5}\sqrt{\frac{5}{5 \times 10^{-6}}} = 200$$

と計算できる．

共振時に回路を流れる電流 I_0 は，式 (8.14) から，

$$I_0 = \frac{|\boldsymbol{V}|}{R} = \frac{100}{5} = 20 \text{ [A]}$$

で与えられる．よって，$\boldsymbol{V}_R, \boldsymbol{V}_L, \boldsymbol{V}_C$ は，式 (8.25)〜(8.27) を用いて，次のようになる．

$$\boldsymbol{V}_R = RI_0 = 5 \times 20 = 100 \text{ [V]}$$

$$\boldsymbol{V}_L = j\omega_0 LI_0 = j200 \times 5 \times 20 = j20000 \text{ [V]}$$

$$\boldsymbol{V}_C = -j\frac{1}{\omega_0 C}I_0 = -j\frac{20}{200 \times 5 \times 10^{-6}} = -j20000 \text{ [V]}$$

8.3 インピーダンス軌跡

図 8.6 は，複素平面上において，式 (8.2) で与えられるインピーダンス $\boldsymbol{Z}$ のベクトルの先端が，ω の変化とともに，どのような軌跡を描くかを説明したものである．$\boldsymbol{Z}$ の実部は R の一定値である．一方，$\boldsymbol{Z}$ の虚部は式 (8.3) に従って ω に依存する．よって，$\boldsymbol{Z}$ のベクトル先端は，実軸上の $\boldsymbol{Z} = R$ となる点 B を通って虚軸に平行な濃青色の直線上を動く．この直線を，**インピーダンス軌跡**という．ここで，ω_0 は共振点の角周波数，また，ω_1, ω_2 は図 8.5 における半値幅を決める点の二つの角周波数である．$\omega = \omega_1$，あるいは $\omega = \omega_2$ のとき，式 (8.18) を満たす必要があることから，式 (8.5) において，以下の条件が要請される．

$$X = \omega L - \frac{1}{\omega C} = \pm R \tag{8.28}$$

ここで，式 (8.28) の複号の $-$ が点 A に，また $+$ が点 C に対応する．式 (8.28) を式 (8.5) に代入し，さらに式 (8.14) を用いることにより，

$$|\boldsymbol{I}| = \frac{|\boldsymbol{V}|}{\sqrt{R^2 + X^2}} = \frac{|\boldsymbol{V}|}{\sqrt{R^2 + (\pm R)^2}} = \frac{|\boldsymbol{V}|}{\sqrt{2}R} = \frac{I_0}{\sqrt{2}} \tag{8.29}$$

となることが確認できる．結局，ω を増加していくと，$\boldsymbol{Z}$ ベクトルの先端は，直線 AC 上を下から上へ向かって移動する．この過程で，点 A の ω_1 で，まず半値幅を決める点に達し，さらに増加して点 B の ω_0 に達したとき，共振点となる．ここを越えて，さらに増加させると，点 C の ω_2 で，半値幅を決めるもう一つの点に到達する．

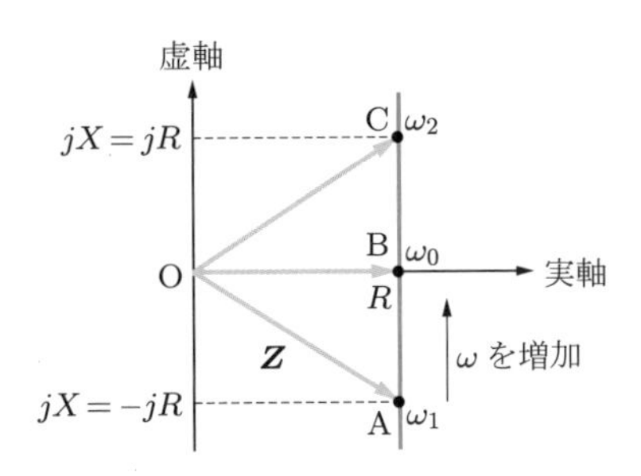

図 8.6 インピーダンス軌跡

8.4 並列共振回路

図 8.7 に示す RLC 並列交流回路を考える．2 章あるいは 5 章で学んだように，並列回路では，各並列枝路を分流する電流を足し合わせたものが，電源から流出する電流 $\boldsymbol{I}$ であった．よって，この回路の各素子を流れる端子電流について，次の関係が成

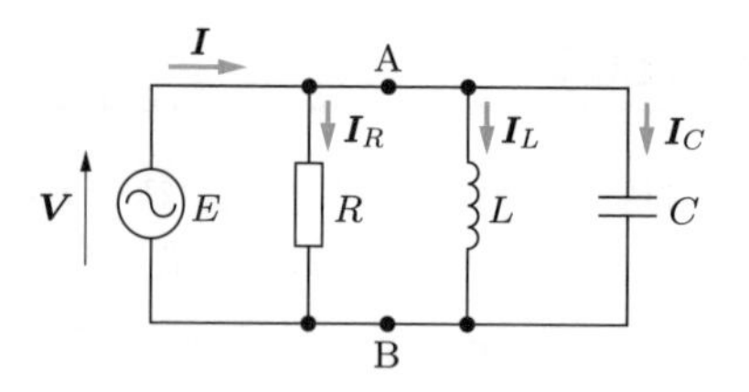

図 8.7　RLC 並列共振回路

り立つ．

$$\boldsymbol{I} = \boldsymbol{I}_R + \boldsymbol{I}_L + \boldsymbol{I}_C = \boldsymbol{Y}_R\boldsymbol{V} + \boldsymbol{Y}_L\boldsymbol{V} + \boldsymbol{Y}_C\boldsymbol{V} = \boldsymbol{Y}\boldsymbol{V} \tag{8.30}$$

ここで，$\boldsymbol{Y}_R, \boldsymbol{Y}_L, \boldsymbol{Y}_C$ は，それぞれ，抵抗 R，コイル L，コンデンサ C のアドミタンスである．

5.4 節の内容を簡単に復習してみよう．合成アドミタンスは，式 (5.38) および式 (5.49) より，次のようになる．

$$\begin{aligned}\boldsymbol{Y} &= \frac{\boldsymbol{I}}{\boldsymbol{V}} = \boldsymbol{Y}_R + \boldsymbol{Y}_L + \boldsymbol{Y}_C \\ &= \frac{1}{R} - j\frac{1}{\omega L} + j\omega C = \frac{1}{R} + j\left(\omega C - \frac{1}{\omega L}\right) \\ &= G + jB\end{aligned} \tag{8.31}$$

よって，$\boldsymbol{Y}$ の大きさは，

$$|\boldsymbol{Y}| = \sqrt{\left(\frac{1}{R}\right)^2 + \left(\omega C - \frac{1}{\omega L}\right)^2} \tag{8.32}$$

で与えられる．これを用いると，電圧の大きさは次式で与えられる．

$$|\boldsymbol{V}| = \frac{|\boldsymbol{I}|}{|\boldsymbol{Y}|} = \frac{|\boldsymbol{I}|}{\sqrt{\left(\frac{1}{R}\right)^2 + \left(\omega C - \frac{1}{\omega L}\right)^2}} \tag{8.33}$$

式 (8.33) から，$\boldsymbol{Y}$ の虚部であるサセプタンス $B = 0$ のとき，$\boldsymbol{Y}$ の大きさ $|\boldsymbol{Y}|$ は最小となり，電圧の大きさ $|\boldsymbol{V}|$ は最大となる．

$$B = \omega C - \frac{1}{\omega L} = 0 \tag{8.34}$$

この条件を**並列共振条件**という．直列共振の場合と同様にして，これを満たす角周波数 ω_0 は，以下の式から求められる．

$$\omega_0 C = \frac{1}{\omega_0 L} \tag{8.35}$$

すなわち，次のようにまとめることができる．

▶ 並列共振の共振角周波数

RLC 並列共振回路における**共振角周波数** ω_0 は，次式で与えられる．

$$\omega_0 = \frac{1}{\sqrt{LC}} \tag{8.36}$$

$\omega = \omega_0$ の共振条件を満たすとき，アドミタンスの大きさ $|\boldsymbol{Y}|$ は最小となり，電圧の大きさ $|\boldsymbol{V}|$ は最大となる．

また，これに対応して，**共振周波数** f_0 を次式で定義する．

$$f_0 = \frac{1}{2\pi\sqrt{LC}} \tag{8.37}$$

ここで求めた ω_0 と f_0 は，直列共振の場合の式 (8.8), (8.9) と同じ表式である．

式 (8.35) の並列共振条件を満たしているとき，

$$\boldsymbol{I}_L = \boldsymbol{Y}_L\boldsymbol{V} = -j\frac{1}{\omega L}\boldsymbol{V} = -j\frac{1}{\omega_0 L}\boldsymbol{V} \tag{8.38}$$

$$\boldsymbol{I}_C = \boldsymbol{Y}_C\boldsymbol{V} = j\omega C\boldsymbol{V} = j\omega_0 C\boldsymbol{V} \tag{8.39}$$

の二つの複素電流の絶対値はお互いに等しく，また，位相はお互いに 180° 異なっている．よって，$\boldsymbol{I}_L$ と $\boldsymbol{I}_C$ は相殺し合い，

$$\boldsymbol{I}_L + \boldsymbol{I}_C = 0 \tag{8.40}$$

となる．この結果，複素電流 $\boldsymbol{I}$ は，次のように抵抗成分のみとなる．

$$\boldsymbol{I} = \boldsymbol{I}_R + \boldsymbol{I}_L + \boldsymbol{I}_C = \boldsymbol{I}_R = \frac{\boldsymbol{V}}{R} \tag{8.41}$$

式 (8.40) の関係が成り立つことから，並列共振のことを**電流共振**ともいう．共振条件を満たしているときの，これら複素電流の関係を，電圧 $\boldsymbol{V}$ を基準にとって，**図 8.8** に示す．電流 $\boldsymbol{I}$ は電圧 $\boldsymbol{V}$ と同じ位相（同相）になる．

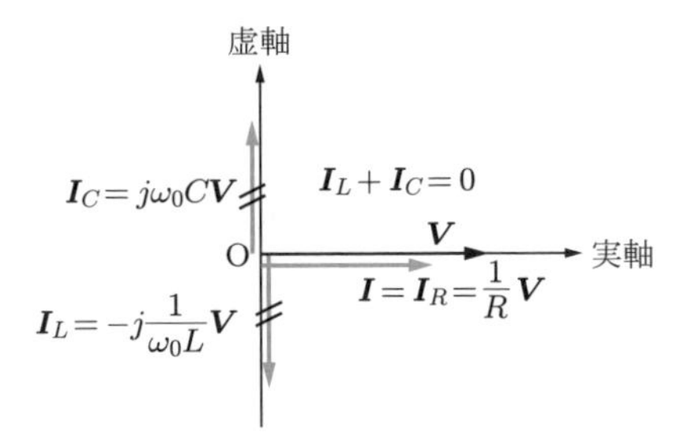

図 8.8 並列共振条件を満たしている場合の複素電流の関係

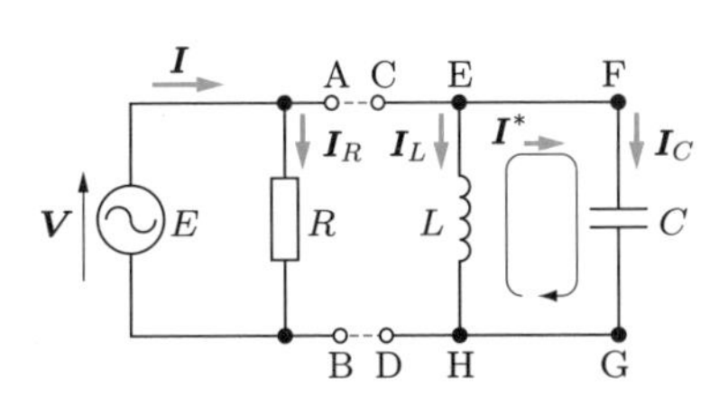

図 8.9 RLC 並列共振における電流の還流

並列共振条件を満たしているとき，式 (8.40) が成り立っているので，図 8.7 の回路の点 A と点 B を切断点として，**図 8.9** のように右側の回路を左側の回路から切り離しても，左右両側の回路に何の変化も生じない．このとき，切り離した右側の回路において，

$$\boldsymbol{I}_L = -\boldsymbol{I}_C \tag{8.42}$$

であるから，図 8.9 において，EFGH の周回路を $\boldsymbol{I}_\mathrm{C} = -\boldsymbol{I}_\mathrm{L} = \boldsymbol{I}^*$ の電流が還流し続けることになる．

共振条件を満たしているときの電圧の大きさを V_0 とおくと，式 (8.33) あるいは式 (8.41) より，

$$V_0 = R|\boldsymbol{I}| \tag{8.43}$$

で与えられる．この V_0 を**共振電圧**という．

直列共振の場合と同様にして，並列共振の質のよさ，すなわち共振曲線の鋭さを表す量として，次の **Q 値**，すなわち**尖鋭度** Q を定義する．

▶ 並列共振の Q 値

コイルに対する Q 値

$$Q = \frac{|\boldsymbol{I}_L|}{|\boldsymbol{I}|} = \frac{R}{\omega_0 L} = \frac{R\sqrt{LC}}{L} = R\sqrt{\frac{C}{L}} \tag{8.44}$$

コンデンサに対する Q 値

$$Q = \frac{|\boldsymbol{I}_C|}{|\boldsymbol{I}|} = \omega_0 CR = \frac{1}{\sqrt{LC}}CR = R\sqrt{\frac{C}{L}} \tag{8.45}$$

Q 値は，共振時において，コイルおよびコンデンサを通過する電流が，印加した交流電流の大きさに比べて何倍になっているかを表している．式 (8.44) から，Q 値は $\omega_0 L$ に比べ R がどの程度大きいか，すなわち，R を流れる電流がどの程度小さく無視できるかの尺度を与えていることがわかる．コンデンサに対する式 (8.45) も，同様に理解することができる．

図 8.7 の並列共振回路は，L に直列に含む R_0 を無視し，C に並列に含む $G = 1/R$ を採用した並列回路ともいえる．8.2 節の図 8.4 において，R_0 は無視できず，G は無視できるとした説明とやや矛盾するかもしれない．この説明に沿った回路の問題を，章末の演習問題 8.5 に示したので挑戦してほしい．

ω_0 を用いて式 (8.33) を変形すると，次のようになる．導出方法は，式 (8.17) を参考にされたい．

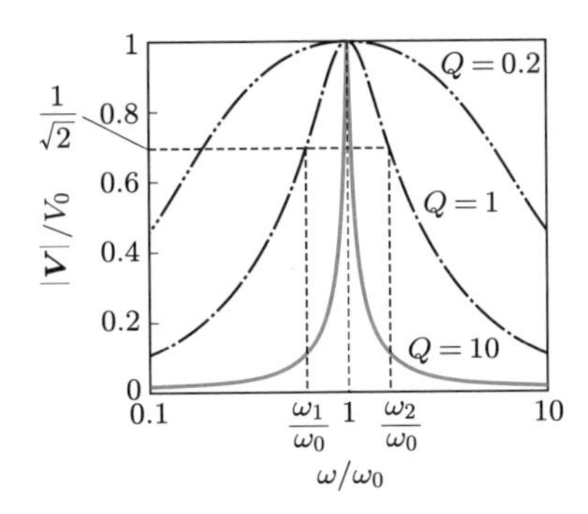

図 **8.10**　並列共振の共振曲線

$$|\boldsymbol{V}| = \frac{|\boldsymbol{I}|}{\sqrt{\left(\frac{1}{R}\right)^2 + \left(\omega C - \frac{1}{\omega L}\right)^2}} = \frac{V_0}{\sqrt{1 + Q^2\left(\frac{\omega}{\omega_0} - \frac{\omega_0}{\omega}\right)^2}} \tag{8.46}$$

式 (8.46) の電圧を V_0 で規格化したものを，ω/ω_0 の関数として図 **8.10** に示す．ただし，横軸は対数目盛になっている．これが，並列共振における共振曲線である．Q 値をパラメータにとって，いくつかの曲線が描かれている．Q 値が大きくなるほど，共振点近傍での曲線の鋭さが増している様子が理解できる．

直列共振の場合と同様にして，この曲線の鋭さの尺度として，半値幅を導入する．共振点でピーク値をとった曲線が，

$$\frac{|\boldsymbol{V}|}{V_0} = \frac{1}{\sqrt{2}} \tag{8.47}$$

となる角周波数を ω_1 および ω_2 とおく．ただし，$\omega_1 < \omega_2$ である．式 (8.46) と式 (8.47) を比べて，ω_1 および ω_2 は，次の条件を満たす必要がある．

$$Q^2\left(\frac{\omega}{\omega_0} - \frac{\omega_0}{\omega}\right)^2 = 1 \tag{8.48}$$

これより，直列共振の場合の式 (8.19)〜(8.23) を参考にして，以下のようになる．

▶ 並列共振の Q 値と半値幅

Q 値と半値幅 $\Delta\omega = \omega_2 - \omega_1$ との関係は，次式で与えられる．

$$Q = \frac{\omega_0}{\omega_2 - \omega_1} = \frac{\omega_0}{\Delta\omega} \tag{8.49}$$

この式より，Q 値が大きいほど半値幅 $\Delta\omega$ が小さくなり，より尖ったピークとなることが理解できる．

例題 8.2　図 8.7 の RLC 並列共振回路において，$R = 10$ [kΩ], $L = 500$ [mH], $C = 2$ [μF] とする．この回路に実効値が 20 [mA] の電流を流した．この回路の共振角周波数 ω_0，共振周波数 f_0，Q 値を求めよ．また，共振時に R, L, C それぞれを流れる電流 $\boldsymbol{I}_R, \boldsymbol{I}_L, \boldsymbol{I}_C$ を求めよ．

解答　共振角周波数 ω_0 は，式 (8.36) を用いて，

$$\omega_0 = \frac{1}{\sqrt{LC}} = \frac{1}{\sqrt{0.5 \times 2 \times 10^{-6}}} = \frac{1}{1 \times 10^{-3}} = 1000 \text{ [rad/s]}$$

となる．また，共振周波数 f_0 は，式 (8.37) を用いて，

$$f_0 = \frac{1}{2\pi\sqrt{LC}} = \frac{1000}{2\pi} = 159 \text{ [Hz]}$$

となる．Q 値は，式 (8.44) あるいは式 (8.45) に従って，

$$Q = R\sqrt{\frac{C}{L}} = 10 \times 10^3 \times \sqrt{\frac{2 \times 10^{-6}}{0.5}} = 20$$

と計算できる．

また，共振時における回路にかかる電圧 V_0 は，式 (8.43) より，

$$V_0 = R|\boldsymbol{I}| = 10 \times 10^3 \times 20 \times 10^{-3} = 200 \text{ [V]}$$

となる．よって，$\boldsymbol{I}_R, \boldsymbol{I}_L, \boldsymbol{I}_C$ は，それぞれ式 (8.41), (8.38), (8.39) より次のようになる．

$$\boldsymbol{I}_R = \frac{V_0}{R} = \frac{200}{10 \times 10^3} = 0.02 \text{ [A]}$$

$$\boldsymbol{I}_L = -j\frac{1}{\omega_0 L}V_0 = -j\frac{200}{1000 \times 0.5} = -j0.4 \text{ [A]}$$

$$\boldsymbol{I}_C = j\omega_0 C V_0 = j1000 \times 2 \times 10^{-6} \times 200 = j0.4 \text{ [A]}$$

例題 8.3　RL 直列回路のインピーダンスは，次式で与えられる．

$$\boldsymbol{Z} = R + j\omega L$$

このとき，アドミタンス

$$\boldsymbol{Y} = \frac{1}{R + j\omega L} = G + jB \tag{1}$$

のベクトル先端の軌跡（**アドミタンス軌跡**）を，ω を 0 から ∞ まで変化させた場合について，実軸が G 軸，虚軸が B 軸の GB 平面に描け．

解答　アドミタンスの分母と分子に共役複素数を掛けることにより，分母をまず実数化することが大切である．

$$\boldsymbol{Y} = \frac{1}{\boldsymbol{Z}} = \frac{1}{R + j\omega L} = \frac{R - j\omega L}{(R + j\omega L)(R - j\omega L)} = \frac{R - j\omega L}{R^2 + \omega^2 L^2} = G + jB \tag{2}$$

よって，

$$G = \frac{R}{R^2 + \omega^2 L^2} \tag{3}$$
$$B = \frac{-\omega L}{R^2 + \omega^2 L^2} \tag{4}$$

となる．G と B から ω を消去することにより，G と B の関係式を導く必要がある．式 (4) から ω について解こうとすると，2 次方程式になってしまい複雑になる．そこで，式 (3) と式 (4) の両者の分母が等しいことを利用して，B を次のように変形する．

$$B = \frac{R}{R^2 + \omega^2 L^2}\left(-\frac{\omega L}{R}\right) = G\left(-\frac{\omega L}{R}\right) = -\omega\frac{LG}{R}$$

よって，

$$\omega = -\frac{RB}{LG}$$

となって，まず ω がきれいに求められる．これを式 (3) に代入することにより，

$$G = \frac{R}{R^2 + \left(-\dfrac{RB}{LG}\right)^2 L^2} = \frac{R}{R^2 + \dfrac{R^2B^2}{G^2}} = \frac{1}{R}\frac{G^2}{G^2 + B^2}$$

となる．よって，

$$R = \frac{G}{G^2 + B^2}$$

すなわち，

$$G^2 + B^2 = \frac{G}{R}$$

となり，これは次に示す円の方程式となる．

$$\left(G - \frac{1}{2R}\right)^2 + B^2 = \left(\frac{1}{2R}\right)^2$$

式 (2) より，$\omega = 0$ のとき，$\boldsymbol{Y} = 1/R$ となる．また，ω を 0 から増加させていくと，$\boldsymbol{Y}$ の虚部はつねに負値を保ちながら，実部は減少していくことがわかる．よって，図 **8.11** のように，$\boldsymbol{Y}$ の先端は，実軸より下にある半円上を，ω の増加とともに時計回りで進む軌跡をとる．$\omega = \infty$ のときは，$\boldsymbol{Y} = 0$ となる．

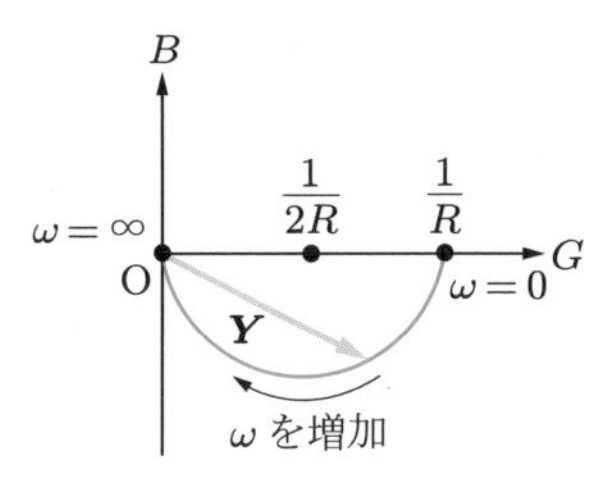

図 **8.11**　例題 8.3

8.5 交流ブリッジ回路

図8.12 で与えられる回路は，一般に**ブリッジ回路**とよばれる．この回路において，A–B 間に電流が流れない条件を求めてみよう．この条件を**ブリッジ回路の平衡条件**という．このためには，点 A と点 B の電位が等しければよい．すなわち，A–C 間と B–C 間の電圧降下 がお互いに等しく，また，A–D 間と B–D 間の電圧降下がお互いに等しければよい．これらは，

$$\boldsymbol{Z}_1\boldsymbol{I}_1 = \boldsymbol{Z}_2\boldsymbol{I}_2 \tag{8.50}$$

$$\boldsymbol{Z}_3\boldsymbol{I}_3 = \boldsymbol{Z}_4\boldsymbol{I}_4 \tag{8.51}$$

と表される．これら二つの式の両辺の比は等しいので，

$$\frac{\boldsymbol{Z}_1\boldsymbol{I}_1}{\boldsymbol{Z}_3\boldsymbol{I}_3} = \frac{\boldsymbol{Z}_2\boldsymbol{I}_2}{\boldsymbol{Z}_4\boldsymbol{I}_4} \tag{8.52}$$

が得られる．一方，A–B 間に電流が流れないとすると，

$$\boldsymbol{I}_1 = \boldsymbol{I}_3, \quad \boldsymbol{I}_2 = \boldsymbol{I}_4 \tag{8.53}$$

が成立するので，これらを式 (8.52) に代入することにより，

$$\frac{\boldsymbol{Z}_1}{\boldsymbol{Z}_3} = \frac{\boldsymbol{Z}_2}{\boldsymbol{Z}_4} \tag{8.54}$$

が得られる．この式を変形することにより，次の関係が得られる．

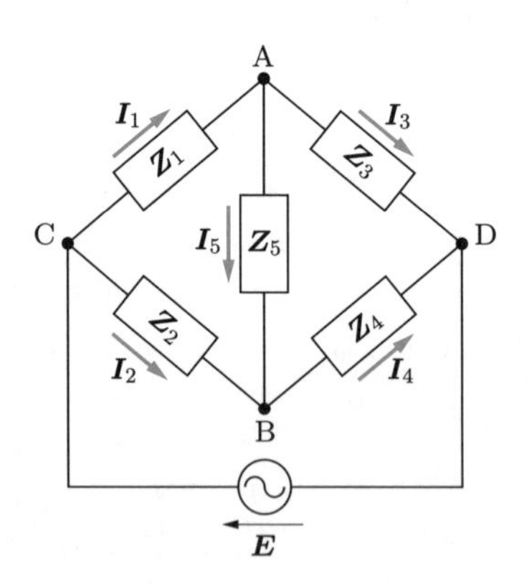

図 8.12　ブリッジ回路

▶ ブリッジ回路の平衡条件

ブリッジ回路の平衡条件は，対向するインピーダンスの積を等しいとおいた条件

$$\boldsymbol{Z}_1\boldsymbol{Z}_4 = \boldsymbol{Z}_2\boldsymbol{Z}_3 \tag{8.55}$$

によって与えられる．

平衡条件が満たされているか否か，すなわちA–B間に電流が流れているか否かは，$\boldsymbol{Z}_5$ を取り除いて，その代わりに検流計Gを設置することにより確かめられる．インピーダンスは交流の周波数によって変化するので，式(8.55)はある特定の周波数についてのみ成り立つ．したがって，交流の周波数を変化させて，検流計に電流の流れない平衡条件を探すことにより，ある特定の周波数を選択することができる．これを利用して，ブリッジ回路は同調回路やフィルタに応用される．検流計の代わりにレシーバを配置すれば，聞こえてくる音の大小の変化から，平衡条件が満たされているか否か，あるいは平衡条件に近づいているか否か，などが判断できる．

一方，図8.12の回路において，$\boldsymbol{Z}_1, \boldsymbol{Z}_2, \boldsymbol{Z}_4$ のインピーダンスは既知であるが，$\boldsymbol{Z}_3$ は未知であったとしよう．$\boldsymbol{Z}_5$ の代わりに検流計を配置し，式(8.55)の平衡条件を探し出すことにより，この未知のインピーダンスが

$$\boldsymbol{Z}_3 = \frac{\boldsymbol{Z}_1\boldsymbol{Z}_4}{\boldsymbol{Z}_2} \tag{8.56}$$

として決定できる．

例題 8.4 **図8.13**に示す交流ブリッジ回路がある．ここで，抵抗 R_3 とインダクタンス L_3 は未知であり，これ以外の素子の値は既知である．このブリッジ回路において，検流計Gに電流の流れない平衡条件が満たされている．このとき，R_3 と L_3 を求めよ．なお，このブリッジ回路を，**オーウェンブリッジ回路**という．

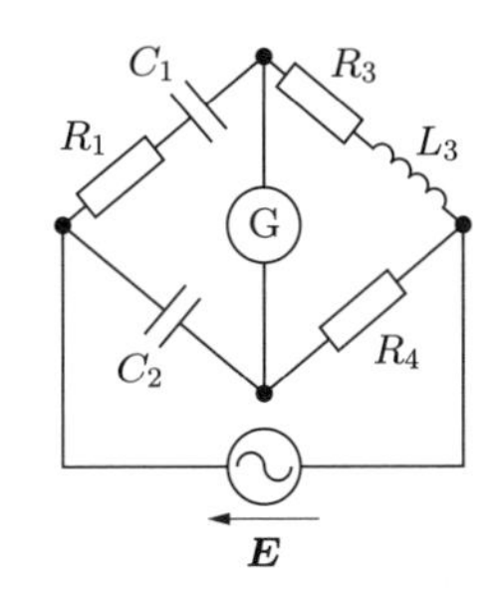

図 8.13 例題 8.4

解答　図 8.12 と図 8.13 を比べて，

$$\boldsymbol{Z}_1 = R_1 + \frac{1}{j\omega C_1}, \quad \boldsymbol{Z}_2 = \frac{1}{j\omega C_2}, \quad \boldsymbol{Z}_3 = R_3 + j\omega L_3, \quad \boldsymbol{Z}_4 = R_4$$

であるので，これらをブリッジ回路の平衡条件である式 (8.55) に代入することにより，

$$\left(R_1 + \frac{1}{j\omega C_1}\right) R_4 = \frac{1}{j\omega C_2}(R_3 + j\omega L_3)$$

が得られる．この式を整理すると，

$$R_1 R_4 + \frac{R_4}{j\omega C_1} = \frac{L_3}{C_2} + \frac{R_3}{j\omega C_2}$$

すなわち，

$$R_1 R_4 - j\frac{R_4}{\omega C_1} = \frac{L_3}{C_2} - j\frac{R_3}{\omega C_2}$$

となる．この式の両辺の実部と虚部をそれぞれ等しいとおいて，R_3 と L_3 を決定する．まず，実部より，

$$R_1 R_4 = \frac{L_3}{C_2}$$

よって，

$$L_3 = C_2 R_1 R_4$$

となる．次に，虚部より，

$$\frac{R_4}{C_1} = \frac{R_3}{C_2}$$

よって，

$$R_3 = \frac{R_4 C_2}{C_1}$$

となる．

演習問題

8.1　**【直列共振回路】**　図 8.1 に示した RLC 直列共振回路に，実効値 100 [V] の正弦波交流電圧を加えた．ただし，抵抗 $R = 20$ [Ω]，インダクタンス $L = 0.5$ [H]，キャパシタンス $C = 3$ [μF] とする．このとき，回路に流れる電流が最大となる電源の共振角周波数，共振周波数，最大電流 I_0，Q 値，および R, L, C の両端の電圧を求めよ．

8.2　**【直列共振回路】**　図 **8.14** のような共振曲線を示す RLC 直列回路がある．このとき，次の問いに答えよ．ただし，抵抗 $R = 10$ [Ω] である．

(1)　図から Q 値を求めよ．

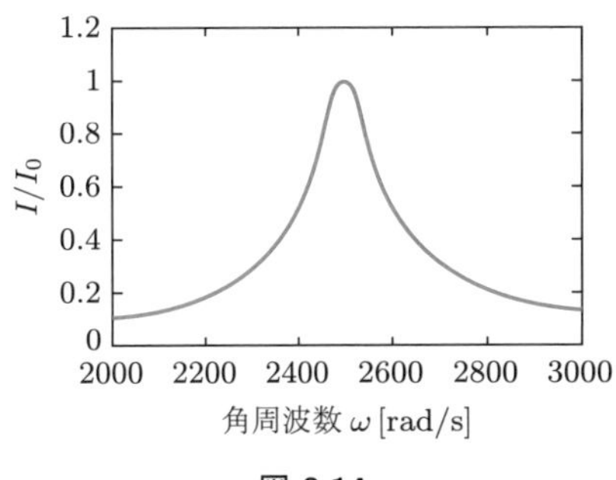

図 8.14

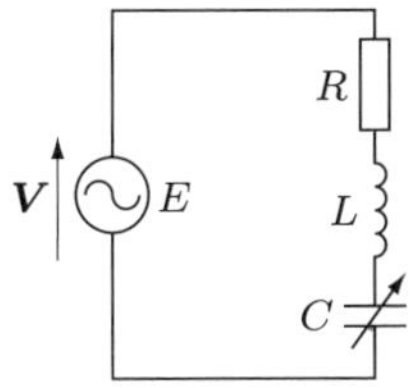

図 8.15

(2)　(1) で求めた Q 値を用いて，インダクタンス L の値を決定せよ．

8.3　【直列共振回路】 キャパシタンス値 C を，50〜500 [pF] の範囲で変化させることのできる可変コンデンサを接続した，**図 8.15** のような RLC 直列共振回路がある．このとき，次の問いに答えよ．ただし，抵抗 $R=30$ [Ω]，インダクタンス $L=20$ [mH] である．

(1)　この回路は，どのような周波数範囲に対して，共振を実現することができるか．

(2)　共振条件を満たす周波数の中で，最大の Q 値を与える周波数と，そのときの Q 値およびキャパシタンス値を求めよ．

(3)　共振条件を満たしているときの回路のインピーダンスを求めよ．

8.4　【並列共振回路】 図 8.7 に示した RLC 並列共振回路において，抵抗 $R=100$ [Ω]，インダクタンス $L=15$ [mH]，キャパシタンス $C=40$ [μF] とする．これに，$100\angle 0^\circ$ [V] で与えられる交流電圧を加える．このとき，次の問いに答えよ．

(1)　共振角周波数および共振周波数を求めよ．

(2)　この回路の Q 値を求めよ．

(3)　R, L, C に流れる電流 $\boldsymbol{I}_R, \boldsymbol{I}_L, \boldsymbol{I}_C$ を求めよ．

(4)　電圧 $\boldsymbol{V}$ および電流 $\boldsymbol{I}_R, \boldsymbol{I}_L, \boldsymbol{I}_C$ の関係を表すフェーザ図を，複素平面上に示せ．

8.5　【並列共振回路】 **図 8.16** の交流回路において，次の問いに答えよ．ただし，交流の角周波数を ω とする．

(1)　回路の合成アドミタンスを求めよ．

(2)　電圧 $\boldsymbol{V}$ と電流 $\boldsymbol{I}$ が同相になるための条件を与える角周波数 ω_0 を求めよ．

(3)　$R^2 \ll {\omega_0}^2 L^2$ であるときの ω_0 を求めよ．

8.6　【並列共振回路】 **図 8.17** に示す交流回路がある．この回路の合成インピーダンスを求めよ．この結果を用いて，電圧 $\boldsymbol{V}$ の位相と電流 $\boldsymbol{I}$ の位相が一致するための条件を与える R を求めよ．ただし，交流の角周波数を ω とする．

8.7　【インピーダンス軌跡】 RC 直列回路のインピーダンスは，

$$\boldsymbol{Z} = R - j\frac{1}{\omega C}$$

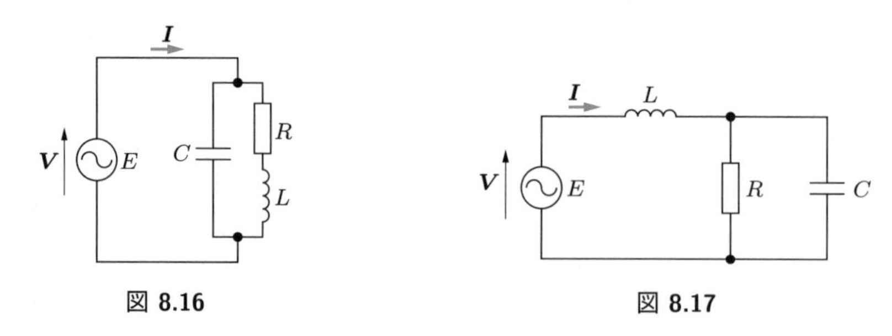

図 8.16　　図 8.17

で与えられる．複素平面上に，ω を 0 から ∞ まで変化させたときの，このインピーダンス軌跡と，これに対応するアドミタンス軌跡を描け．

8.8 **【マクスウェルブリッジ】** 図 8.18 に示すマクスウェルブリッジ回路において，平衡条件を満たすとき，インダクタンス L_1 と抵抗 R_1 を求めよ．

8.9 **【ウィーンブリッジ・角周波数の決定】** 図 8.19 に示すウィーンブリッジ回路がある．平衡条件を与える抵抗 R_1 の表式と，このときの電源の角周波数 ω を求めよ．

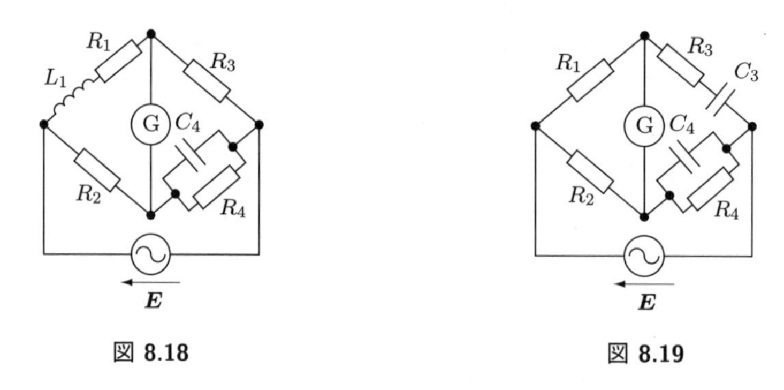

図 8.18　　図 8.19

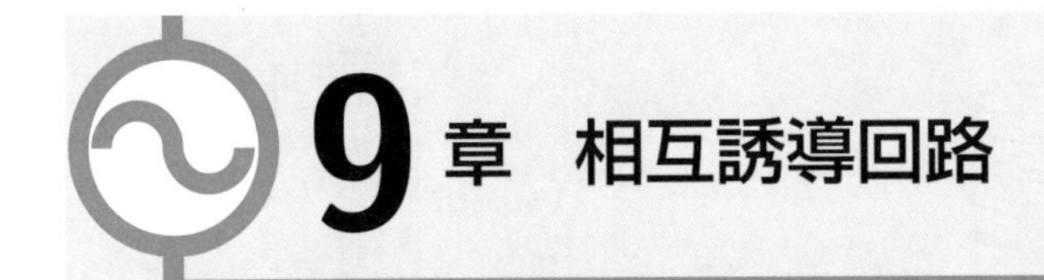

9章　相互誘導回路

4章において，コイルに時間的に変化する電流を流すと，ファラデーの電磁誘導の法則に従ってコイルを貫通する磁束が変化し，導線に起電力が発生することを説明した．一方，二つのコイルを近づけて配置し，片方のコイルに電流を流すと，もう片方のコイルにも誘導起電力が発生する．これを相互誘導という．この現象は，電圧を上げたり下げたりする変圧器として使われ，応用的にも大変重要な内容である．この章では，この相互誘導を使った回路について学ぶ．相互誘導は，電流の流す方向やコイルを巻く方向によって，発生する誘導起電力の方向が異なってくるため少し複雑であるが，一つひとつステップを追って確認していけば，容易に理解できる．

9.1　自己誘導

4.2節ですでに述べたように，導線を巻いたコイルに電流 $\boldsymbol{I}$ [A] を流すと，流した電流に比例した大きさをもつ，コイルを貫通する磁束 $\boldsymbol{\Phi}$ [Wb]（ウェーバ）が発生する．これは，次のように表される．

$$\boldsymbol{\Phi} = L\boldsymbol{I} \tag{9.1}$$

ここで，比例定数 L を**自己インダクタンス**という．単位はヘンリー [H] である．さて，流れる電流が時間的に変化すると，磁束 $\boldsymbol{\Phi}$ も変化する．同時に，この磁束の変化を妨げる向きに，コイルに次式の誘導起電力が発生する．この現象を**自己誘導**という．

$$\boldsymbol{V} = \frac{\mathrm{d}\boldsymbol{\Phi}}{\mathrm{d}t} = L\frac{\mathrm{d}\boldsymbol{I}}{\mathrm{d}t} \tag{9.2}$$

図 9.1 において，コイルを上からながめたとき，電流 $\boldsymbol{I}$ は右ねじを締める回転の向きに流れている．これによって生じる磁束 $\boldsymbol{\Phi}$ は，右ねじの進行方向，すなわち上から下向きに発生する．一方，電流 $\boldsymbol{I}$ を時間的に増加させていくと，この下向きの磁束の増加を抑えようとする向き，すなわち下から上向きの磁束を発生させようとする誘導起電力がコイル中に生じる．これが，式 (9.2) で与えられるものである．

複素数で表現すると，式 (9.2) の誘導起電力は，

$$\boldsymbol{V} = j\omega L\boldsymbol{I} \tag{9.3}$$

となることを学んだ．ここで，ω は交流の角周波数である．**図 9.2** は，図 9.1 の自己

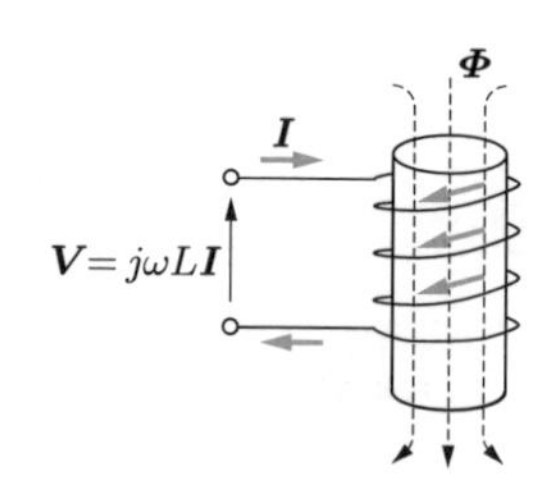

図 9.1　自己誘導回路

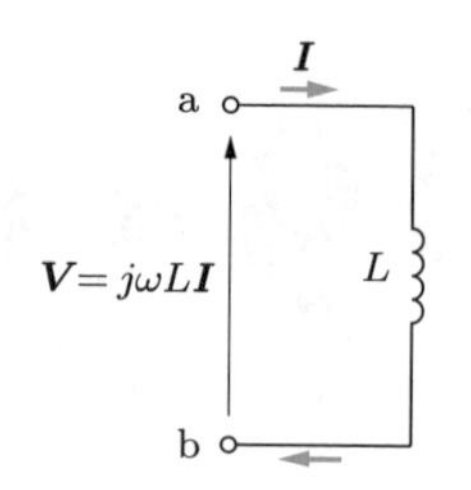

図 9.2　自己誘導回路の回路図

誘導回路を記号的に示した回路図である．

例題 9.1　図 9.1 に示すコイルに対して，電流を 0.2 秒間の間に 20 [A] 変化させたところ，5 [V] の電圧が発生した．このコイルの自己インダクタンス L はいくらか．

解答　式 (9.2) に与えられた数値を代入する．

$$5 = L \times \frac{\Delta I}{\Delta t} = L \times \frac{20}{0.2} = 100L$$

$$L = \frac{5}{100} = 0.05 \text{ [H]}$$

よって，自己インダクタンス L は 50 [mH] となる．

9.2　相互誘導

次に，**図 9.3** に示すように，コイル 1 とコイル 2 を近接させて，コイル 1 のみに時間的に変化する電流 $\boldsymbol{I}_1$ [A] を流した場合を考えてみよう．コイル 1 には，図 9.1 の場合と同様に，次の誘導起電力が発生する．

$$\boldsymbol{V}_1 = L_1 \frac{\mathrm{d}\boldsymbol{I}_1}{\mathrm{d}t} = j\omega L_1 \boldsymbol{I}_1 \tag{9.4}$$

ここで，L_1 は，コイル 1 の自己インダクタンスである．電流 $\boldsymbol{I}_1$ によってコイル 1 に発生した磁束の一部は，近接して置かれたコイル 2 も貫通する．この結果，コイル 2 には，コイル 1 に流れる電流の時間的変化に比例した，次の誘導起電力が発生する．

$$\boldsymbol{V}_2 = M \frac{\mathrm{d}\boldsymbol{I}_1}{\mathrm{d}t} = j\omega M \boldsymbol{I}_1 \tag{9.5}$$

この現象を**相互誘導**といい，図 9.3 を**相互誘導回路**という．ここに現れる比例定数 M を**相互インダクタンス**といい，二つのコイル間の磁気的な結合の度合いを表す．単位はヘンリー [H] である．**図 9.4** は，図 9.3 の相互誘導回路を記号的に示した回路図である．図中のドット記号 (●) は，後述するようにコイルの極性を示す．なお，電源を接続し，電流を加えている側を **1 次側**，この結果として相互誘導起電力が発生する側

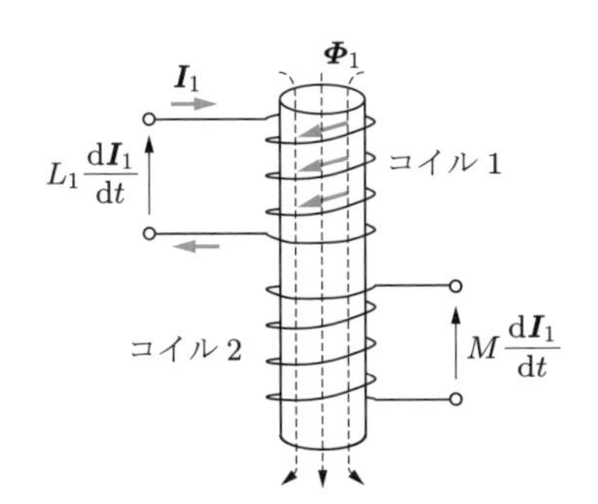

図 9.3　相互誘導回路
（コイル 1 に電流を流した場合）

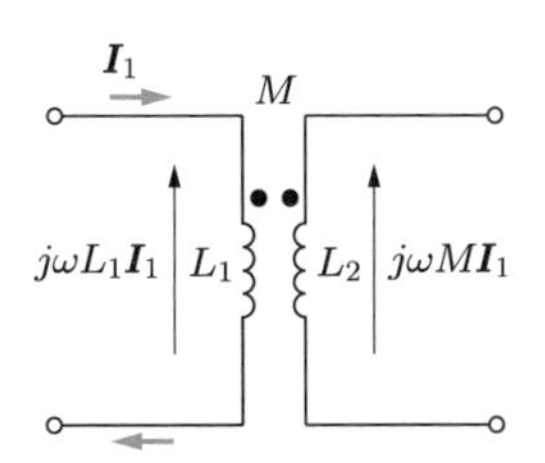

図 9.4　相互誘導回路の回路図
（コイル 1 に電流を流した場合）

を **2 次側**，という表現がよく使われる．

逆に，**図 9.5** に示すように，近接させた二つのコイルのうち，コイル 2 のみに時間的に変化する電流 $\boldsymbol{I}_2$ [A] を流した場合を考えてみよう．**図 9.6** は，図 9.5 の相互誘導回路を記号的に示した回路図である．コイル 2 には，図 9.3 の例と同様に，次の誘導起電力が発生する．

$$\boldsymbol{V}_2 = L_2\frac{\mathrm{d}\boldsymbol{I}_2}{\mathrm{d}t} = j\omega L_2\boldsymbol{I}_2 \tag{9.6}$$

ここで，L_2 は，コイル 2 の自己インダクタンスである．電流 $\boldsymbol{I}_2$ によってコイル 2 に発生した磁束の一部は，近接して置かれたコイル 1 も貫通する．この結果，コイル 1 には，コイル 2 に流れる電流の時間的変化に比例した，次の誘導起電力が発生する．

$$\boldsymbol{V}_1 = M\frac{\mathrm{d}\boldsymbol{I}_2}{\mathrm{d}t} = j\omega M\boldsymbol{I}_2 \tag{9.7}$$

ここまでの例では，二つのコイルのいずれか一方に電流を流し，他方のコイルに発生する誘導起電力を調べた．次に，両方のコイルに電流を流した場合について，図 **9.7** を用いて考える．

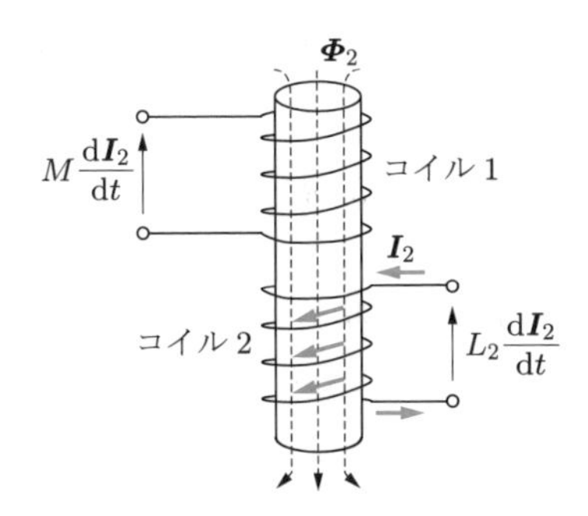

図 9.5　相互誘導回路
（コイル 2 に電流を流した場合）

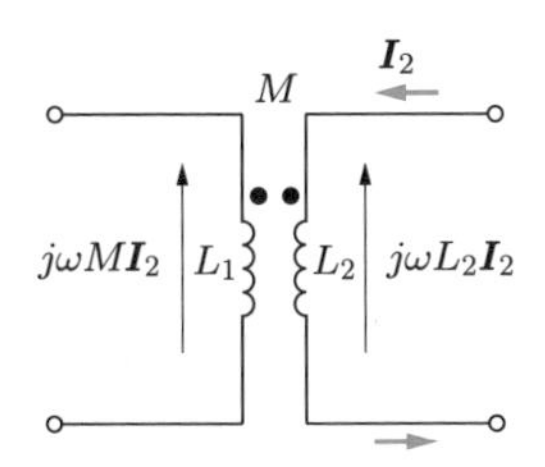

図 9.6　相互誘導回路の回路図
（コイル 2 に電流を流した場合）

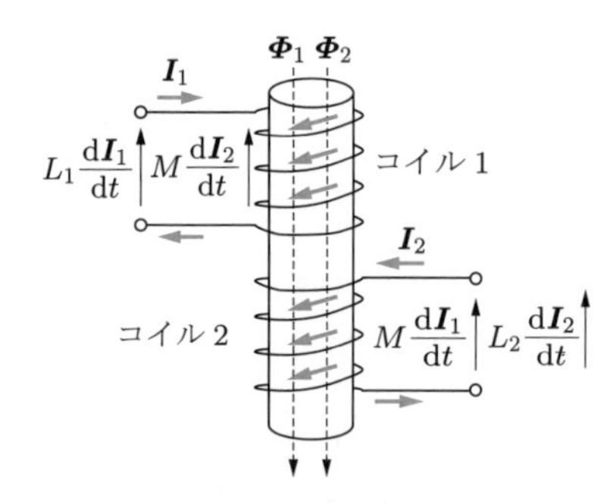

図 9.7　和動結合回路
（電流の向きが同じ）

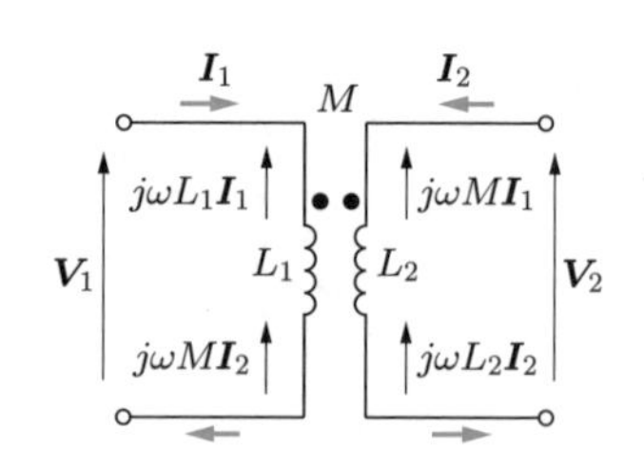

図 9.8　和動結合回路の回路図
（電流の向きが同じ）

ここで，コイルの導線の巻かれている向きと，電流の流れている向きの両方に注意する必要がある．図 9.7 では，コイル 1 もコイル 2 も，上から下へ向かって右回転で導線が巻かれている．さらに，両方のコイルとも，電流は上から下向きに同じ方向に流れている．このとき，コイル 1 に流れている電流が作る磁束の向きと，コイル 2 に流れている電流が作る磁束の向きは同じになる．このような場合を**和動結合**という．**図 9.8** は，図 9.7 の和動結合回路を記号的に示した回路図である．

二つのコイルそれぞれに発生する磁束の向きの相互関係は，二つのコイルの巻かれている向きと，二つのコイルに流れている電流の向きで決まる．この関係を**極性**という．お互いの磁束の向きが同じで加わり合う場合を**加極性**という．一方，逆向きで減じ合う場合を**減極性**という．和動結合は加極性である．

二つのコイルの相互インダクタンスの極性を示すために，図 9.8 のようにドット記号 (●) を用いる．この ● 記号は，条件によって上下に移動するが，次のように約束している．

(1)　コイル 1 の ● 記号側から電流が流れ込んだとき，コイル 2 の ● 記号側の電位が高くなるように，コイル 2 に起電力が発生する．逆に，コイル 2 の ● 記号側から電流が流れ込んだとき，コイル 1 の ● 記号側の電位が高くなるように，コイル 1 に起電力が発生する．

(2)　● 記号がともに上に付いているか，あるいはともに下に付いていれば，二つのコイルの巻かれている向きが同じであることを示す．

(3)　一方のコイルの巻かれている向きが変わり，● 記号が移動するごとに，あるいは，一方のコイルに流れる電流の向きが逆転するごとに，極性は変化する．

▶ 和動結合

和動結合の場合には，コイル 1 およびコイル 2 の両端の電圧 $\boldsymbol{V}_1$ および $\boldsymbol{V}_2$ は，次式で与えられる．

$$
\left.
\begin{aligned}
\boldsymbol{V}_1 &= L_1\frac{\mathrm{d}\boldsymbol{I}_1}{\mathrm{d}t} + M\frac{\mathrm{d}\boldsymbol{I}_2}{\mathrm{d}t} = j\omega L_1\boldsymbol{I}_1 + j\omega M\boldsymbol{I}_2 \\
\boldsymbol{V}_2 &= L_2\frac{\mathrm{d}\boldsymbol{I}_2}{\mathrm{d}t} + M\frac{\mathrm{d}\boldsymbol{I}_1}{\mathrm{d}t} = j\omega L_2\boldsymbol{I}_2 + j\omega M\boldsymbol{I}_1
\end{aligned}
\right\}
\tag{9.8}
$$

図 **9.9** は，二つのコイルの導線の巻かれている向きは，図 9.7 の場合と同様に，右巻きでお互いに同じであるが，コイル 1 の電流 $\boldsymbol{I}_1$ の向きとコイル 2 の電流 $\boldsymbol{I}_2$ の向きは，お互いに逆である場合を表している．すなわち，コイル 1 では，電流は上から下向きに流れているが，コイル 2 では，電流は下から上向きに流れている．$\boldsymbol{I}_1$ と $\boldsymbol{I}_2$ とによって発生する磁束 $\boldsymbol{\Phi}_1$ と $\boldsymbol{\Phi}_2$ の向きが，お互いに逆向きであることに注意しよう．

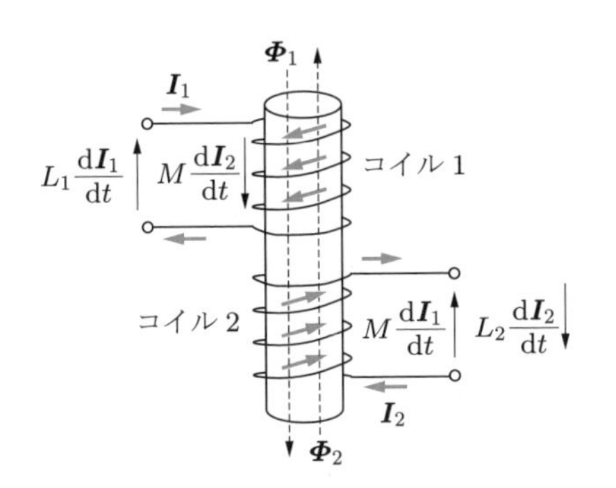

図 9.9 差動結合回路（電流の向きが逆）

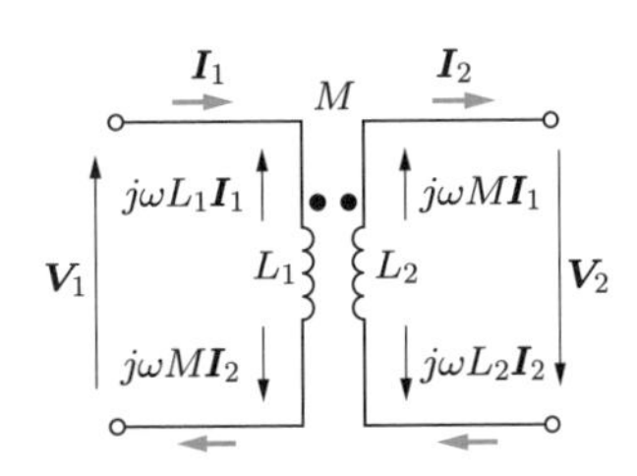

図 9.10 差動結合回路の回路図（電流の向きが逆）

コイル 1 の電流 $\boldsymbol{I}_1$ による，コイル 1 の自己誘導起電力の向きを正とする．二つのコイルの導線の巻かれている向きは同じであるから，コイル 2 に発生する電流 $\boldsymbol{I}_1$ による相互誘導起電力の向きは正となる．一方，電流の流れている向きはお互いに逆であるから，電流 $\boldsymbol{I}_2$ によってコイル 2 に発生する自己誘導起電力の向きは負となる．同様の理由により，コイル 1 に発生する相互誘導起電力の向きも負となる．この結果，コイル 1 の回路において，自己誘導起電力の向きと相互誘導起電力の向きは，お互いに逆になる．コイル 2 の回路においても同様である．このように，磁束の向きがお互いに逆になる結合を，**差動結合**という．図 **9.10** は，この差動結合回路を記号的に示した回路図である．

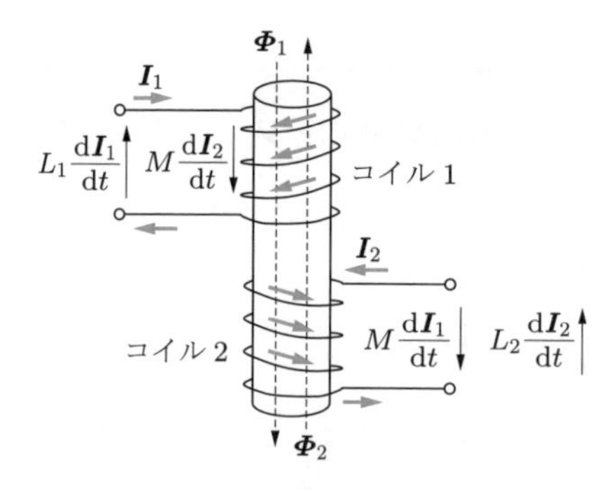

図 9.11　差動結合回路（コイルの巻き方が逆）

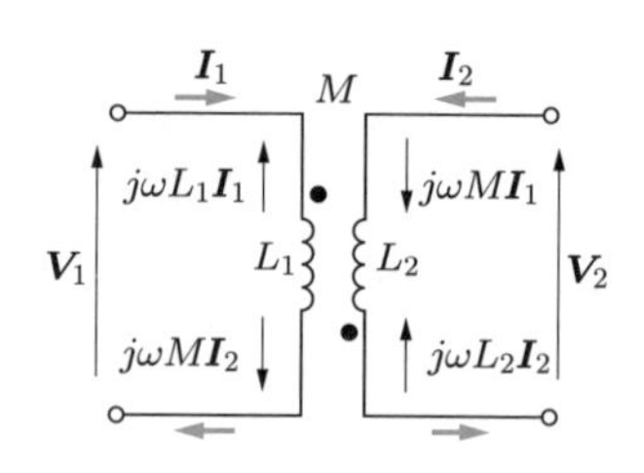

図 9.12　差動結合回路の回路図（コイルの巻き方が逆）

図 9.11 は，二つのコイルの導線の巻かれている向きはお互いに逆向きであり，一方，電流の流れている向きは，上から下向きで，お互いに同じである場合を表している．この場合も，図 9.9 と同様に，差動結合となる．このときの記号で示した回路図を **図 9.12** に示す．この場合には，コイルの巻き方を逆にしているため，● 記号が移動していることに注意してほしい．

▶ 差動結合

差動結合の場合には，コイル 1 およびコイル 2 の両端の電圧 $\boldsymbol{V}_1$ および $\boldsymbol{V}_2$ は，次式で与えられる．

$$\left.\begin{aligned} \boldsymbol{V}_1 &= L_1\frac{\mathrm{d}\boldsymbol{I}_1}{\mathrm{d}t} - M\frac{\mathrm{d}\boldsymbol{I}_2}{\mathrm{d}t} = j\omega L_1\boldsymbol{I}_1 - j\omega M\boldsymbol{I}_2 \\ \boldsymbol{V}_2 &= L_2\frac{\mathrm{d}\boldsymbol{I}_2}{\mathrm{d}t} - M\frac{\mathrm{d}\boldsymbol{I}_1}{\mathrm{d}t} = j\omega L_2\boldsymbol{I}_2 - j\omega M\boldsymbol{I}_1 \end{aligned}\right\} \tag{9.9}$$

図 9.13 は，図 9.8 で与えられる和動結合回路と，図 9.12 で与えられる差動結合回路を，一つにまとめて示したものである．この回路は，**変圧器**あるいは**トランス**とよ

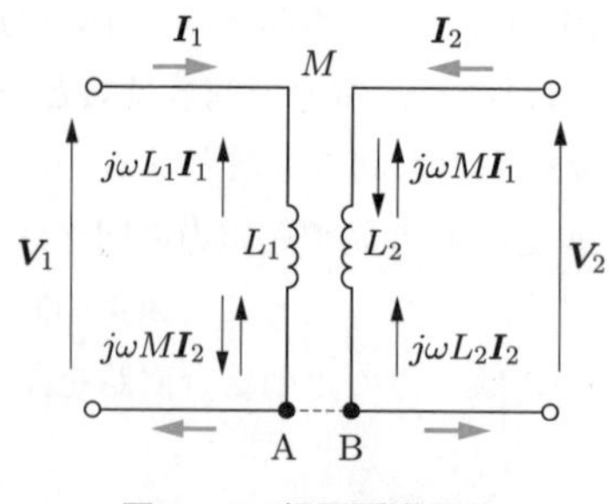

図 9.13　相互誘導回路

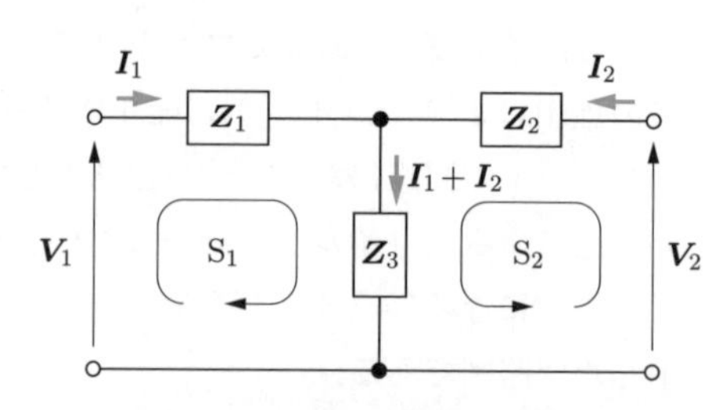

図 9.14　相互誘導回路の等価回路

ばれる．相互インダクタンスで表したこのままの回路では，交流回路の計算がやりにくい．そこで，この等価回路として，**図 9.14** で与えられる T 形回路を考える．ただし，このような扱いができるのは，図 9.13 において，点 A と点 B を接続してもよい場合に限られる．図 9.13 と図 9.14 を見比べると，$\boldsymbol{Z}_1$ と $\boldsymbol{Z}_2$ はそれぞれ L_1 と L_2 に関連し，$\boldsymbol{Z}_3$ は M に関連しているという類推ができるだろう．

図 9.13 の $\boldsymbol{V}_1, \boldsymbol{V}_2$ と $\boldsymbol{I}_1, \boldsymbol{I}_2$ の関係を表す式 (9.8) および式 (9.9) を，次のように一つにまとめる．

▶ 相互誘導回路

$$\left.\begin{aligned} \boldsymbol{V}_1 &= j\omega L_1 \boldsymbol{I}_1 \pm j\omega M \boldsymbol{I}_2 \\ \boldsymbol{V}_2 &= j\omega L_2 \boldsymbol{I}_2 \pm j\omega M \boldsymbol{I}_1 \end{aligned}\right\} \tag{9.10}$$

一方，図 9.14 において，$\boldsymbol{V}_1, \boldsymbol{V}_2$ と $\boldsymbol{I}_1, \boldsymbol{I}_2$ の関係は，閉回路 S_1 と S_2 にキルヒホッフの第二法則を適用することにより，

$$\left.\begin{aligned} \boldsymbol{V}_1 &= \boldsymbol{Z}_1\boldsymbol{I}_1 + \boldsymbol{Z}_3(\boldsymbol{I}_1 + \boldsymbol{I}_2) = (\boldsymbol{Z}_1 + \boldsymbol{Z}_3)\boldsymbol{I}_1 + \boldsymbol{Z}_3\boldsymbol{I}_2 \\ \boldsymbol{V}_2 &= \boldsymbol{Z}_2\boldsymbol{I}_2 + \boldsymbol{Z}_3(\boldsymbol{I}_1 + \boldsymbol{I}_2) = \boldsymbol{Z}_3\boldsymbol{I}_1 + (\boldsymbol{Z}_2 + \boldsymbol{Z}_3)\boldsymbol{I}_2 \end{aligned}\right\} \tag{9.11}$$

で与えられる．式 (9.10) と式 (9.11) を比較すると，

$$\boldsymbol{Z}_1 = j\omega L_1 \mp j\omega M \tag{9.12}$$

$$\boldsymbol{Z}_2 = j\omega L_2 \mp j\omega M \tag{9.13}$$

$$\boldsymbol{Z}_3 = \pm j\omega M \tag{9.14}$$

となる．ただし，複号同順である．よって，和動結合の場合，すなわち，$\boldsymbol{Z}_3 = +j\omega M$ で与えられる場合には，図 9.13 の等価回路は，**図 9.15** のように書くことができる．

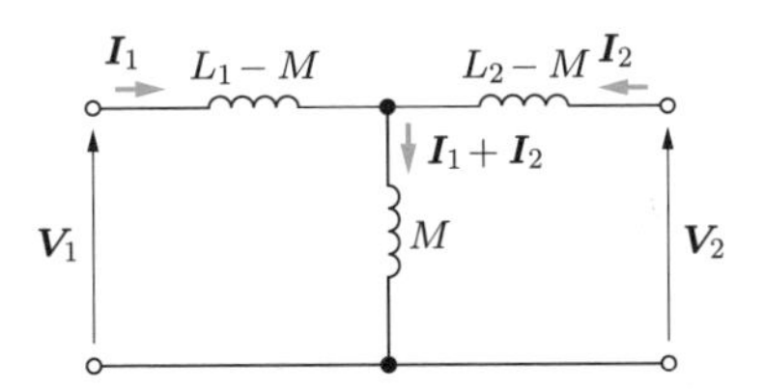

図 9.15　相互誘導回路の等価回路（和動結合の場合）

例題 9.2　**図 9.16** で与えられる和動結合の相互誘導回路がある．端子 c–d 間に抵抗 R を接続する．このとき，端子 a–b から見た，抵抗 R を含むこの回路のインピーダンス $\boldsymbol{Z}$ を表す式を示せ．ただし，角周波数は ω とする．

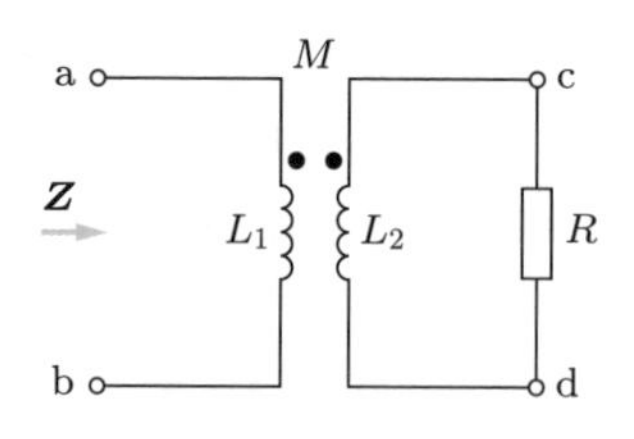

図 **9.16**　例題 9.2

解答　この等価回路は，図 **9.17** のように表すことができる．節点 E–F 間から右を見たときのインピーダンス $\boldsymbol{Z}_{\mathrm{EF}}$ は，インダクタンス $L_2 - M$ をもつコイルと抵抗 R が直列に接続されたものと，インダクタンス M をもつコイルの，これら二つが並列に配置された構成になっている．よって，

$$\boldsymbol{Z}_{\mathrm{EF}} = \frac{j\omega M\{R + j\omega(L_2 - M)\}}{R + j\omega(L_2 - M) + j\omega M} = \frac{-\omega^2 M(L_2 - M) + j\omega MR}{R + j\omega L_2}$$

となる．求めるインピーダンス $\boldsymbol{Z}$ は，さらにインダクタンス $L_1 - M$ をもつコイルが直列に接続された構成になっているので，次式となる．

$$\begin{aligned}\boldsymbol{Z} &= j\omega(L_1 - M) + \boldsymbol{Z}_{\mathrm{EF}} = j\omega(L_1 - M) + \frac{-\omega^2 M(L_2 - M) + j\omega MR}{R + j\omega L_2} \\ &= \frac{-\omega^2(L_1 L_2 - M^2) + j\omega L_1 R}{R + j\omega L_2} = \frac{\omega^2 M^2 R}{R^2 + \omega^2 {L_2}^2} + j\frac{\omega\{\omega^2 L_2(L_1 L_2 - M^2) + L_1 R^2\}}{R^2 + \omega^2 {L_2}^2}\end{aligned}$$

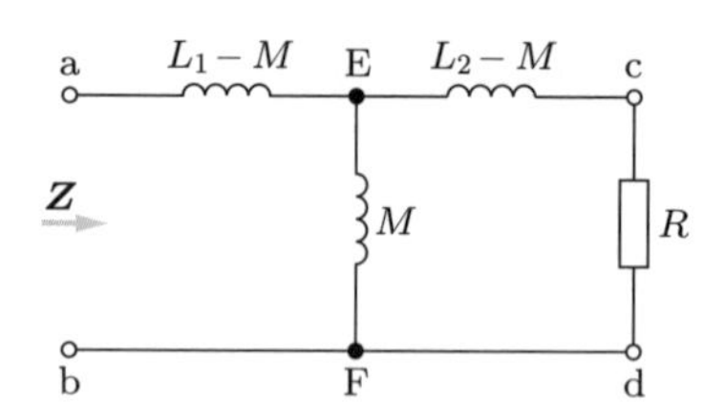

図 **9.17**　図 9.16 の等価回路

9.3　直列接続したインダクタンスの合成

図 **9.18**(a) のように，二つのコイル 1 とコイル 2 が和動結合となるように，コイル 1 の端子 b とコイル 2 の端子 c を直列に接続する．端子 a と端子 d の間に電圧 $\boldsymbol{V}$ を印加したとき，それぞれのコイルには共通の電流 $\boldsymbol{I}$ が流れる．端子 a–b 間の電圧を $\boldsymbol{V}_1$，端子 c–d 間の電圧を $\boldsymbol{V}_2$ とする．このとき，式 (9.8) より，次の関係式が成立する．

$$\boldsymbol{V}_1 = j\omega L_1 \boldsymbol{I} + j\omega M \boldsymbol{I} \tag{9.15}$$

$$\boldsymbol{V}_2 = j\omega L_2 \boldsymbol{I} + j\omega M \boldsymbol{I} \tag{9.16}$$

$$\boldsymbol{V} = \boldsymbol{V}_1 + \boldsymbol{V}_2 = j\omega(L_1 + L_2 + 2M)\boldsymbol{I} \tag{9.17}$$

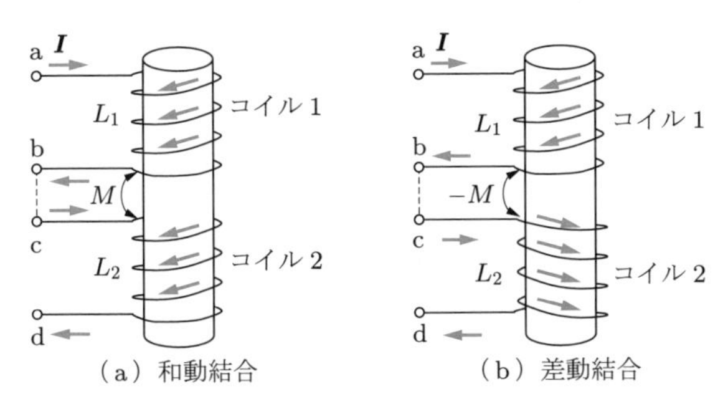

（a）和動結合　（b）差動結合

図 9.18　直列接続したインダクタンスの合成

二つのコイルの合成インダクタンスを，次のように L とおく．

$$\boldsymbol{V} = j\omega L\boldsymbol{I} \tag{9.18}$$

式 (9.17) と式 (9.18) を比べると，次の関係式が得られる．

▶ 和動結合の合成インダクタンス

和動結合の場合，直列接続した二つのコイルの合成インダクタンスは，

$$L = L_1 + L_2 + 2M \tag{9.19}$$

となる．

次に，図 (b) のように，二つのコイル 1 とコイル 2 が差動結合となるように，コイル 1 の端子 b とコイル 2 の端子 c を直列に接続する．端子 a と端子 d の間に電圧 $\boldsymbol{V}$ を印加し，それぞれのコイルに共通の電流 $\boldsymbol{I}$ を流す．端子 a–b 間の電圧を $\boldsymbol{V}_1$，端子 c–d 間の電圧を $\boldsymbol{V}_2$ とすると，次の関係式が成立する．

$$\boldsymbol{V}_1 = j\omega L_1\boldsymbol{I} - j\omega M\boldsymbol{I} \tag{9.20}$$

$$\boldsymbol{V}_2 = j\omega L_2\boldsymbol{I} - j\omega M\boldsymbol{I} \tag{9.21}$$

$$\boldsymbol{V} = \boldsymbol{V}_1 + \boldsymbol{V}_2 = j\omega(L_1 + L_2 - 2M)\boldsymbol{I} \tag{9.22}$$

二つのコイルの合成インダクタンスを，次のように L とおく．

$$\boldsymbol{V} = j\omega L\boldsymbol{I} \tag{9.23}$$

式 (9.22) と式 (9.23) を比べると，次の関係式が得られる．

▶ 差動結合の合成インダクタンス

差動結合の場合，直列接続した二つのコイルの合成インダクタンスは，

$$L = L_1 + L_2 - 2M \tag{9.24}$$

となる．

例題 9.3　自己インダクタンスが，それぞれ L_1, L_2 で与えられるコイル1とコイル2を，図9.18のように，和動結合にした場合(a)と，差動結合にした場合(b)を考える．両者の合成インダクタンスを測定したところ，和動結合の場合が30 [mH]，また，差動結合の場合が20 [mH] であった．二つのコイルの相互インダクタンス M はいくらか．

解答　和動結合および差動結合の場合の合成インダクタンスを，それぞれ L_p, L_m，求める相互インダクタンスを M とおく．式(9.19)および式(9.24)より，

$$L_p = L_1 + L_2 + 2M \tag{1}$$

$$L_m = L_1 + L_2 - 2M \tag{2}$$

となる．式(1), (2)の両辺の差をとると，

$$L_p - L_m = 4M$$

となる．よって，M は

$$M = \frac{L_p - L_m}{4} \tag{3}$$

と表せる．題意の値を式(3)に代入すると，M の値は次のように求められる．

$$M = \frac{30 - 20}{4} = 2.5 \text{ [mH]}$$

演習問題

9.1 **【自己インダクタンス】** あるコイルの電流を0.02秒間に10 [A] 変化させた．コイルの自己インダクタンスを30 [mH] とすると，発生する起電力 V はいくらか．

9.2 **【相互インダクタンス】** 図9.3に示したコイル系において，コイル1の電流を0.04秒間に20 [A] 変化させた．このとき，コイル2に30 [V] の起電力が発生したとすれば，この二つのコイル間の相互インダクタンス M はいくらか．

9.3 **【2次側開放電圧】** **図9.19** に示す和動結合の相互誘導回路がある．1次側に交流電圧 $\boldsymbol{E}$ を接続し，2次側を開放する．2次側で発生する電圧 $\boldsymbol{V}_2$ を，1次側および2次側のそれぞれに対して，キルヒホッフの第二法則を適用することによって求めよ．

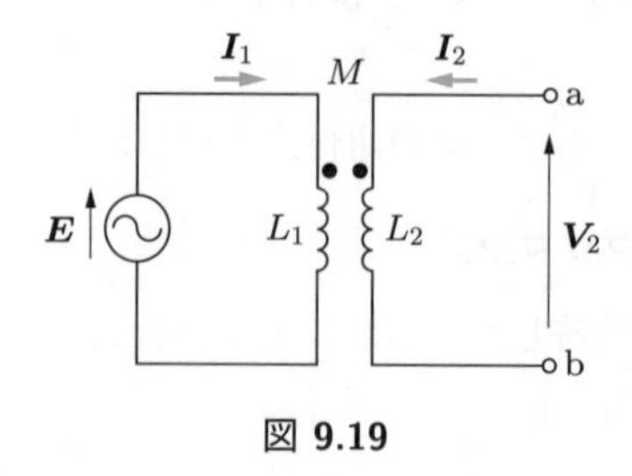

図 9.19

9.4　**【2 次側短絡電流】**　**図 9.20** に示す差動結合の相互誘導回路がある．1 次側に交流電圧 $\boldsymbol{E}$ を接続し，2 次側を短絡する．2 次側に流れる電流 $\boldsymbol{I}_2$ を，1 次側および 2 次側のそれぞれに対して，キルヒホッフの第二法則を適用することによって求めよ．

9.5　**【和動結合回路】**　**図 9.21** に示す和動結合の相互誘導回路がある．端子 c–d を開放した場合，および短絡した場合のそれぞれに対して，端子 a–b から見たインピーダンス $\boldsymbol{Z}_{\text{open}}$ および $\boldsymbol{Z}_{\text{short}}$ を，これらの等価回路を考えて求めよ．また，$\boldsymbol{Z}_{\text{short}}$ の値から，相互インダクタンス M のとり得る値の範囲を示せ．

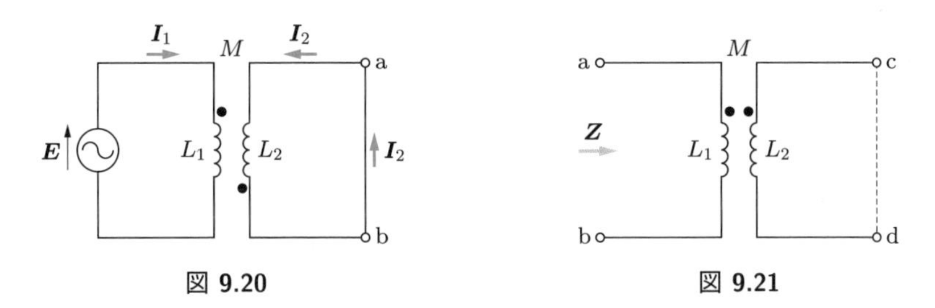

図 9.20　　　　図 9.21

9.6　**【差動結合回路】**　**図 9.22** に示す差動結合の相互誘導回路がある．$L_1 = 12$ [mH], $L_2 = 8$ [mH], $M = 2$ [mH]，交流電源の電圧は $\boldsymbol{E} = 100\angle 0^\circ$ [V]，角周波数は $\omega = 1000$ [rad/s] である．このとき，端子 a–b 間の電圧 $\boldsymbol{V}_{\text{ab}}$ を求めよ．

9.7　**【相互誘導回路】**　**図 9.23** に示す和動結合の相互誘導回路がある．ここで，$L_1 = 12$ [mH], $L_2 = 30$ [mH], $M = 10$ [mH], $R = 40$ [Ω], $L = 20$ [mH], $C = 20$ [μF], $\omega = 1000$ [rad/s] である．このとき，1 次側から見たインピーダンス $\boldsymbol{Z}$ を，直交座標形式および極座標形式で求めよ．次に，この回路の 1 次側に，$\boldsymbol{E} = 100\angle 0^\circ$ [V]，角周波数 $\omega = 1000$ [rad/s] の交流電圧を加えたとき，$\boldsymbol{Z}$，1 次側を流れる電流 $\boldsymbol{I}_1$，および $\boldsymbol{E}$ のフェーザ図を描け．なお，相互誘導回路のコイル L_1 および L_2 と，2 次側のコイル L との間の，相互誘導は無視できるものとする．

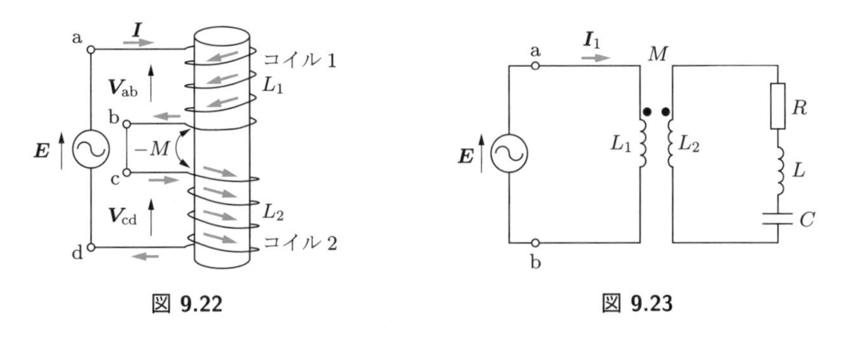

図 9.22　　　　図 9.23

10章　2端子対回路の行列表現

二つの端子がペアで存在するものを，端子対という．どんなに複雑な回路であっても，回路の入力側と出力側が区別されており，入力側の端子対に現れる電圧および電流と，出力側の端子対に現れる電圧および電流との関係がはっきりしていれば，その回路の電気的特性を決定することができる．この考え方は，二つの離れた地点間の信号やエネルギーのやりとりを考える際に重要となる．この章では，まず，入力側と出力側の電気特性の関係を決める3種類の行列表現について学ぶ．さらに，これらの2端子対回路を，直列接続，並列接続，そして縦続接続した場合の，接続後の全体としての行列表現について述べる．最後に，2端子対回路のある行列表現から，別の行列表現へ等価変換するために必要な，異なった行列間の関係式を明らかにしていく．

10.1　2端子対回路とは

図10.1は，入力側および出力側それぞれに端子対を備えた回路である．端子対が2組あるので，この回路を**2端子対回路**という．この回路の電気特性を理解するうえで，この回路の具体的な中身がわからなくてもかまわない．すなわち，どのような素子がどのように接続されているか，という情報がないブラックボックスであってもかまわない．この回路が，どの程度の複雑さをもった回路構成であるかはわからないが，ここでは一般化して，この回路のことを，**回路網**とよぶことにしよう．これから述べるように，入力側および出力側それぞれの，端子対間に発生する電圧と端子に流れる電流の，これら合計四つのパラメータ間の関係を明確にすれば，この回路を特徴づけることができる．

図10.2に示すように，2端子対回路は，端子 1-$1'$ 間の電圧 $\boldsymbol{V}_1$ と，端子1に流れ込み，端子 $1'$ から流れ出す電流 $\boldsymbol{I}_1$，および端子 2-$2'$ 間の電圧 $\boldsymbol{V}_2$ と，端子2に流れ

図 10.1　2端子対回路

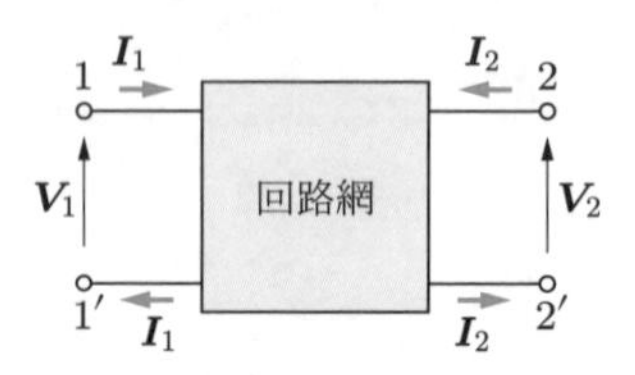

図 10.2　2端子対回路の電圧と電流

込み，端子 2′ から流れ出す電流 $\boldsymbol{I}_2$ の四つのパラメータで表現する．なお，あとで具体的に説明するが，$\boldsymbol{I}_2$ の電流の向きを逆にとる場合もある．

2 端子対回路では，$\boldsymbol{V}_1$, $\boldsymbol{I}_1$, $\boldsymbol{V}_2$, $\boldsymbol{I}_2$ の四つから二つを選び出して，これらを他の二つを用いて表現する．この関係は，行列で表すことができる．2 端子対回路にはいくつかの行列表現方法があるが，この本では，重要な三つの方法を取り上げる．

図 10.2 に戻って，この 2 端子対回路を扱うための条件を確認しておこう．

(1) 入力側の一方の端子に流れ込んだ電流は，そのまま入力側のもう一方の端子から流れ出す．同様に，出力側の片方の端子に流れ込んだ電流は，そのまま出力側のもう一方の端子から流れ出す．
(2) 回路網内部には電源を含まない．
(3) 回路は線形であり，重ね合わせの理が成り立つ．

10.2 インピーダンス行列（Z 行列）

図 10.3 の 2 端子対回路において，電圧 $\boldsymbol{V}_1$, $\boldsymbol{V}_2$ と電流 $\boldsymbol{I}_1$, $\boldsymbol{I}_2$ の関係を，次のように表現することができる．

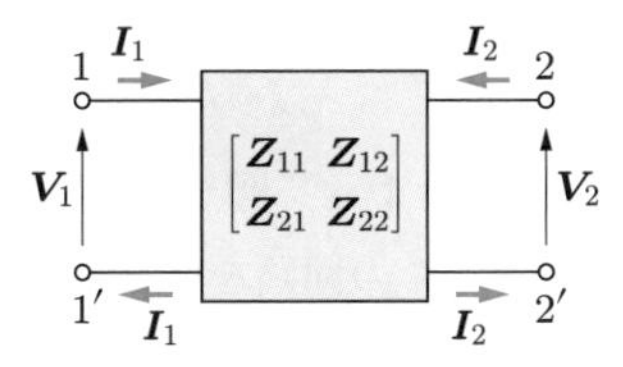

図 10.3 インピーダンス行列

▶ **インピーダンス行列**

$$\left.\begin{aligned} \boldsymbol{V}_1 &= \boldsymbol{Z}_{11}\boldsymbol{I}_1 + \boldsymbol{Z}_{12}\boldsymbol{I}_2 \\ \boldsymbol{V}_2 &= \boldsymbol{Z}_{21}\boldsymbol{I}_1 + \boldsymbol{Z}_{22}\boldsymbol{I}_2 \end{aligned}\right\} \tag{10.1}$$

このとき，$\boldsymbol{Z}_{11}$, $\boldsymbol{Z}_{12}$, $\boldsymbol{Z}_{21}$, $\boldsymbol{Z}_{22}$ を，**Z パラメータ**（**インピーダンスパラメータ**）という．単位はオーム [Ω] である．この関係を行列を用いて表現すると，次のようになる．

$$\begin{bmatrix} \boldsymbol{V}_1 \\ \boldsymbol{V}_2 \end{bmatrix} = \begin{bmatrix} \boldsymbol{Z}_{11} & \boldsymbol{Z}_{12} \\ \boldsymbol{Z}_{21} & \boldsymbol{Z}_{22} \end{bmatrix} \begin{bmatrix} \boldsymbol{I}_1 \\ \boldsymbol{I}_2 \end{bmatrix} = [\boldsymbol{Z}] \begin{bmatrix} \boldsymbol{I}_1 \\ \boldsymbol{I}_2 \end{bmatrix} \tag{10.2}$$

四つの $\boldsymbol{Z}$ パラメータをもつこの行列 $[\boldsymbol{Z}]$ を，**Z 行列**（**インピーダンス行列**）という．

ここで，四つの $\boldsymbol{Z}$ パラメータの物理的意味を理解するために，以下の二つの条件 (1) および (2) を設定して考えていこう．式 (10.1) を見ながら，以下の式 (10.3), (10.4) を確認してほしい．

(1) 図 10.3 の出力端子 2-2′ を開放した場合，すなわち $\boldsymbol{I}_2 = 0$ の場合を考える．このとき，$\boldsymbol{Z}_{11}$ は，$\boldsymbol{V}_1$ と $\boldsymbol{I}_1$ との関係を表し，端子 1-1′ から見た**開放駆動点インピーダンス**とよばれる．また，$\boldsymbol{Z}_{21}$ は，$\boldsymbol{V}_2$ と $\boldsymbol{I}_1$ との関係を表し，端子 1-1′ から見た**開放伝達インピーダンス**とよばれる．

$$\boldsymbol{Z}_{11} = \left(\frac{\boldsymbol{V}_1}{\boldsymbol{I}_1}\right)_{\boldsymbol{I}_2=0}, \quad \boldsymbol{Z}_{21} = \left(\frac{\boldsymbol{V}_2}{\boldsymbol{I}_1}\right)_{\boldsymbol{I}_2=0} \tag{10.3}$$

同じ端子側内の関係を表す場合には，「駆動点」という用語を用いる．入力側と出力側の端子間の関係を表す場合には，情報が回路網を伝わることに着目して，「伝達」という用語を用いる．

(2) 次に，入力端子 1-1′ を開放した場合，すなわち $\boldsymbol{I}_1 = 0$ の場合を考える．このとき，$\boldsymbol{Z}_{12}$ は，$\boldsymbol{V}_1$ と $\boldsymbol{I}_2$ との関係を表し，端子 2-2′ から見た**開放伝達インピーダンス**とよばれる．また，$\boldsymbol{Z}_{22}$ は，$\boldsymbol{V}_2$ と $\boldsymbol{I}_2$ との関係を表し，端子 2-2′ から見た**開放駆動点インピーダンス**とよばれる．

$$\boldsymbol{Z}_{12} = \left(\frac{\boldsymbol{V}_1}{\boldsymbol{I}_2}\right)_{\boldsymbol{I}_1=0}, \quad \boldsymbol{Z}_{22} = \left(\frac{\boldsymbol{V}_2}{\boldsymbol{I}_2}\right)_{\boldsymbol{I}_1=0} \tag{10.4}$$

具体的な回路を取り上げて考えてみよう．**図 10.4** は，インピーダンス $\boldsymbol{Z}_1$, $\boldsymbol{Z}_2$, $\boldsymbol{Z}_3$ が T 字形に配置された回路である．この回路を **T 形回路**という．ここで，**図 10.5** のように閉回路 S_1 および S_2 を考える．点 A においてキルヒホッフの第一法則を，二つの閉回路に沿ってキルヒホッフの第二法則を適用する．

$$\boldsymbol{I}_3 = \boldsymbol{I}_1 + \boldsymbol{I}_2 \tag{10.5}$$

$$\boldsymbol{V}_1 = \boldsymbol{Z}_1\boldsymbol{I}_1 + \boldsymbol{Z}_2\boldsymbol{I}_3, \quad \boldsymbol{V}_2 = \boldsymbol{Z}_3\boldsymbol{I}_2 + \boldsymbol{Z}_2\boldsymbol{I}_3 \tag{10.6}$$

式 (10.5) を，式 (10.6) に代入して整理すると，

$$\boldsymbol{V}_1 = \boldsymbol{Z}_1\boldsymbol{I}_1 + \boldsymbol{Z}_2(\boldsymbol{I}_1 + \boldsymbol{I}_2) = (\boldsymbol{Z}_1 + \boldsymbol{Z}_2)\boldsymbol{I}_1 + \boldsymbol{Z}_2\boldsymbol{I}_2 \tag{10.7}$$

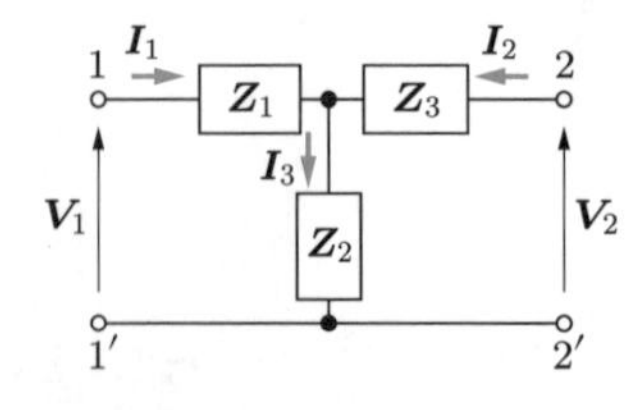

図 10.4　T 形回路

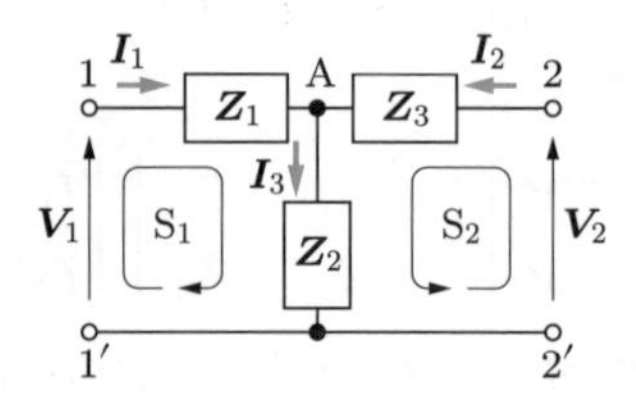

図 10.5　T 形回路の解析

$$\boldsymbol{V}_2 = \boldsymbol{Z}_3\boldsymbol{I}_2 + \boldsymbol{Z}_2(\boldsymbol{I}_1 + \boldsymbol{I}_2) = \boldsymbol{Z}_2\boldsymbol{I}_1 + (\boldsymbol{Z}_2 + \boldsymbol{Z}_3)\boldsymbol{I}_2 \tag{10.8}$$

となる．これを行列を用いて表現し直すと，次式となる．

$$\begin{bmatrix}\boldsymbol{V}_1\\ \boldsymbol{V}_2\end{bmatrix} = \begin{bmatrix}\boldsymbol{Z}_1 + \boldsymbol{Z}_2 & \boldsymbol{Z}_2\\ \boldsymbol{Z}_2 & \boldsymbol{Z}_2 + \boldsymbol{Z}_3\end{bmatrix}\begin{bmatrix}\boldsymbol{I}_1\\ \boldsymbol{I}_2\end{bmatrix} \tag{10.9}$$

例題 10.1　図 10.4 で与えられる T 形回路の $\boldsymbol{Z}$ パラメータを，式 (10.7), (10.8) の計算結果に対して，式 (10.3), (10.4) の定義を適用して求めよ．

解答　出力端子 2-2′ を開放すると，$\boldsymbol{I}_2 = 0$ であるので，式 (10.3) を用いて，$\boldsymbol{Z}_{11}$, $\boldsymbol{Z}_{21}$ は次のようになる．

$$\boldsymbol{Z}_{11} = \left(\frac{\boldsymbol{V}_1}{\boldsymbol{I}_1}\right)_{\boldsymbol{I}_2=0} = \boldsymbol{Z}_1 + \boldsymbol{Z}_2, \quad \boldsymbol{Z}_{21} = \left(\frac{\boldsymbol{V}_2}{\boldsymbol{I}_1}\right)_{\boldsymbol{I}_2=0} = \boldsymbol{Z}_2$$

次に，入力端子 1-1′ を開放した $\boldsymbol{I}_1 = 0$ の場合を考える．式 (10.4) を用いて，$\boldsymbol{Z}_{12}$, $\boldsymbol{Z}_{22}$ は次のようになる．

$$\boldsymbol{Z}_{12} = \left(\frac{\boldsymbol{V}_1}{\boldsymbol{I}_2}\right)_{\boldsymbol{I}_1=0} = \boldsymbol{Z}_2, \quad \boldsymbol{Z}_{22} = \left(\frac{\boldsymbol{V}_2}{\boldsymbol{I}_2}\right)_{\boldsymbol{I}_1=0} = \boldsymbol{Z}_2 + \boldsymbol{Z}_3$$

以上の結果は，式 (10.9) の各行列要素と一致している．

式 (10.2) と式 (10.9) の両者を比べると，T 形回路の $\boldsymbol{Z}$ 行列は，次のようになる．

▶ T 形回路の Z 行列

$$[\boldsymbol{Z}] = \begin{bmatrix}\boldsymbol{Z}_{11} & \boldsymbol{Z}_{12}\\ \boldsymbol{Z}_{21} & \boldsymbol{Z}_{22}\end{bmatrix} = \begin{bmatrix}\boldsymbol{Z}_1 + \boldsymbol{Z}_2 & \boldsymbol{Z}_2\\ \boldsymbol{Z}_2 & \boldsymbol{Z}_2 + \boldsymbol{Z}_3\end{bmatrix} \tag{10.10}$$

例題 10.2　**図 10.6** の回路の $\boldsymbol{Z}$ パラメータを，式 (10.3), (10.4) の定義を用いて求めよ．

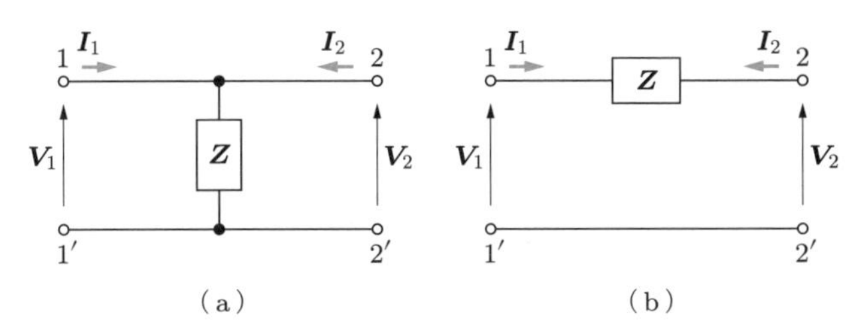

図 10.6　例題 10.2

解答　まず，図 (a) の回路を考える．端子 2-2′ を開放して，$\boldsymbol{I}_2 = 0$ とすると，

$$\boldsymbol{V}_1 = \boldsymbol{V}_2 = \boldsymbol{Z}\boldsymbol{I}_1$$

の関係が成り立つので，式 (10.3) を用いて，次のようになる．

$$\boldsymbol{Z}_{11} = \left(\frac{\boldsymbol{V}_1}{\boldsymbol{I}_1}\right)_{\boldsymbol{I}_2=0} = \boldsymbol{Z}, \quad \boldsymbol{Z}_{21} = \left(\frac{\boldsymbol{V}_2}{\boldsymbol{I}_1}\right)_{\boldsymbol{I}_2=0} = \boldsymbol{Z}$$

端子 1-1′ を開放して，$\boldsymbol{I}_1 = 0$ とすると，

$$\boldsymbol{V}_1 = \boldsymbol{V}_2 = \boldsymbol{Z}\boldsymbol{I}_2$$

の関係が成り立つので，式 (10.4) を用いて，次のようになる．

$$\boldsymbol{Z}_{12} = \left(\frac{\boldsymbol{V}_1}{\boldsymbol{I}_2}\right)_{\boldsymbol{I}_1=0} = \boldsymbol{Z}, \quad \boldsymbol{Z}_{22} = \left(\frac{\boldsymbol{V}_2}{\boldsymbol{I}_2}\right)_{\boldsymbol{I}_1=0} = \boldsymbol{Z}$$

次に，図 (b) の回路を考える．この場合には，線路 1-2 と線路 1′-2′ 間の電圧 $\boldsymbol{V}_1$, $\boldsymbol{V}_2$ を，電流 $\boldsymbol{I}_1$, $\boldsymbol{I}_2$ の関数として表すことができない．よって，図 (b) の回路に対しては，$\boldsymbol{Z}$ パラメータを定義することはできない．

例題 10.3　図 10.7 の回路の $\boldsymbol{Z}$ パラメータを求めよ．ただし，抵抗 $R = 10$ [Ω]，インダクタンス $L = 20$ [mH]，キャパシタンス $C = 200$ [μF]，角周波数 $\omega = 500$ [rad/s] とする．

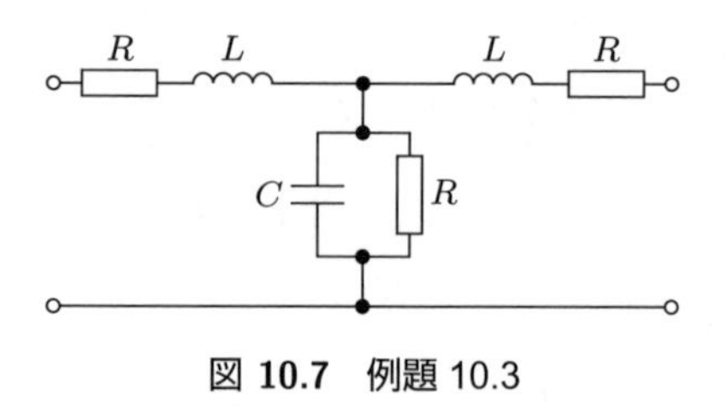

図 10.7　例題 10.3

解答　この回路は T 形回路である．図 10.4 の T 形回路と対応させる．

$$\boldsymbol{Z}_1 = \boldsymbol{Z}_3 = R + j\omega L = 10 + j500 \times 0.02 = 10 + j10$$

$$\boldsymbol{Z}_2 = \frac{R \times \dfrac{1}{j\omega C}}{R + \left(\dfrac{1}{j\omega C}\right)} = \frac{10 \times \dfrac{1}{j500 \times 200 \times 10^{-6}}}{10 + \left(\dfrac{1}{j500 \times 200 \times 10^{-6}}\right)} = \frac{10 \times \dfrac{1}{j0.1}}{10 + \dfrac{1}{j0.1}}$$

$$= \frac{10}{1 + j1} = \frac{10(1 - j1)}{(1 + j1)(1 - j1)} = \frac{10(1 - j1)}{1^2 + 1^2} = 5 - j5$$

よって，式 (10.10) を用いて，次のようになる．

$$\boldsymbol{Z}_{11} = \boldsymbol{Z}_1 + \boldsymbol{Z}_2 = (10 + j10) + (5 - j5) = 15 + j5 \ [\Omega]$$

$$\boldsymbol{Z}_{21} = \boldsymbol{Z}_{12} = \boldsymbol{Z}_2 = 5 - j5 \ [\Omega]$$

$$\boldsymbol{Z}_{22} = \boldsymbol{Z}_2 + \boldsymbol{Z}_3 = 15 + j5 \ [\Omega]$$

10.3　Z 行列の直列接続

Z 行列で表される二つの回路網（回路網 1, 2）を，**図 10.8** のように接続する方法を**直列接続**という．ここで，回路網 1, 2 に対して，入力電流は共通に等しく，また，出力電流は共通に等しくなるように接続されている．接続後の全体の回路網の入力電圧は，二つの回路網の入力電圧を足し合わせたものとなる．同様に，全体の回路網の出力電圧は，二つの回路網の出力電圧を足し合わせたものとなる．これから説明するように，Z 行列は，複数の回路網を直列接続する際に，取り扱いの便利な表現形式である．

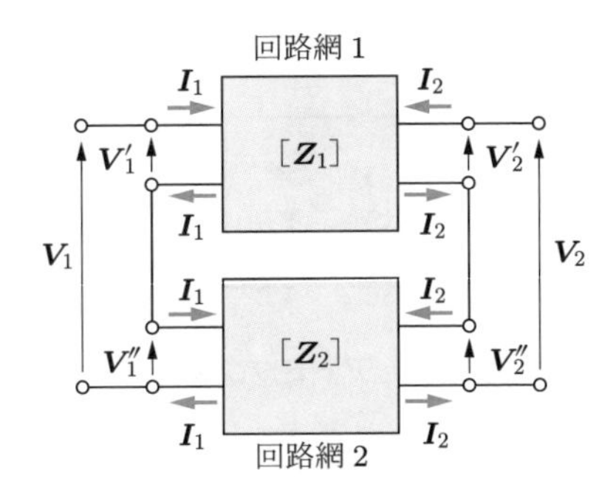

図 10.8　回路網の直列接続

回路網 1, 2 は，式 (10.2) より，Z 行列を用いて次のように表現できる．

$$\begin{bmatrix} \boldsymbol{V}_1' \\ \boldsymbol{V}_2' \end{bmatrix} = [\boldsymbol{Z}_1] \begin{bmatrix} \boldsymbol{I}_1 \\ \boldsymbol{I}_2 \end{bmatrix}, \quad \begin{bmatrix} \boldsymbol{V}_1'' \\ \boldsymbol{V}_2'' \end{bmatrix} = [\boldsymbol{Z}_2] \begin{bmatrix} \boldsymbol{I}_1 \\ \boldsymbol{I}_2 \end{bmatrix} \tag{10.11}$$

入力側および出力側において，二つの回路網の電圧の足し算を行うと，次のようになる．

$$\begin{bmatrix} \boldsymbol{V}_1 \\ \boldsymbol{V}_2 \end{bmatrix} = \begin{bmatrix} \boldsymbol{V}_1' \\ \boldsymbol{V}_2' \end{bmatrix} + \begin{bmatrix} \boldsymbol{V}_1'' \\ \boldsymbol{V}_2'' \end{bmatrix} = [\boldsymbol{Z}_1] \begin{bmatrix} \boldsymbol{I}_1 \\ \boldsymbol{I}_2 \end{bmatrix} + [\boldsymbol{Z}_2] \begin{bmatrix} \boldsymbol{I}_1 \\ \boldsymbol{I}_2 \end{bmatrix} = \left([\boldsymbol{Z}_1] + [\boldsymbol{Z}_2]\right) \begin{bmatrix} \boldsymbol{I}_1 \\ \boldsymbol{I}_2 \end{bmatrix} \tag{10.12}$$

したがって，次のようにまとめられる．

▶ 2 端子対回路の直列接続

二つの 2 端子対回路を直列接続した回路網全体の Z 行列は，それぞれの 2 端子対回路の Z 行列の和で与えられる．

$$[\boldsymbol{Z}] = [\boldsymbol{Z}_1] + [\boldsymbol{Z}_2] \tag{10.13}$$

5章で学んだ，複数の素子が直列接続された回路におけるオームの法則を思い出そう．この場合，各素子を流れる電流 $\boldsymbol{I}$ は共通で等しく，全体の電圧 $\boldsymbol{V}$ は各素子の両端の電圧の和であった．また，全体のインピーダンスは各素子のインピーダンスの和で表された．このことをふまえると，図10.8の2端子対回路の接続法を，「直列」接続とよぶ理由が理解できるだろう．

10.4　アドミタンス行列（Y 行列）

図10.9 の2端子対回路において，電流 $\boldsymbol{I}_1$, $\boldsymbol{I}_2$ と電圧 $\boldsymbol{V}_1$, $\boldsymbol{V}_2$ の関係を，次のように表現することができる．

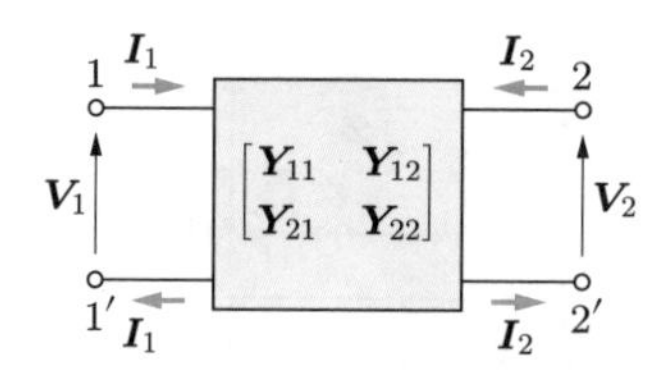

図10.9　アドミタンス行列

▶ アドミタンス行列

$$
\left.
\begin{aligned}
\boldsymbol{I}_1 &= \boldsymbol{Y}_{11}\boldsymbol{V}_1 + \boldsymbol{Y}_{12}\boldsymbol{V}_2 \\
\boldsymbol{I}_2 &= \boldsymbol{Y}_{21}\boldsymbol{V}_1 + \boldsymbol{Y}_{22}\boldsymbol{V}_2
\end{aligned}
\right\}
\tag{10.14}
$$

このとき，$\boldsymbol{Y}_{11}$, $\boldsymbol{Y}_{12}$, $\boldsymbol{Y}_{21}$, $\boldsymbol{Y}_{22}$ を，Y パラメータ（アドミタンスパラメータ）という．単位はジーメンス [S] である．この関係を行列を用いて表現すると，次のようになる．

$$
\begin{bmatrix} \boldsymbol{I}_1 \\ \boldsymbol{I}_2 \end{bmatrix} = \begin{bmatrix} \boldsymbol{Y}_{11} & \boldsymbol{Y}_{12} \\ \boldsymbol{Y}_{21} & \boldsymbol{Y}_{22} \end{bmatrix} \begin{bmatrix} \boldsymbol{V}_1 \\ \boldsymbol{V}_2 \end{bmatrix} = [\boldsymbol{Y}] \begin{bmatrix} \boldsymbol{V}_1 \\ \boldsymbol{V}_2 \end{bmatrix}
\tag{10.15}
$$

四つの $\boldsymbol{Y}$ パラメータをもつこの行列 $[\boldsymbol{Y}]$ を，Y 行列（アドミタンス行列）という．

四つの $\boldsymbol{Y}$ パラメータの物理的意味を理解するために，以下の二つの条件 (1) および (2) を設定して考えていこう．式 (10.14) を見ながら，以下の式 (10.16), (10.17) を確認してほしい．

(1) まず，図10.9の出力端子 2-2′ を短絡した $\boldsymbol{V}_2 = 0$ の場合を考える．このとき，$\boldsymbol{Y}_{11}$ は，$\boldsymbol{I}_1$ と $\boldsymbol{V}_1$ との関係を表し，端子 1-1′ から見た短絡駆動点アドミタンスとよばれる．また，$\boldsymbol{Y}_{21}$ は，$\boldsymbol{I}_2$ と $\boldsymbol{V}_1$ との関係を表し，端子 1-1′ から見た短絡伝

達アドミタンスとよばれる．

$$\boldsymbol{Y}_{11} = \left(\frac{\boldsymbol{I}_1}{\boldsymbol{V}_1}\right)_{\boldsymbol{V}_2=0}, \quad \boldsymbol{Y}_{21} = \left(\frac{\boldsymbol{I}_2}{\boldsymbol{V}_1}\right)_{\boldsymbol{V}_2=0} \tag{10.16}$$

$\boldsymbol{Z}$ パラメータと同様に，同じ端子側内の関係を表す場合には，「駆動点」を用い，入力側と出力側の端子間の関係を表す場合には，「伝達」を用いる．

(2) 次に，入力端子 1-1′ を短絡した $\boldsymbol{V}_1 = 0$ の場合を考える．このとき，$\boldsymbol{Y}_{12}$ は，$\boldsymbol{I}_1$ と $\boldsymbol{V}_2$ との関係を表し，端子 2-2′ から見た短絡伝達アドミタンスとよばれる．また，$\boldsymbol{Y}_{22}$ は，$\boldsymbol{I}_2$ と $\boldsymbol{V}_2$ との関係を表し，端子 2-2′ から見た短絡駆動点アドミタンスとよばれる．

$$\boldsymbol{Y}_{12} = \left(\frac{\boldsymbol{I}_1}{\boldsymbol{V}_2}\right)_{\boldsymbol{V}_1=0}, \quad \boldsymbol{Y}_{22} = \left(\frac{\boldsymbol{I}_2}{\boldsymbol{V}_2}\right)_{\boldsymbol{V}_1=0} \tag{10.17}$$

具体的な回路を取り上げて考えてみよう．**図 10.10** は，アドミタンス $\boldsymbol{Y}_1$, $\boldsymbol{Y}_2$, $\boldsymbol{Y}_3$ が，π 字形に配置された回路である．この回路を π 形回路という．この回路の $\boldsymbol{Y}$ パラメータを求めてみよう．

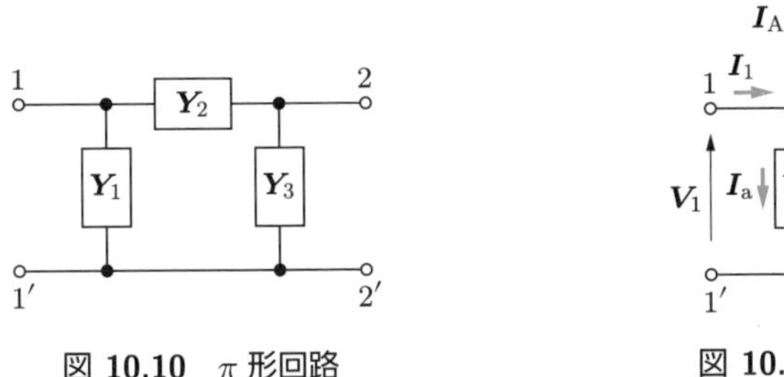

図 10.10　π 形回路

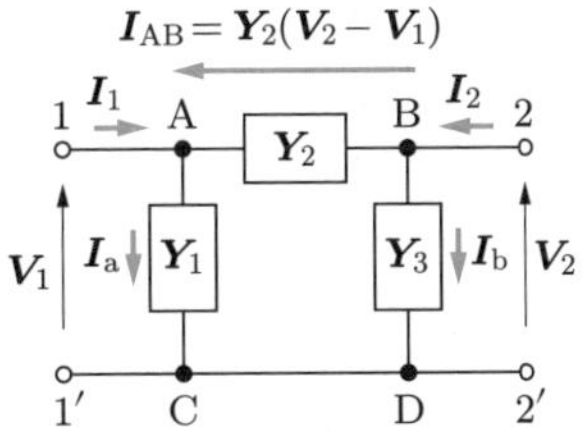

図 10.11　π 形回路の解析

解析を理解しやすくするために，**図 10.11** のように，いくつかの補助的な変数を導入する．次式のように，節点 A において，キルヒホッフの第一法則を適用する．

$$\boldsymbol{I}_a = \boldsymbol{I}_1 + \boldsymbol{I}_{AB} \tag{10.18}$$

ここで，$\boldsymbol{I}_{AB}$ は，点 B から点 A に向かい，節点 A に流入すると仮定した電流である．この場合，点 B のほうが点 A より電位が高いと仮定している．B-A 間の電位差は $\boldsymbol{V}_2 - \boldsymbol{V}_1$ となるので，$\boldsymbol{I}_{AB}$ は次のように表される．

$$\boldsymbol{I}_{AB} = \boldsymbol{Y}_2(\boldsymbol{V}_2 - \boldsymbol{V}_1) \tag{10.19}$$

一方，A-C 間を流れる電流 $\boldsymbol{I}_a$ は，

$$\boldsymbol{I}_a = \boldsymbol{Y}_1\boldsymbol{V}_1 \tag{10.20}$$

と表されるので，式 (10.19), (10.20) を式 (10.18) に代入して整理すると，

$$\boldsymbol{I}_1 = (\boldsymbol{Y}_1 + \boldsymbol{Y}_2)\boldsymbol{V}_1 - \boldsymbol{Y}_2\boldsymbol{V}_2 \tag{10.21}$$

となる．同様にして，節点Bにおいて，キルヒホッフの第一法則を適用する．

$$\boldsymbol{I}_{\mathrm{b}} + \boldsymbol{I}_{\mathrm{AB}} = \boldsymbol{I}_2 \tag{10.22}$$

一方，B-D間を流れる電流 $\boldsymbol{I}_{\mathrm{b}}$ は，

$$\boldsymbol{I}_{\mathrm{b}} = \boldsymbol{Y}_3\boldsymbol{V}_2 \tag{10.23}$$

なので，式(10.19), (10.23)を式(10.22)に代入して整理すると，次のようになる．

$$\boldsymbol{I}_2 = -\boldsymbol{Y}_2\boldsymbol{V}_1 + (\boldsymbol{Y}_2 + \boldsymbol{Y}_3)\boldsymbol{V}_2 \tag{10.24}$$

式(10.21)および式(10.24)を行列を用いて表現し直すと，

$$\begin{bmatrix} \boldsymbol{I}_1 \\ \boldsymbol{I}_2 \end{bmatrix} = \begin{bmatrix} \boldsymbol{Y}_1 + \boldsymbol{Y}_2 & -\boldsymbol{Y}_2 \\ -\boldsymbol{Y}_2 & \boldsymbol{Y}_2 + \boldsymbol{Y}_3 \end{bmatrix} \begin{bmatrix} \boldsymbol{V}_1 \\ \boldsymbol{V}_2 \end{bmatrix} \tag{10.25}$$

となる．式(10.15)と式(10.25)の両者を比べると，π 形回路の $\boldsymbol{Y}$ 行列は，次のようになる．

▶ π 形回路の $\boldsymbol{Y}$ 行列

$$[\boldsymbol{Y}] = \begin{bmatrix} \boldsymbol{Y}_{11} & \boldsymbol{Y}_{12} \\ \boldsymbol{Y}_{21} & \boldsymbol{Y}_{22} \end{bmatrix} = \begin{bmatrix} \boldsymbol{Y}_1 + \boldsymbol{Y}_2 & -\boldsymbol{Y}_2 \\ -\boldsymbol{Y}_2 & \boldsymbol{Y}_2 + \boldsymbol{Y}_3 \end{bmatrix} \tag{10.26}$$

例題 10.4　図 10.12 の回路の $\boldsymbol{Y}$ パラメータを求めよ．ただし，抵抗 $R = 30$ [Ω]，インダクタンス $L = 100$ [mH]，キャパシタンス $C = 200$ [μF]，角周波数 $\omega = 500$ [rad/s] とする．

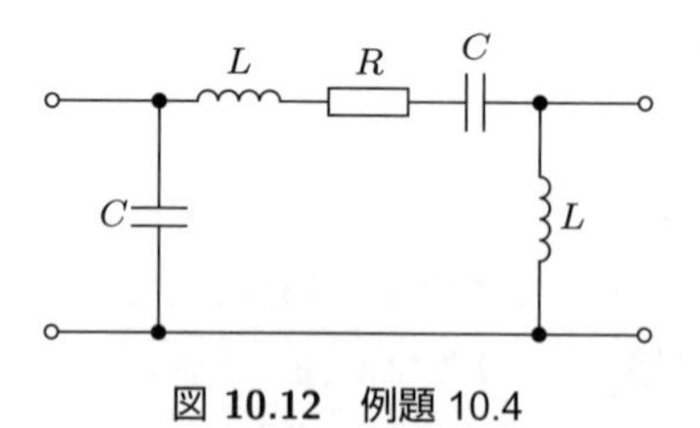

図 10.12　例題 10.4

解答　この回路は π 形回路である．図 10.10 の π 形回路と対応させる．まず，

$$\omega L = 500 \times 100 \times 10^{-3} = 50, \quad \omega C = 500 \times 200 \times 10^{-6} = 0.1$$

であるので，

$$\boldsymbol{Y}_1 = j\omega C = j0.1 \text{ [S]}$$

$$\boldsymbol{Y}_2 = \frac{1}{R + j\left(\omega L - \dfrac{1}{\omega C}\right)} = \frac{1}{30 + j\left(50 - \dfrac{1}{0.1}\right)} = \frac{1}{30 + j40}$$

$$= \frac{30 - j40}{(30 + j40)(30 - j40)} = \frac{30 - j40}{30^2 + 40^2} = \frac{30 - j40}{2500} = 0.012 - j0.016 \text{ [S]}$$

$$\boldsymbol{Y}_3 = \frac{1}{j\omega L} = -j\frac{1}{50} = -j0.02 \text{ [S]}$$

となる．よって，式 (10.26) を用いて，次のようになる．

$$\boldsymbol{Y}_{11} = \boldsymbol{Y}_1 + \boldsymbol{Y}_2 = j0.1 + (0.012 - j0.016) = 0.012 + j0.084 \text{ [S]}$$

$$\boldsymbol{Y}_{21} = \boldsymbol{Y}_{12} = -\boldsymbol{Y}_2 = -0.012 + j0.016 \text{ [S]}$$

$$\boldsymbol{Y}_{22} = \boldsymbol{Y}_2 + \boldsymbol{Y}_3 = 0.012 - j0.036 \text{ [S]}$$

10.5　$\boldsymbol{Y}$ 行列の並列接続

$\boldsymbol{Y}$ 行列で表される二つの回路網 1, 2 を，**図 10.13** のように接続する方法を**並列接続**という．ここで，回路網 1, 2 に対して，お互いの入力電圧が等しく，また，お互いの出力電圧が等しくなるように接続されている．接続後の全体の回路網の入力電流は，二つの回路網の入力電流を足し合わせたものとなる．同様に，全体の回路網の出力電流は，二つの回路網の出力電流を足し合わせたものとなる．これから説明するように，$\boldsymbol{Y}$ 行列は，複数の回路網を並列接続する際に，取り扱いの便利な表現形式である．

回路網 1, 2 は，式 (10.15) より，$\boldsymbol{Y}$ 行列を用いて次のように表現できる．

$$\begin{bmatrix} \boldsymbol{I}_1' \\ \boldsymbol{I}_2' \end{bmatrix} = [\boldsymbol{Y}_1] \begin{bmatrix} \boldsymbol{V}_1 \\ \boldsymbol{V}_2 \end{bmatrix}, \quad \begin{bmatrix} \boldsymbol{I}_1'' \\ \boldsymbol{I}_2'' \end{bmatrix} = [\boldsymbol{Y}_2] \begin{bmatrix} \boldsymbol{V}_1 \\ \boldsymbol{V}_2 \end{bmatrix} \tag{10.27}$$

入力側および出力側において，二つの回路網の電流の足し算を行うと，次のようになる．

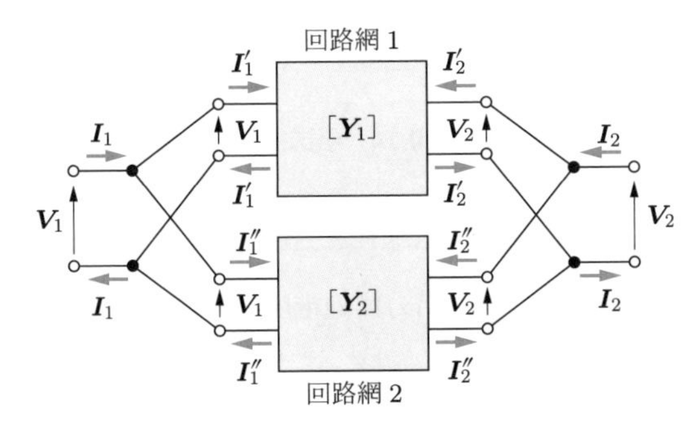

図 10.13　回路網の並列接続

$$\begin{bmatrix} \boldsymbol{I}_1 \\ \boldsymbol{I}_2 \end{bmatrix} = \begin{bmatrix} \boldsymbol{I}_1' \\ \boldsymbol{I}_2' \end{bmatrix} + \begin{bmatrix} \boldsymbol{I}_1'' \\ \boldsymbol{I}_2'' \end{bmatrix} = [\boldsymbol{Y}_1] \begin{bmatrix} \boldsymbol{V}_1 \\ \boldsymbol{V}_2 \end{bmatrix} + [\boldsymbol{Y}_2] \begin{bmatrix} \boldsymbol{V}_1 \\ \boldsymbol{V}_2 \end{bmatrix} = ([\boldsymbol{Y}_1] + [\boldsymbol{Y}_2]) \begin{bmatrix} \boldsymbol{V}_1 \\ \boldsymbol{V}_2 \end{bmatrix} \tag{10.28}$$

したがって，次のようにまとめられる．

▶ 2 端子対回路の並列接続

二つの 2 端子対回路を並列接続した回路網全体の $\boldsymbol{Y}$ 行列は，それぞれの 2 端子対回路の $\boldsymbol{Y}$ 行列の和で与えられる．

$$[\boldsymbol{Y}] = [\boldsymbol{Y}_1] + [\boldsymbol{Y}_2] \tag{10.29}$$

5 章で学んだように，複数の素子が並列接続された回路では，各素子の両端の電圧 $\boldsymbol{V}$ は共通で等しく，全体の電流 $\boldsymbol{I}$ は各素子を流れる電流の和であった．また，全体のアドミタンスは各素子のアドミタンスの和で表された．このことをふまえると，図 10.13 の 2 端子対回路の接続法を，「並列」接続とよぶ理由が理解できるだろう．

10.6　伝送行列（$\boldsymbol{F}$ 行列）

実用的な観点からは，入力側の電圧と電流のペアを，出力側の電圧と電流のペアで表現すると大変便利である．**図 10.14** に示す 2 端子対回路を考える．ここで注意しなければならない点は，$\boldsymbol{I}_2$ の向きである．すなわち，これまでとは違い，$\boldsymbol{I}_2$ は端子 2 から流れ出す方向を正にとっている．この理由は，後に述べるように，この回路を縦続して接続する場合に，解析が大変便利になるからである．

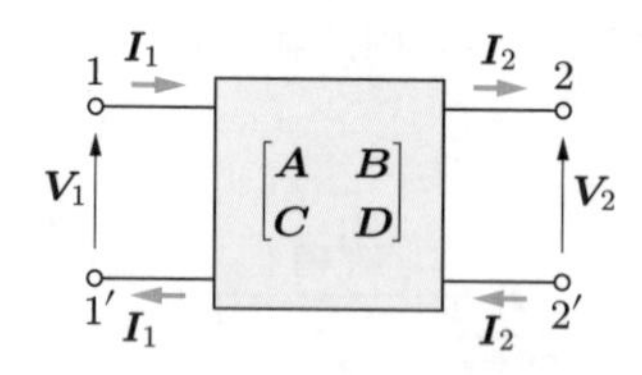

図 10.14　伝送行列

▶ 伝送行列

入力側の電圧と電流 $\boldsymbol{V}_1$, $\boldsymbol{I}_1$ は，出力側の電圧 $\boldsymbol{V}_2$, $\boldsymbol{I}_2$ と，

$$\boldsymbol{V}_1 = \boldsymbol{A}\boldsymbol{V}_2 + \boldsymbol{B}\boldsymbol{I}_2 \tag{10.30}$$

$$\boldsymbol{I}_1 = \boldsymbol{C}\boldsymbol{V}_2 + \boldsymbol{D}\boldsymbol{I}_2 \tag{10.31}$$

のように関係づけられる．このとき，$\boldsymbol{A}, \boldsymbol{B}, \boldsymbol{C}, \boldsymbol{D}$ を，**F パラメータ**（あるいは，**4 端子定数**）という．この関係を行列を用いて表現すると，次のようになる．

$$\begin{bmatrix} \boldsymbol{V}_1 \\ \boldsymbol{I}_1 \end{bmatrix} = \begin{bmatrix} \boldsymbol{A} & \boldsymbol{B} \\ \boldsymbol{C} & \boldsymbol{D} \end{bmatrix} \begin{bmatrix} \boldsymbol{V}_2 \\ \boldsymbol{I}_2 \end{bmatrix} = [\boldsymbol{F}] \begin{bmatrix} \boldsymbol{V}_2 \\ \boldsymbol{I}_2 \end{bmatrix} \tag{10.32}$$

四つの $\boldsymbol{F}$ パラメータをもつこの行列 $[\boldsymbol{F}]$ を，**F 行列（伝送行列）**という．

四つの $\boldsymbol{F}$ パラメータは，それぞれ次のような物理的意味をもつ．まず，入力端子 $1\text{-}1'$ に電圧 $\boldsymbol{V}_1$ を加え，出力端子 $2\text{-}2'$ を開放して $\boldsymbol{I}_2 = 0$ とすると，式 (10.30) は，

$$\boldsymbol{V}_1 = \boldsymbol{A}\boldsymbol{V}_2 \tag{10.33}$$

となる．これより，次のようになる．

$$\boldsymbol{A} = \left(\frac{\boldsymbol{V}_1}{\boldsymbol{V}_2}\right)_{\boldsymbol{I}_2=0} \tag{10.34}$$

よって，$\boldsymbol{A}$ は，出力端子を開放した際の，出力端子電圧 $\boldsymbol{V}_2$ と入力端子電圧 $\boldsymbol{V}_1$ の比を表す．$\boldsymbol{A}$ は無次元の量である．$\boldsymbol{A}$ を，出力端子開放のときの**電圧伝送係数**という．

次に，入力端子 $1\text{-}1'$ に電圧 $\boldsymbol{V}_1$ を加え，出力端子 $2\text{-}2'$ を短絡して $\boldsymbol{V}_2 = 0$ とすると，式 (10.30) は，

$$\boldsymbol{V}_1 = \boldsymbol{B}\boldsymbol{I}_2 \tag{10.35}$$

となる．これより，次のようになる．

$$\boldsymbol{B} = \left(\frac{\boldsymbol{V}_1}{\boldsymbol{I}_2}\right)_{\boldsymbol{V}_2=0} \tag{10.36}$$

よって，$\boldsymbol{B}$ は，出力端子を短絡した際の，出力端子電流 $\boldsymbol{I}_2$ と入力端子電圧 $\boldsymbol{V}_1$ の比を表す．$\boldsymbol{B}$ はインピーダンスの次元をもち，単位は [Ω] である．$\boldsymbol{B}$ を，出力端子短絡のときの**伝達インピーダンス**という．

さらに，入力端子 $1\text{-}1'$ に電流 $\boldsymbol{I}_1$ を加え，出力端子 $2\text{-}2'$ を開放して $\boldsymbol{I}_2 = 0$ とすると，式 (10.31) は，

$$\boldsymbol{I}_1 = \boldsymbol{C}\boldsymbol{V}_2 \tag{10.37}$$

となる．これより，次のようになる．

$$\boldsymbol{C} = \left(\frac{\boldsymbol{I}_1}{\boldsymbol{V}_2}\right)_{\boldsymbol{I}_2=0} \tag{10.38}$$

よって，$\boldsymbol{C}$ は，出力端子を開放した際の，出力端子電圧 $\boldsymbol{V}_2$ と入力端子電流 $\boldsymbol{I}_1$ の比を表す．$\boldsymbol{C}$ はアドミタンスの次元をもち，単位は [S] である．$\boldsymbol{C}$ を，出力端子開放のときの**伝達アドミタンス**という．

最後に，入力端子 1-1′ に電流 $\boldsymbol{I}_1$ を加え，出力端子 2-2′ を短絡して $\boldsymbol{V}_2 = 0$ とすると，式 (10.31) は，

$$\boldsymbol{I}_1 = \boldsymbol{D}\boldsymbol{I}_2 \tag{10.39}$$

となる．これより，次のようになる．

$$\boldsymbol{D} = \left(\frac{\boldsymbol{I}_1}{\boldsymbol{I}_2}\right)_{\boldsymbol{V}_2=0} \tag{10.40}$$

よって，$\boldsymbol{D}$ は，出力端子を短絡した際の，出力端子電流 $\boldsymbol{I}_2$ と入力端子電流 $\boldsymbol{I}_1$ の比を表す．$\boldsymbol{D}$ は無次元の量である．$\boldsymbol{D}$ を，出力端子短絡のときの**電流伝送係数**という．

例題 10.5　図 10.15 の回路の $\boldsymbol{F}$ 行列を，式 (10.33)〜(10.40) を用いて求めよ．

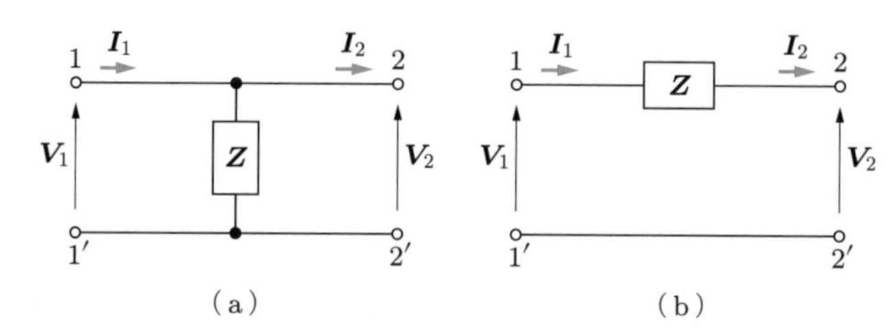

図 10.15　例題 10.5

解答　図 (a) の回路を考える．出力端子 2-2′ を開放して $\boldsymbol{I}_2 = 0$ とする．入力端子 1-1′ に，電圧 $\boldsymbol{V}_1$ を加える．$\boldsymbol{V}_1 = \boldsymbol{Z}\boldsymbol{I}_1 = \boldsymbol{V}_2$ であるので，式 (10.34) より，次式となる．

$$\boldsymbol{A} = \left(\frac{\boldsymbol{V}_1}{\boldsymbol{V}_2}\right)_{\boldsymbol{I}_2=0} = 1$$

同様に，端子 2-2′ を開放して，端子 1-1′ に電流 $\boldsymbol{I}_1$ を加える．$\boldsymbol{V}_2 = \boldsymbol{Z}\boldsymbol{I}_1$ であるので，式 (10.38) より，次式となる．

$$\boldsymbol{C} = \left(\frac{\boldsymbol{I}_1}{\boldsymbol{V}_2}\right)_{\boldsymbol{I}_2=0} = \frac{1}{\boldsymbol{Z}}$$

出力端子 2-2′ を短絡して $\boldsymbol{V}_2 = 0$ とする．入力端子 1-1′ に，電圧 $\boldsymbol{V}_1$ を加える．$\boldsymbol{V}_1 = \boldsymbol{V}_2 = 0$ なので，式 (10.36) より，次式となる．

$$\boldsymbol{B} = \left(\frac{\boldsymbol{V}_1}{\boldsymbol{I}_2}\right)_{\boldsymbol{V}_2=0} = 0$$

同様に，端子 2-2′ を短絡して，端子 1-1′ に電流 $\boldsymbol{I}_1$ を加える．$\boldsymbol{I}_1 = \boldsymbol{I}_2$ なので，式 (10.40) より，

$$\boldsymbol{D} = \left(\frac{\boldsymbol{I}_1}{\boldsymbol{I}_2}\right)_{\boldsymbol{V}_2=0} = 1$$

となる．以上の結果を整理して行列で表現すると，次のようになる．

$$[\boldsymbol{F}] = \begin{bmatrix} \boldsymbol{A} & \boldsymbol{B} \\ \boldsymbol{C} & \boldsymbol{D} \end{bmatrix} = \begin{bmatrix} 1 & 0 \\ 1/\boldsymbol{Z} & 1 \end{bmatrix}$$

次に，図 (b) の回路を考える．出力端子 2-2′ を開放して $\boldsymbol{I}_2 = 0$ とする．入力端子 1-1′ に，電圧 $\boldsymbol{V}_1$ を加える．$\boldsymbol{V}_1 = \boldsymbol{V}_2$ であるので，式 (10.34) より，次式となる．

$$\boldsymbol{A} = \left(\frac{\boldsymbol{V}_1}{\boldsymbol{V}_2}\right)_{\boldsymbol{I}_2=0} = 1$$

同様に，端子 2-2′ を開放して端子 1-1′ に電流 $\boldsymbol{I}_1$ を加える．しかし，この回路は閉回路を形成していないので，$\boldsymbol{I}_1 = \boldsymbol{I}_2 = 0$ となる．よって，式 (10.38) より，次式となる．

$$\boldsymbol{C} = \left(\frac{\boldsymbol{I}_1}{\boldsymbol{V}_2}\right)_{\boldsymbol{I}_2=0} = 0$$

出力端子 2-2′ を短絡して $\boldsymbol{V}_2 = 0$ とする．入力端子 1-1′ に，電圧 $\boldsymbol{V}_1$ を加える．$\boldsymbol{V}_1 = \boldsymbol{Z}\boldsymbol{I}_1 = \boldsymbol{Z}\boldsymbol{I}_2$ であるので，式 (10.36) より，次式となる．

$$\boldsymbol{B} = \left(\frac{\boldsymbol{V}_1}{\boldsymbol{I}_2}\right)_{\boldsymbol{V}_2=0} = \boldsymbol{Z}$$

同様に，端子 2-2′ を短絡して端子 1-1′ に電流 $\boldsymbol{I}_1$ を加える．$\boldsymbol{I}_1 = \boldsymbol{I}_2$ であるので，式 (10.40) より，

$$\boldsymbol{D} = \left(\frac{\boldsymbol{I}_1}{\boldsymbol{I}_2}\right)_{\boldsymbol{V}_2=0} = 1$$

となる．以上の結果を整理して，行列で表現すると，次のようになる．

$$[\boldsymbol{F}] = \begin{bmatrix} \boldsymbol{A} & \boldsymbol{B} \\ \boldsymbol{C} & \boldsymbol{D} \end{bmatrix} = \begin{bmatrix} 1 & \boldsymbol{Z} \\ 0 & 1 \end{bmatrix}$$

10.7 F 行列の縦続接続

$\boldsymbol{F}$ 行列で表される二つの回路網 1, 2 を，**図 10.16** のように接続する方法を縦続接続という．ここで，回路網 1, 2 のそれぞれに対して，行きと戻りの入力電流は等しく，また行きと戻りの出力電流は等しい．さらに，接続後の接続点において，一方の回路網の出力電流は，もう一方の回路網の入力電流と等しい．ただし，出力電流の向きに注意する必要がある．すなわち，回路網 1 の出力電流の向きは，回路網 2 の入力

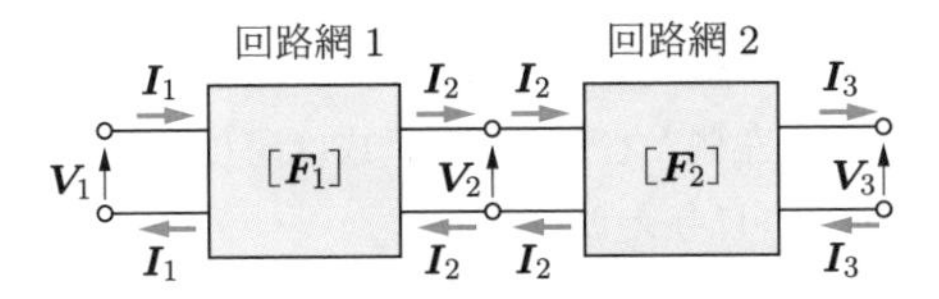

図 10.16　回路網の縦続接続

電流の向きと同じになっている．$\boldsymbol{F}$ 行列の定義で，$\boldsymbol{I}_2$ の向きを $\boldsymbol{Z}$ 行列や $\boldsymbol{Y}$ 行列の場合と逆にしたのは，この解析を容易にするためである．これから説明するように，$\boldsymbol{F}$ 行列は，複数の回路網を縦続接続する際に，取り扱いの便利な表現形式である．

回路網 1, 2 は，式 (10.32) より，$\boldsymbol{F}$ 行列を用いて次のように表現できる．

$$\begin{bmatrix} \boldsymbol{V}_1 \\ \boldsymbol{I}_1 \end{bmatrix} = [\boldsymbol{F}_1] \begin{bmatrix} \boldsymbol{V}_2 \\ \boldsymbol{I}_2 \end{bmatrix}, \quad \begin{bmatrix} \boldsymbol{V}_2 \\ \boldsymbol{I}_2 \end{bmatrix} = [\boldsymbol{F}_2] \begin{bmatrix} \boldsymbol{V}_3 \\ \boldsymbol{I}_3 \end{bmatrix} \tag{10.41}$$

式 (10.41) の第 2 式を第 1 式に代入することにより，

$$\begin{bmatrix} \boldsymbol{V}_1 \\ \boldsymbol{I}_1 \end{bmatrix} = [\boldsymbol{F}_1][\boldsymbol{F}_2] \begin{bmatrix} \boldsymbol{V}_3 \\ \boldsymbol{I}_3 \end{bmatrix} \tag{10.42}$$

となる．この例では，二つの 2 端子対回路の縦続接続を説明したが，以下のように，三つ以上の 2 端子対回路を縦続接続する場合であっても，同様に考えることができる．

▶ 2端子対回路の縦続接続

二つ以上の 2 端子対回路を縦続接続した回路網全体の $\boldsymbol{F}$ 行列は，それぞれの 2 端子対回路の $\boldsymbol{F}$ 行列の積で与えられる．

$$[\boldsymbol{F}] = [\boldsymbol{F}_1][\boldsymbol{F}_2]\cdots[\boldsymbol{F}_n] \tag{10.43}$$

例題 10.6　**図 10.17** で与えられる回路を，端子 a–a′ より左側の部分，端子 a–a′ と端子 b–b′ で囲まれる真ん中の部分，および端子 b–b′ より右側の部分の，これら三つの縦続接続であると考える．各部分の $\boldsymbol{F}$ 行列を求め，その後，回路全体の $\boldsymbol{F}$ 行列を求めよ．

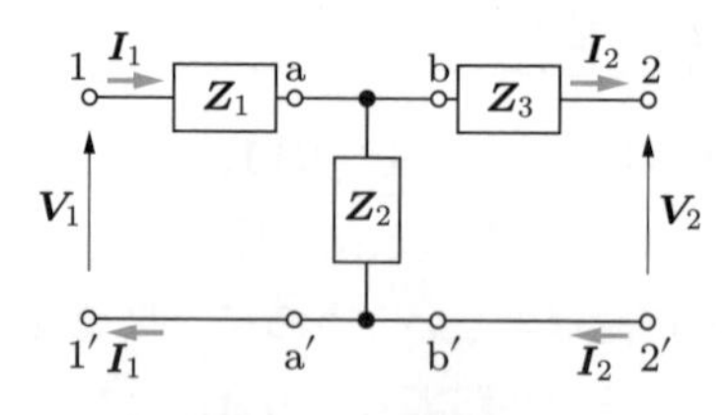

図 10.17　例題 10.6

解答　図 10.17 の T 形回路を，端子 a–a′ および端子 b–b′ を接続点とした，左側，真ん中，右側の三つの部分の回路の縦続接続とみなす．それぞれの $\boldsymbol{F}$ 行列を，$[\boldsymbol{F}_1]$, $[\boldsymbol{F}_2]$, $[\boldsymbol{F}_3]$ とする．素子の値を除いて，左側と右側の回路構成は同じである．これらの $\boldsymbol{F}$ 行列は，例題 10.5 で求められ，次のように与えられる．

$$[\boldsymbol{F}_1] = \begin{bmatrix} 1 & \boldsymbol{Z}_1 \\ 0 & 1 \end{bmatrix}, \quad [\boldsymbol{F}_2] = \begin{bmatrix} 1 & 0 \\ 1/\boldsymbol{Z}_2 & 1 \end{bmatrix}, \quad [\boldsymbol{F}_3] = \begin{bmatrix} 1 & \boldsymbol{Z}_3 \\ 0 & 1 \end{bmatrix}$$

よって，回路全体の $\boldsymbol{F}$ 行列は，次のようになる．

$$[\boldsymbol{F}] = [\boldsymbol{F}_1][\boldsymbol{F}_2][\boldsymbol{F}_3] = \begin{bmatrix} 1 + \dfrac{\boldsymbol{Z}_1}{\boldsymbol{Z}_2} & \boldsymbol{Z}_3 + \boldsymbol{Z}_1\left(\dfrac{\boldsymbol{Z}_3}{\boldsymbol{Z}_2} + 1\right) \\ \dfrac{1}{\boldsymbol{Z}_2} & \dfrac{\boldsymbol{Z}_3}{\boldsymbol{Z}_2} + 1 \end{bmatrix}$$

10.8　相反性と対称性

ここまで学んできた 2 端子対回路のある行列表現を，別の行列表現へ等価変換したい場合がしばしばある．そのような変換を行うための準備として，2 端子対回路がもつ相反性と対称性という概念について説明する．

図 10.18(a) の 2 端子対回路において，端子 1–1′ に電圧 $\boldsymbol{E}$ を加えたとき，端子 2–2′ に流れる電流を $\boldsymbol{I}_2$ とする．一方，図 (b) のように，この 2 端子対回路において，端子 2–2′ に電圧 $\boldsymbol{E}$ を加えたとき，端子 1–1′ に流れる電流を $\boldsymbol{I}_1$ とする．このとき，

$$\boldsymbol{I}_1 = \boldsymbol{I}_2 \tag{10.44}$$

が成り立つ場合，すなわち，同じ電圧を，どちら側の端子対から加えても，逆側の端子対に同じ電流が流れる場合には，この回路は**相反性**があるという．本書で扱う R, L, C **のみから構成されている回路では，相反性がつねに成り立つ**．また，このとき，$\boldsymbol{Z}$ パラメータと $\boldsymbol{Y}$ パラメータに対して，次の関係が成り立つ．

$$\boldsymbol{Z}_{12} = \boldsymbol{Z}_{21}, \quad \boldsymbol{Y}_{12} = \boldsymbol{Y}_{21} \tag{10.45}$$

一方，相反性をもつ 2 端子対回路において，**図 10.19** の T 形回路や π 形回路のように，左右対称な構造をもつ場合には，この回路は**対称性**があるといい，$\boldsymbol{Z}$ パラメータと $\boldsymbol{Y}$ パラメータに対して，次の関係が成り立つ．

$$\boldsymbol{Z}_{11} = \boldsymbol{Z}_{22}, \quad \boldsymbol{Y}_{11} = \boldsymbol{Y}_{22} \tag{10.46}$$

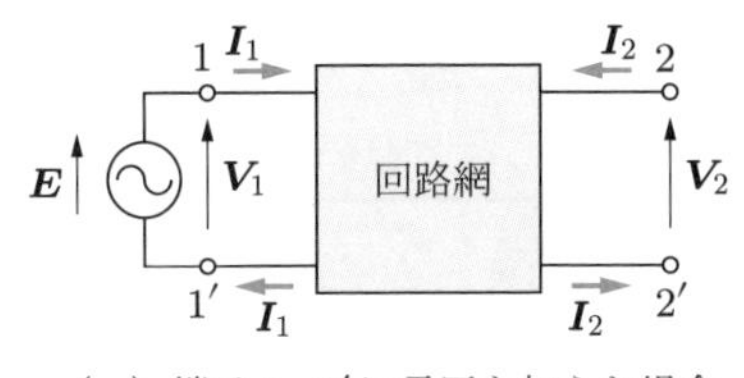

（a）端子 1–1′ に電圧を加えた場合

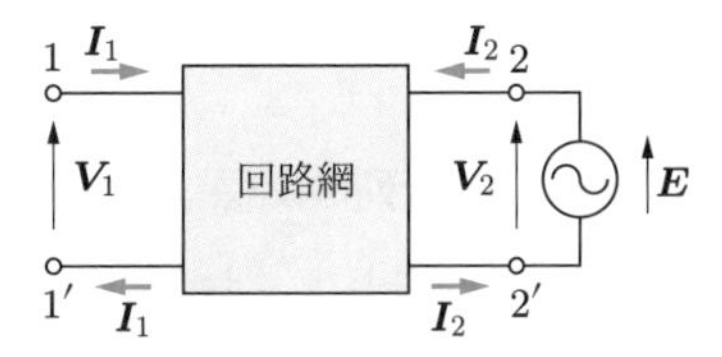

（b）端子 2–2′ に電圧を加えた場合

図 10.18　2 端子対回路の相反性

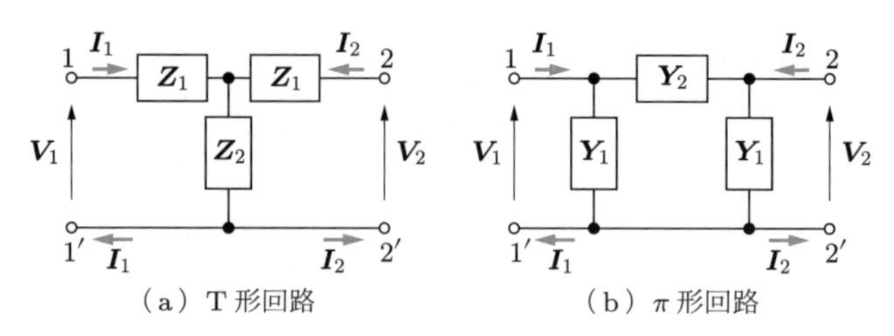

図 10.19　対称性をもつ回路

10.9　Z 行列と Y 行列の変換

$\boldsymbol{Z}$ 行列と $\boldsymbol{Y}$ 行列の関係を導こう．式 (10.2) で定義したように，$\boldsymbol{Z}$ 行列を用いた 2 端子対回路の電圧と電流の関係式は，次式で与えられる．

$$\begin{bmatrix} \boldsymbol{V}_1 \\ \boldsymbol{V}_2 \end{bmatrix} = [\boldsymbol{Z}] \begin{bmatrix} \boldsymbol{I}_1 \\ \boldsymbol{I}_2 \end{bmatrix} = \begin{bmatrix} \boldsymbol{Z}_{11} & \boldsymbol{Z}_{12} \\ \boldsymbol{Z}_{21} & \boldsymbol{Z}_{22} \end{bmatrix} \begin{bmatrix} \boldsymbol{I}_1 \\ \boldsymbol{I}_2 \end{bmatrix} \tag{10.47}$$

同様に，式 (10.15) で定義したように，$\boldsymbol{Y}$ 行列を用いた 2 端子対回路の電流と電圧の関係式は，次式で与えられる．

$$\begin{bmatrix} \boldsymbol{I}_1 \\ \boldsymbol{I}_2 \end{bmatrix} = [\boldsymbol{Y}] \begin{bmatrix} \boldsymbol{V}_1 \\ \boldsymbol{V}_2 \end{bmatrix} = \begin{bmatrix} \boldsymbol{Y}_{11} & \boldsymbol{Y}_{12} \\ \boldsymbol{Y}_{21} & \boldsymbol{Y}_{22} \end{bmatrix} \begin{bmatrix} \boldsymbol{V}_1 \\ \boldsymbol{V}_2 \end{bmatrix} \tag{10.48}$$

式 (10.48) を式 (10.47) に代入すると，

$$\begin{bmatrix} \boldsymbol{V}_1 \\ \boldsymbol{V}_2 \end{bmatrix} = [\boldsymbol{Z}][\boldsymbol{Y}] \begin{bmatrix} \boldsymbol{V}_1 \\ \boldsymbol{V}_2 \end{bmatrix} \tag{10.49}$$

となる．よって，この式が成り立つためには，次の条件を満たす必要がある．

$$[\boldsymbol{Z}][\boldsymbol{Y}] = 1 = \begin{bmatrix} 1 & 0 \\ 0 & 1 \end{bmatrix} \tag{10.50}$$

すなわち，$\boldsymbol{Z}$ 行列と $\boldsymbol{Y}$ 行列の積は，単位行列になる必要がある．このことを用いると，以下の関係式が成り立つ．

▶ Z 行列と Y 行列の関係

$\boldsymbol{Z}$ 行列と $\boldsymbol{Y}$ 行列とは，お互いに逆行列の関係にある．

$$[\boldsymbol{Z}] = [\boldsymbol{Y}]^{-1} = \frac{1}{\Delta_Y} \begin{bmatrix} \boldsymbol{Y}_{22} & -\boldsymbol{Y}_{12} \\ -\boldsymbol{Y}_{21} & \boldsymbol{Y}_{11} \end{bmatrix} \tag{10.51}$$

$$[\boldsymbol{Y}] = [\boldsymbol{Z}]^{-1} = \frac{1}{\Delta_Z} \begin{bmatrix} \boldsymbol{Z}_{22} & -\boldsymbol{Z}_{12} \\ -\boldsymbol{Z}_{21} & \boldsymbol{Z}_{11} \end{bmatrix} \tag{10.52}$$

ここで，

$$\Delta_Z = \boldsymbol{Z}_{11}\boldsymbol{Z}_{22} - \boldsymbol{Z}_{12}\boldsymbol{Z}_{21}, \quad \Delta_Y = \boldsymbol{Y}_{11}\boldsymbol{Y}_{22} - \boldsymbol{Y}_{12}\boldsymbol{Y}_{21} \tag{10.53}$$

は，それぞれ $\boldsymbol{Z}$ 行列と $\boldsymbol{Y}$ 行列の行列式である．

例題 10.7 2 端子対回路の電圧と電流の関係式は，$\boldsymbol{Z}$ パラメータを用いて以下のように表される．

$$\boldsymbol{V}_1 = \boldsymbol{Z}_{11}\boldsymbol{I}_1 + \boldsymbol{Z}_{12}\boldsymbol{I}_2 \tag{1}$$

$$\boldsymbol{V}_2 = \boldsymbol{Z}_{21}\boldsymbol{I}_1 + \boldsymbol{Z}_{22}\boldsymbol{I}_2 \tag{2}$$

これらの式を $\boldsymbol{I}_1$, $\boldsymbol{I}_2$ について解くことにより $\boldsymbol{Y}$ 行列を求め，式 (10.52) と一致することを確認せよ．

解答 式 (1) を $\boldsymbol{I}_2$ について解く．

$$\boldsymbol{I}_2 = \frac{1}{\boldsymbol{Z}_{12}}(\boldsymbol{V}_1 - \boldsymbol{Z}_{11}\boldsymbol{I}_1) \tag{3}$$

式 (3) を式 (2) に代入する．

$$\boldsymbol{V}_2 = \boldsymbol{Z}_{21}\boldsymbol{I}_1 + \frac{\boldsymbol{Z}_{22}}{\boldsymbol{Z}_{12}}(\boldsymbol{V}_1 - \boldsymbol{Z}_{11}\boldsymbol{I}_1) = \frac{\boldsymbol{Z}_{12}\boldsymbol{Z}_{21} - \boldsymbol{Z}_{11}\boldsymbol{Z}_{22}}{\boldsymbol{Z}_{12}}\boldsymbol{I}_1 + \frac{\boldsymbol{Z}_{22}}{\boldsymbol{Z}_{12}}\boldsymbol{V}_1$$

これを $\boldsymbol{I}_1$ について解くと，次のようになる．

$$\boldsymbol{I}_1 = \frac{\boldsymbol{Z}_{12}}{\boldsymbol{Z}_{12}\boldsymbol{Z}_{21} - \boldsymbol{Z}_{11}\boldsymbol{Z}_{22}}\left(\boldsymbol{V}_2 - \frac{\boldsymbol{Z}_{22}}{\boldsymbol{Z}_{12}}\boldsymbol{V}_1\right) = \frac{\boldsymbol{Z}_{22}\boldsymbol{V}_1 - \boldsymbol{Z}_{12}\boldsymbol{V}_2}{\Delta_Z} \tag{4}$$

式 (4) を式 (3) に代入する．

$$\boldsymbol{I}_2 = \frac{1}{\boldsymbol{Z}_{12}}\left(\boldsymbol{V}_1 - \boldsymbol{Z}_{11}\frac{\boldsymbol{Z}_{22}\boldsymbol{V}_1 - \boldsymbol{Z}_{12}\boldsymbol{V}_2}{\Delta_Z}\right) = \frac{-\boldsymbol{Z}_{21}\boldsymbol{V}_1 + \boldsymbol{Z}_{11}\boldsymbol{V}_2}{\Delta_Z} \tag{5}$$

得られた式 (4), (5) の結果を行列を用いて表現すると，

$$\begin{bmatrix} \boldsymbol{I}_1 \\ \boldsymbol{I}_2 \end{bmatrix} = \frac{1}{\Delta_Z}\begin{bmatrix} \boldsymbol{Z}_{22} & -\boldsymbol{Z}_{12} \\ -\boldsymbol{Z}_{21} & \boldsymbol{Z}_{11} \end{bmatrix}\begin{bmatrix} \boldsymbol{V}_1 \\ \boldsymbol{V}_2 \end{bmatrix}$$

となる．この式の右辺の行列は，$\boldsymbol{Z}$ パラメータを用いて表した $\boldsymbol{Y}$ 行列であり，これは，式 (10.52) と一致する．

例題 10.8 図 **10.20** で示される T 形回路について，以下の問いに答えよ．

(1) $\boldsymbol{Z}$ パラメータを求めよ．

(2) $\boldsymbol{Y}$ パラメータを，式 (10.52) の変換関係を用いて求めよ．

(3) この T 型回路と等価な π 形回路を，素子の値をアドミタンス値で表して図示せよ．

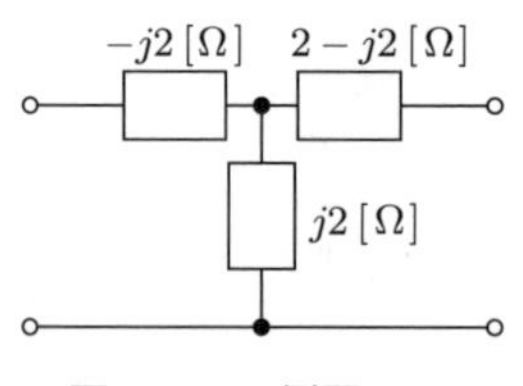

図 10.20　例題 10.8

解答　(1) 図 10.4 と図 10.20 を対応させると,

$$\boldsymbol{Z}_1 = -j2, \quad \boldsymbol{Z}_2 = j2, \quad \boldsymbol{Z}_3 = 2 - j2$$

となる．よって，式 (10.10) より，次のようになる.

$$\boldsymbol{Z}_{11} = \boldsymbol{Z}_1 + \boldsymbol{Z}_2 = -j2 + j2 = 0\ [\Omega]$$
$$\boldsymbol{Z}_{21} = \boldsymbol{Z}_{12} = \boldsymbol{Z}_2 = j2\ [\Omega]$$
$$\boldsymbol{Z}_{22} = \boldsymbol{Z}_2 + \boldsymbol{Z}_3 = j2 + 2 - j2 = 2\ [\Omega]$$

(2) (1) の結果より,

$$\varDelta_Z = \boldsymbol{Z}_{11}\boldsymbol{Z}_{22} - \boldsymbol{Z}_{12}\boldsymbol{Z}_{21} = 0 \times 2 - j2 \times j2 = 4$$

である．よって,

$$[\boldsymbol{Y}] = \frac{1}{\varDelta_Z}\begin{bmatrix} \boldsymbol{Z}_{22} & -\boldsymbol{Z}_{12} \\ -\boldsymbol{Z}_{21} & \boldsymbol{Z}_{11} \end{bmatrix} = \begin{bmatrix} 0.5 & -j0.5 \\ -j0.5 & 0 \end{bmatrix}$$

となる．すなわち，次のようになる.

$$\boldsymbol{Y}_{11} = 0.5\ [\mathrm{S}]$$
$$\boldsymbol{Y}_{12} = \boldsymbol{Y}_{21} = -j0.5\ [\mathrm{S}]$$
$$\boldsymbol{Y}_{22} = 0\ [\mathrm{S}]$$

(3) π 形回路の三つのアドミタンスは，式 (10.26) を用いて，次のようになる.

$$\boldsymbol{Y}_2 = -\boldsymbol{Y}_{12} = j0.5\ [\mathrm{S}]$$
$$\boldsymbol{Y}_1 = \boldsymbol{Y}_{11} - \boldsymbol{Y}_2 = 0.5 - j0.5\ [\mathrm{S}]$$
$$\boldsymbol{Y}_3 = \boldsymbol{Y}_{22} - \boldsymbol{Y}_2 = -j0.5\ [\mathrm{S}]$$

図 10.21 に，等価な π 形回路を示す.

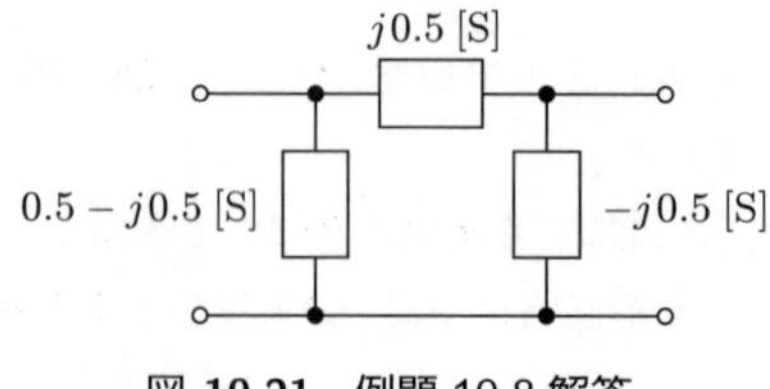

図 10.21　例題 10.8 解答

10.10　Z 行列と F 行列の変換

$\boldsymbol{Z}$ パラメータと $\boldsymbol{F}$ パラメータの関係を導こう．$\boldsymbol{Z}$ 行列と $\boldsymbol{F}$ 行列とでは，$\boldsymbol{I}_2$ の向きの定義が逆になるため，その符号が異なることに注意する．$\boldsymbol{F}$ 行列の電流の向きの定義に従って，2 端子対回路を $\boldsymbol{Z}$ 行列を用いて表すと，次のようになる．

$$\begin{bmatrix} \boldsymbol{V}_1 \\ \boldsymbol{V}_2 \end{bmatrix} = \begin{bmatrix} \boldsymbol{Z}_{11} & \boldsymbol{Z}_{12} \\ \boldsymbol{Z}_{21} & \boldsymbol{Z}_{22} \end{bmatrix} \begin{bmatrix} \boldsymbol{I}_1 \\ -\boldsymbol{I}_2 \end{bmatrix} \tag{10.54}$$

すなわち，

$$\boldsymbol{V}_1 = \boldsymbol{Z}_{11}\boldsymbol{I}_1 - \boldsymbol{Z}_{12}\boldsymbol{I}_2 \tag{10.55}$$

$$\boldsymbol{V}_2 = \boldsymbol{Z}_{21}\boldsymbol{I}_1 - \boldsymbol{Z}_{22}\boldsymbol{I}_2 \tag{10.56}$$

となる．

式 (10.56) を $\boldsymbol{I}_1$ について解くと，

$$\boldsymbol{I}_1 = \frac{1}{\boldsymbol{Z}_{21}}(\boldsymbol{V}_2 + \boldsymbol{Z}_{22}\boldsymbol{I}_2) \tag{10.57}$$

となる．式 (10.57) を式 (10.55) に代入すると，

$$\begin{aligned} \boldsymbol{V}_1 &= \frac{\boldsymbol{Z}_{11}}{\boldsymbol{Z}_{21}}(\boldsymbol{V}_2 + \boldsymbol{Z}_{22}\boldsymbol{I}_2) - \boldsymbol{Z}_{12}\boldsymbol{I}_2 \\ &= \frac{\boldsymbol{Z}_{11}}{\boldsymbol{Z}_{21}}\boldsymbol{V}_2 + \frac{\boldsymbol{Z}_{11}\boldsymbol{Z}_{22} - \boldsymbol{Z}_{12}\boldsymbol{Z}_{21}}{\boldsymbol{Z}_{21}}\boldsymbol{I}_2 \end{aligned} \tag{10.58}$$

となる．式 (10.57), (10.58) を，それぞれ式 (10.31), (10.30) と比べると，次の関係が得られる．

$$\boldsymbol{A} = \frac{\boldsymbol{Z}_{11}}{\boldsymbol{Z}_{21}} \tag{10.59}$$

$$\boldsymbol{B} = \frac{\boldsymbol{Z}_{11}\boldsymbol{Z}_{22} - \boldsymbol{Z}_{12}\boldsymbol{Z}_{21}}{\boldsymbol{Z}_{21}} \tag{10.60}$$

$$\boldsymbol{C} = \frac{1}{\boldsymbol{Z}_{21}} \tag{10.61}$$

$$\boldsymbol{D} = \frac{\boldsymbol{Z}_{22}}{\boldsymbol{Z}_{21}} \tag{10.62}$$

よって，$\boldsymbol{F}$ 行列は，$\boldsymbol{Z}$ パラメータを用いて次のようになる．

$$[\boldsymbol{F}] = \begin{bmatrix} \boldsymbol{A} & \boldsymbol{B} \\ \boldsymbol{C} & \boldsymbol{D} \end{bmatrix} = \frac{1}{\boldsymbol{Z}_{21}} \begin{bmatrix} \boldsymbol{Z}_{11} & \boldsymbol{Z}_{11}\boldsymbol{Z}_{22} - \boldsymbol{Z}_{12}\boldsymbol{Z}_{21} \\ 1 & \boldsymbol{Z}_{22} \end{bmatrix} \tag{10.63}$$

式 (10.63) を用いて，$\boldsymbol{F}$ パラメータについて次の関係が成り立つことを確認しよう．

$$\boldsymbol{AD} - \boldsymbol{BC} = \frac{\boldsymbol{Z}_{11}}{\boldsymbol{Z}_{21}} \times \frac{\boldsymbol{Z}_{22}}{\boldsymbol{Z}_{21}} - \frac{\boldsymbol{Z}_{11}\boldsymbol{Z}_{22} - \boldsymbol{Z}_{12}\boldsymbol{Z}_{21}}{\boldsymbol{Z}_{21}} \times \frac{1}{\boldsymbol{Z}_{21}}$$

$$= \frac{\boldsymbol{Z}_{11}\boldsymbol{Z}_{22} - (\boldsymbol{Z}_{11}\boldsymbol{Z}_{22} - \boldsymbol{Z}_{12}\boldsymbol{Z}_{21})}{\boldsymbol{Z}_{21}{}^2} = \frac{\boldsymbol{Z}_{12}}{\boldsymbol{Z}_{21}} = 1 \tag{10.64}$$

ここで，式 (10.45) で示した相反性，すなわち $\boldsymbol{Z}_{12} = \boldsymbol{Z}_{21}$ の関係を用いている．

▶ $\boldsymbol{F}$ パラメータの関係

四つの $\boldsymbol{F}$ パラメータの間には，次の関係がある．

$$\boldsymbol{AD} - \boldsymbol{BC} = 1 \tag{10.65}$$

逆に，$\boldsymbol{Z}$ 行列を $\boldsymbol{F}$ パラメータで表してみよう．式 (10.61) より，

$$\boldsymbol{Z}_{21} = \frac{1}{\boldsymbol{C}} \tag{10.66}$$

である．これを式 (10.59), (10.62) に代入して，$\boldsymbol{Z}_{11}$, $\boldsymbol{Z}_{22}$ について解くと，

$$\boldsymbol{Z}_{11} = \boldsymbol{Z}_{21}\boldsymbol{A} = \frac{\boldsymbol{A}}{\boldsymbol{C}} \tag{10.67}$$

$$\boldsymbol{Z}_{22} = \boldsymbol{Z}_{21}\boldsymbol{D} = \frac{\boldsymbol{D}}{\boldsymbol{C}} \tag{10.68}$$

となる．$\boldsymbol{Z}_{12}$ は，式 (10.45) の相反性より，

$$\boldsymbol{Z}_{12} = \boldsymbol{Z}_{21} = \frac{1}{\boldsymbol{C}} \tag{10.69}$$

となる．よって，$\boldsymbol{Z}$ 行列は，$\boldsymbol{F}$ パラメータを用いて次のようになる．

$$[\boldsymbol{Z}] = \begin{bmatrix} \boldsymbol{Z}_{11} & \boldsymbol{Z}_{12} \\ \boldsymbol{Z}_{21} & \boldsymbol{Z}_{22} \end{bmatrix} = \begin{bmatrix} \boldsymbol{A}/\boldsymbol{C} & 1/\boldsymbol{C} \\ 1/\boldsymbol{C} & \boldsymbol{D}/\boldsymbol{C} \end{bmatrix} \tag{10.70}$$

演習問題

10.1 【T 形回路の $\boldsymbol{Z}$ パラメータ】 図 10.22 の 2 端子対回路の $\boldsymbol{Z}$ パラメータを求めよ．

10.2 【π 形回路の $\boldsymbol{Y}$ パラメータ】 図 10.23 の 2 端子対回路の $\boldsymbol{Y}$ パラメータを求めよ．

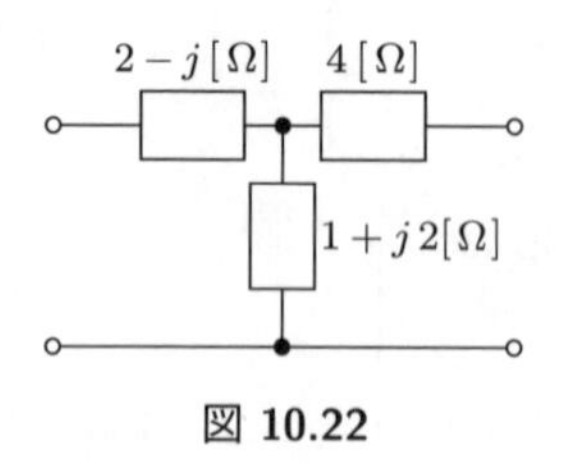

図 10.22

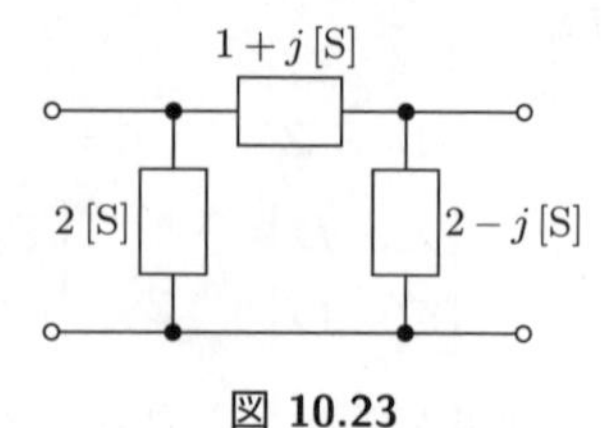

図 10.23

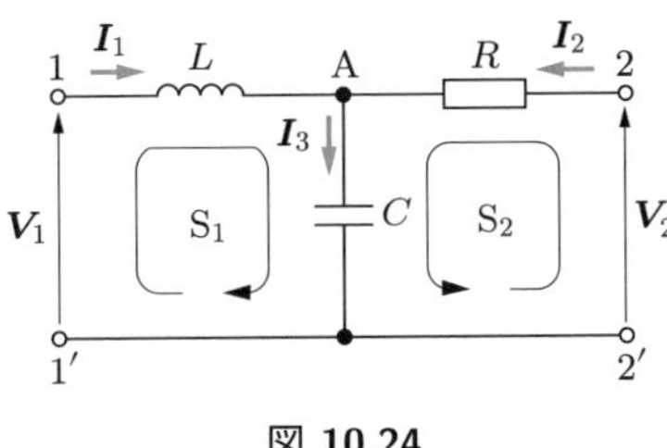

図 10.24

10.3 【T 形回路の Z 行列】 図 10.24 の 2 端子対回路において，節点 A および閉回路 S_1，S_2 に対して，それぞれキルヒホッフの第一および第二法則を適用して，端子間の電圧と，端子を流れる電流の関係を，Z 行列を用いて表せ．

10.4 【T 形回路の F 行列】 図 10.24 の 2 端子対回路の F 行列を求めよ．この際，問題 10.3 で求めた端子間の電圧と，端子を流れる電流との関係式を用いよ．

10.5 【π 形回路の Y パラメータ】 図 10.25 の 2 端子対回路の Y パラメータを求めよ．ただし，コイル L_1 とコイル L_2 との間の相互誘導は考えない．次に，抵抗が $R = 20$ [Ω]，インダクタンスが $L_1 = 10$ [mH]，$L_2 = 20$ [mH]，キャパシタンスが $C_1 = 20$ [μF]，$C_2 = 50$ [μF]，角周波数が $\omega = 1000$ [rad/s] として，四つの Y パラメータの値を求めよ．

10.6 【変圧器の F 行列】 図 10.26 の相互誘導回路は変圧器とよばれ，交流電源の電圧と電流の大きさを変換する機能をもつ．2 次側のコイルの巻き数は，1 次側のコイルの巻き数の n 倍である．このとき，理想的な変圧器では，2 次側電圧は 1 次側の n 倍になり，電流は $1/n$ になる．この変圧器に対する F 行列を求めよ．

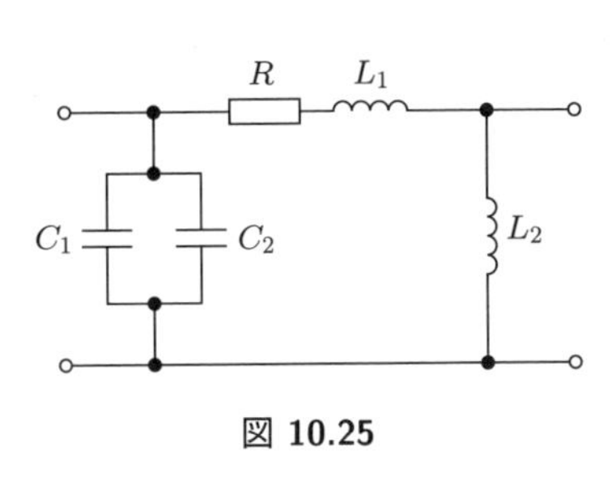

図 10.25

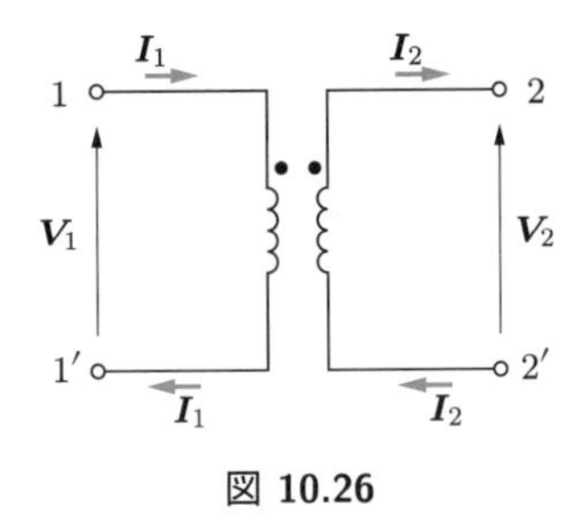

図 10.26

10.7 【2 端子対回路の直列接続】 Z 行列がそれぞれ次式で与えられる回路網 1 と回路網 2 を，図 10.8 のように直列接続した．回路網全体の Z 行列を求めよ．

$$[\boldsymbol{Z}_1] = \begin{bmatrix} 8 & 5+j2 \\ 5+j2 & 5 \end{bmatrix}, \quad [\boldsymbol{Z}_2] = \begin{bmatrix} 5 & 3-j2 \\ 3-j2 & 6 \end{bmatrix}$$

10.8 【2 端子対回路の並列接続】 Y 行列がそれぞれ次式で与えられる回路網 1 と回路網 2 を，図 10.13 のように並列接続した．回路網全体の Y 行列を求めよ．

$$[\boldsymbol{Y}_1] = \begin{bmatrix} 7 & 8-j3 \\ 8-j3 & 6 \end{bmatrix}, \quad [\boldsymbol{Y}_2] = \begin{bmatrix} 3 & 3+j5 \\ 3+j5 & 2 \end{bmatrix}$$

10.9　**【T 形回路の $\boldsymbol{F}$ 行列】**　図 **10.27** の回路を，端子 a–a′ より左側の部分，端子 a–a′ と端子 b–b′ で囲まれる真ん中の部分，端子 b–b′ より右側の部分の三つの縦続接続であると考える．各部分の $\boldsymbol{F}$ 行列を求め，その後，回路全体の $\boldsymbol{F}$ 行列を求めよ．ただし，図中の数値は，抵抗値あるいはリアクタンス値を表す．

10.10　**【π 形回路の $\boldsymbol{F}$ 行列】**　図 **10.28** の回路を，端子 a–a′ より左側の部分，端子 a–a′ と端子 b–b′ で囲まれる真ん中の部分，端子 b–b′ より右側の部分の三つの縦続接続であると考える．各部分の $\boldsymbol{F}$ 行列を求め，その後，回路全体の $\boldsymbol{F}$ 行列を求めよ．

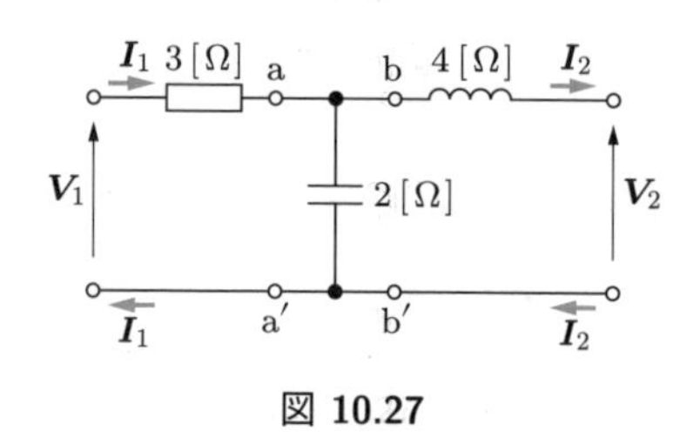

図 **10.27**

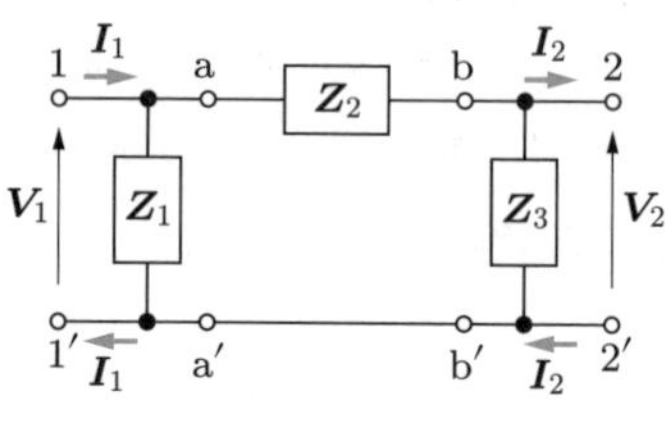

図 **10.28**

10.11　**【$\boldsymbol{Z}$ 行列と $\boldsymbol{Y}$ 行列の変換】**　次式で与えられる $\boldsymbol{Z}$ 行列を，$\boldsymbol{Y}$ 行列に変換せよ．

$$[\boldsymbol{Z}] = \begin{bmatrix} 4-j3 & 3-j2 \\ 3-j2 & 4 \end{bmatrix}$$

10.12　**【T 形回路と π 形回路の変換】**　図 **10.29** の T 形回路について，以下の問いに答えよ．

(1)　$\boldsymbol{Z}$ 行列を求めよ．

(2)　$\boldsymbol{Y}$ 行列を，$\boldsymbol{Z}$ 行列との変換関係を用いて求めよ．

(3)　この T 型回路と等価な π 形回路を，素子の値をインピーダンス値で表して図示せよ．

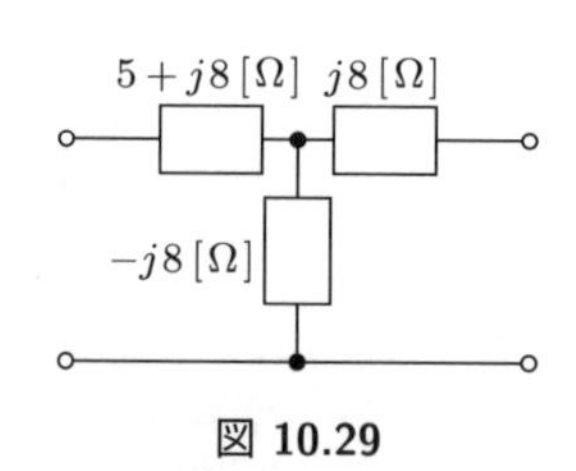

図 **10.29**

10.13　**【$\boldsymbol{F}$ 行列と $\boldsymbol{Y}$ 行列の変換】**　$\boldsymbol{F}$ 行列を $\boldsymbol{Y}$ パラメータで表現せよ．

11章　回路の過渡現象

コイルやコンデンサを含む回路に電源を接続してスイッチを入れた場合，この回路を流れる電流は，特徴的な変化をしながら，ある時間を要して一定値に近づいていく．いままでは，電源の投入から十分に時間が経過し，このような変化が落ち着いたあとの，いわゆる**定常状態**の回路について，その電気的特性を調べてきた．これに対して，電源の投入や切断の直後など，回路中の電圧や電流が時間的に変化する状態を，**過渡状態**という．また，ある定常状態から別の定常状態へ移る現象を，**過渡現象**とよぶ．電気回路の過渡現象は，定数係数をもつ線形の微分方程式を用いて解析することができる．この章では，まず，この微分方程式の解き方について学ぶ．さらに，RL 直列回路，RC 直列回路における過渡現象を取り上げ，その特徴的な振舞いについて学んでいく．

11.1　定数係数線形微分方程式

本章では，RL 直列回路や RC 直列回路において，直流電源を加えたり，切断したりした直後の過渡現象について調べる．これは，次の 1 階の**定数係数線形微分方程式**で表される．ここで，$g(t)$ は求めるべき関数であり，変数 t は時間を表す．

$$a_1 \frac{\mathrm{d}g(t)}{\mathrm{d}t} + a_0 g(t) = b \tag{11.1}$$

また，a_1, a_0, b は定数である．

a_1, a_0 は，一般に R, L, C などの素子の回路定数で表される．右辺の b は強制関数とよばれ，電圧源に対応する．関数 $g(t)$ は加えた強制関数に対する応答を示し，電流 $i(t)$ あるいは電荷 $q(t)$ に対応する．

式 (11.1) の微分方程式の**一般解**は，次式のように**特解** $g_s(t)$ と**補助解** $g_t(t)$ との和で表される．

$$g(t) = g_s(t) + g_t(t) \tag{11.2}$$

ここで，特解とは，次式で与えられる，式 (11.1) の右辺 b をそのままにした場合の方程式 (11.3) を満たす解のことである．

$$a_1 \frac{\mathrm{d}g_s(t)}{\mathrm{d}t} + a_0 g_s(t) = b \tag{11.3}$$

特解は，電源を接続し，十分に時間が経過したあとの状態における解であり，回路の初期条件には依存しない．そのため，この特解は**定常解** (stationary solution) ともよばれる．

一方，補助解とは，式 (11.1) の右辺 b を零とおいた，次の方程式を満たす解のことである．

$$a_1 \frac{\mathrm{d}g_t(t)}{\mathrm{d}t} + a_0 g_t(t) = 0 \tag{11.4}$$

補助解は，$b = 0$ としていることからも理解できるように，電源を切断したときの解である．この解は，回路の初期条件を与えたあとの応答，すなわち過渡状態を表現してくれる．そのため，この補助解は**過渡解** (transient solution) ともよばれる．

式 (11.2) で与えられる解は，未定の定数をともなう．この未定定数は，回路の**初期条件**を用いて決定される．

まず，式 (11.3) を用いて，定常解を求めていこう．これは，時間が十分に経過した際に実現される解である．よって，$\mathrm{d}g_s(t)/\mathrm{d}t = 0$ であるので，この式を式 (11.3) に代入することにより，定常解は次のように求められる．

$$g_s(t) = \frac{b}{a_0} \tag{11.5}$$

次に，式 (11.4) を用いて，過渡解を求めていこう．式 (11.4) のような形の微分方程式の解を求めるためには，微分演算を行っても，未定定数を除いてその関数形が変わらない指数関数を用いる．

$$g_t(t) = Ae^{pt} \tag{11.6}$$

ここで，A が未定定数である．式 (11.6) を式 (11.4) に代入すると，

$$a_1 \frac{\mathrm{d}}{\mathrm{d}t} Ae^{pt} + a_0 Ae^{pt} = a_1 Ape^{pt} + a_0 Ae^{pt} = (a_1 p + a_0) Ae^{pt} = 0 \tag{11.7}$$

となる．式 (11.7) がつねに成立するためには，括弧内が零であることが必要である．この条件より，次式が得られる．

$$p = -\frac{a_0}{a_1} \tag{11.8}$$

よって，式 (11.8) を式 (11.6) に代入して，過渡解は次のようになる．

$$g_t(t) = Ae^{-(a_0/a_1)t} \tag{11.9}$$

式 (11.2), (11.5)，(11.9) より，式 (11.1) の微分方程式をあらためて書いて，この一般解は次のように与えられる．

▶ **1 階の定数係数線形微分方程式の一般解**

1 階の定数係数線形微分方程式とその一般解は，次のように与えられる．

$$a_1 \frac{\mathrm{d}g(t)}{\mathrm{d}t} + a_0 g(t) = b \tag{11.10}$$

$$g(t) = g_s(t) + g_t(t) = \frac{b}{a_0} + Ae^{-(a_0/a_1)t} \tag{11.11}$$

未定定数 A は初期条件から決定される．

11.2　RL 直列回路の過渡現象

11.2.1　電源投入後の変化

図 11.1 に示す，直流電圧源 E とスイッチ S をもつ RL 直列回路を考える．$t < 0$ では，スイッチ S は開放されている．$t = 0$ のとき，スイッチ S を閉じる．$t \geqq 0$ における電流 i の時間変化を調べてみよう．

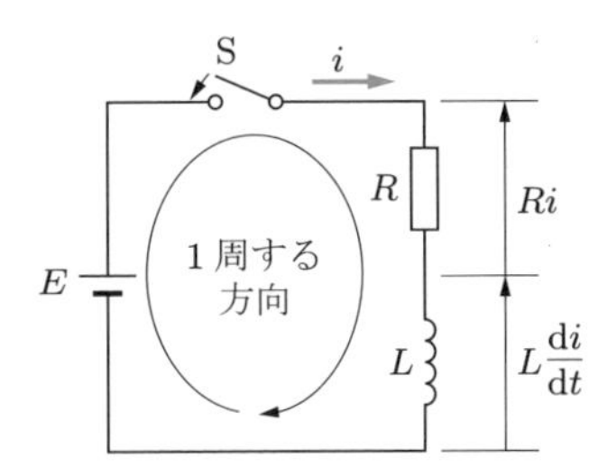

図 11.1　スイッチ S をもつ RL 直列回路

$t = 0$ でスイッチ S を閉じると，電流 $i(t)$ が，添えられた矢印の向きに流れ始める．抵抗 R の両端の電圧降下，およびコイル L の両端の逆起電力は，それぞれ Ri および $L(\mathrm{d}i/\mathrm{d}t)$ であり，これら二つを足し合わせたものが直流電圧源の電圧 E に等しい．図の閉回路に沿って，キルヒホッフの第二法則を適用すると，次式が成り立つ．

$$L \frac{\mathrm{d}i(t)}{\mathrm{d}t} + Ri(t) = E \tag{11.12}$$

L および R は定数であるので，この式は 1 階の定数係数線形微分方程式である．式 (11.12) を式 (11.10) と比較してみると，$g(t) \to i(t)$, $a_1 \to L$, $a_0 \to R$, $b \to E$ の対応関係がある．これらを式 (11.11) に代入すると，式 (11.12) に対する次の一般解が得られる．

$$i(t) = \frac{E}{R} + Ae^{-(R/L)t} \tag{11.13}$$

ここで，$t=0$ のとき $i(t)=0$ という初期条件を式 (11.13) に代入すると，次のようになる．

$$0=\frac{E}{R}+A \quad \therefore \ A=-\frac{E}{R} \tag{11.14}$$

これを式 (11.13) に代入して整理すると，電流 $i(t)$ は次のようになる．

▶ RL 直列回路における電源投入後の電流の変化

$t=0$ でスイッチを閉じて直流電圧 E を加えると，次式のような時間変化に従って回路に電流 $i(t)$ が流れる．

$$i(t)=\frac{E}{R}\left\{1-e^{-(R/L)t}\right\} \tag{11.15}$$

式 (11.15) を時間 t で微分すると，

$$\frac{\mathrm{d}i(t)}{\mathrm{d}t}=\left(\frac{E}{R}\right)\left(\frac{R}{L}\right)e^{-(R/L)t}=\frac{E}{L}e^{-(R/L)t} \tag{11.16}$$

であるので，R, L の両端にかかる電圧 $v_R(t)$, $v_L(t)$ は，それぞれ次のようになる．

▶ RL 直列回路における電源投入後の電圧の変化

$$v_R(t)=Ri(t)=E\left\{1-e^{-(R/L)t}\right\} \tag{11.17}$$

$$v_L(t)=L\frac{\mathrm{d}i(t)}{\mathrm{d}t}=Ee^{-(R/L)t} \tag{11.18}$$

図 11.2 に，電流 $i(t)$ の時間変化のグラフを示す．$t=0$ で $i=0$ であり，$t\to\infty$ で定常値 E/R に近づいていく．**図 11.3** は，電圧 $v_R(t)$ および $v_L(t)$ の時間変化のグラフを示す．$v_L(t)$ は $t=0$ で E であり，$t\to\infty$ で定常値 0 に近づいていく．一

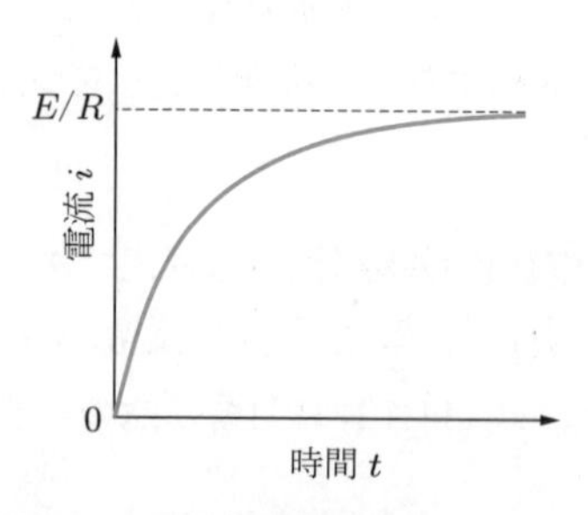

図 11.2　電圧印加後の電流の変化（RL 直列回路）

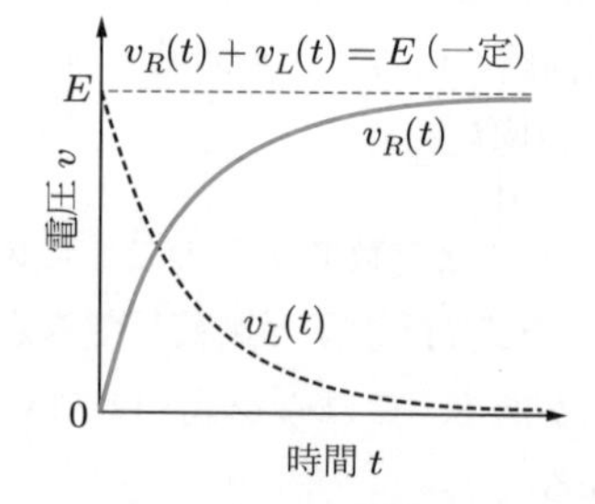

図 11.3　電圧印加後の各端子電圧の変化（RL 直列回路）

方，$v_R(t)$ は $i(t)$ に比例することから，$i(t)$ と同様の変化を示す．すなわち，$t=0$ で $v_R(t)=0$ であり，$t \to \infty$ で定常値 E に近づく．なお，式 (11.17) と式 (11.18) から理解できるように，$v_R(t)$ と $v_L(t)$ を足し合わせたものは，つねに，加えた電源電圧 E に等しい一定値となる．

11.2.2 時定数

式 (11.15), (11.17) および (11.18) は，

$$e^{-(R/L)t} = e^{-t/\tau} \tag{11.19}$$

で表される特徴的な項を含んでいる．式 (11.19) の中で導入した $\tau = L/R$ を，RL 直列回路の**時定数**という．時定数の物理的な意味を調べてみよう．

図 11.3 で表される $v_R(t)$ のグラフの，$t=0$ における傾きを計算してみる．

$$\frac{\mathrm{d}}{\mathrm{d}t}v_R(t)\bigg|_{t=0} = \frac{ER}{L}e^{-(R/L)t}\bigg|_{t=0} = \frac{ER}{L} = \frac{E}{\tau} \tag{11.20}$$

よって，$t=0$ における $v_R(t)$ のグラフの接線の方程式は，

$$v(t) = \frac{E}{\tau}t \tag{11.21}$$

で与えられる．この式において $t=\tau$ を代入すると，$v=E$ になる．すなわち，$v_R(t)$ のグラフの $t=0$ における変化割合がそのまま続いたときに，E に達するまでの時間が τ である．**図 11.4** に示すように，$v_R(t)$ の $t=0$ における接線と，$v=E$ との交点の時間が τ となる．少し計算をしてみるとわかるが，$v_R(t)$ のどの点から出発しても，その点を通る接線が E に達するまでの時間は τ となる．図中には，$t=\tau$ から出発した接線との関係も示してある．このように，時定数は過渡現象における変化の速さを特徴づける値となっている．τ が大きいと，過渡現象はゆっくりと変化する．

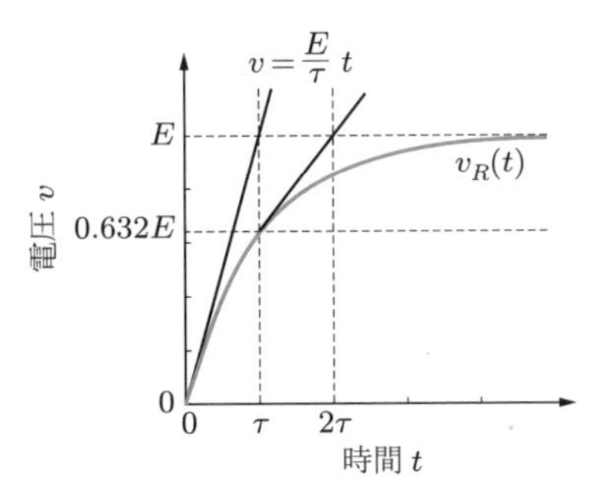

図 11.4 RL 直列回路の時定数

▶ RL 直列回路の時定数

RL 直列回路の時定数 τ は，次式で与えられる．

$$\tau = \frac{L}{R} \tag{11.22}$$

式 (11.17) に，$t = \tau = L/R$ を代入してみよう．

$$v_R\left(\frac{L}{R}\right) = E\left\{1 - e^{-(R/L)(L/R)}\right\} = E(1 - e^{-1}) = 0.632E \tag{11.23}$$

となることから，$v_R(t)$ は $t = \tau$ で定常値の 63.2％に達していることがわかる．同様にして，式 (11.18) において，$t = \tau = L/R$ を代入すると，

$$v_L\left(\frac{L}{R}\right) = Ee^{-(R/L)(L/R)} = Ee^{-1} = 0.368E \tag{11.24}$$

となるので，$v_L(t)$ は $t = \tau$ で初期値の 36.8％に減少する．この様子を，**図 11.5** に示す．

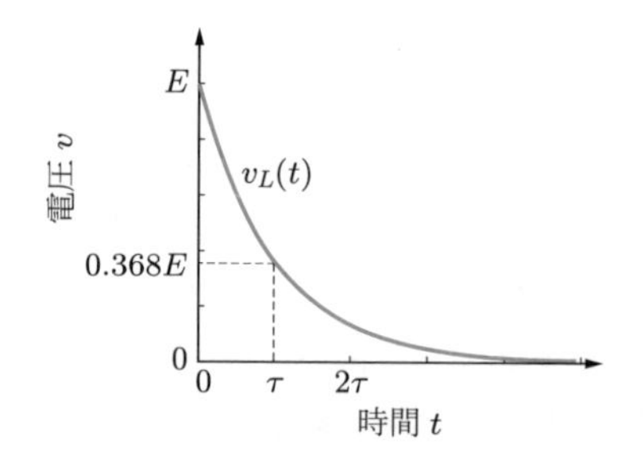

図 11.5　電圧印加後の $v_L(t)$ の変化（RL 直列回路）

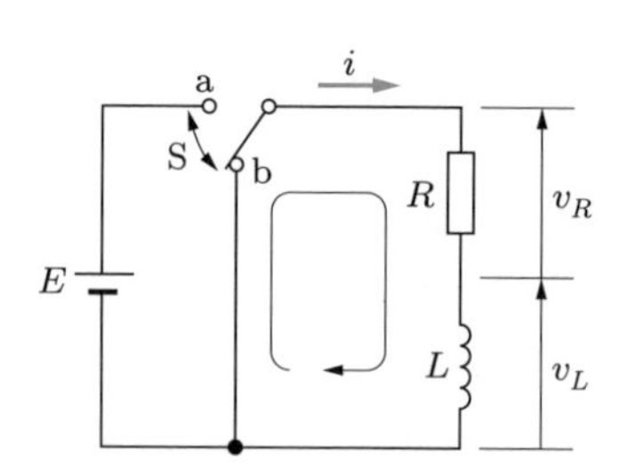

図 11.6　切り替えスイッチ S をもつ RL 直列回路

11.2.3　回路短絡後の変化

図 11.6 は，直流電圧源 E と切り替えスイッチ S をもつ RL 直列回路である．$t < 0$ ではスイッチ S は a 側に倒され，十分に時間が経過して定常状態になっている．このとき，式 (11.15) からわかるように，この回路には定常電流 E/R が流れている．

$t = 0$ のとき，スイッチ S を b 側に切り替える．このことは，RL 直列回路から電圧源を取り去って，短絡させることを意味する．コイル L に蓄えられていたエネルギーは，抵抗 R を通して消費され，回路に過渡現象が現れる．$t \geqq 0$ における回路を流れる電流 i の時間変化を調べてみよう．図の閉回路に沿って，キルヒホッフの第二法則を適用すると，次式が成り立つ．

$$L\frac{\mathrm{d}i(t)}{\mathrm{d}t} + Ri(t) = 0 \tag{11.25}$$

このとき流れる電流は，コイル L に蓄えられていたエネルギーからの放電電流である．

式 (11.25) を式 (11.10) と比べると，$g(t) \to i(t)$, $a_1 \to L$, $a_0 \to R$, $b \to 0$ の対応関係がある．これらを式 (11.11) に代入すると，式 (11.25) に対する次の一般解が得られる．

$$i(t) = Ae^{-(R/L)t} = Ae^{-t/\tau} \tag{11.26}$$

$t = 0$ のとき $i(t) = E/R$ であるので，この初期条件を式 (11.26) に代入すると，次のようになる．

$$A = \frac{E}{R} \tag{11.27}$$

よって，回路短絡後の電流 $i(t)$ は次のようになる．

▶ RL 直列回路における回路短絡後の電流の変化

$t = 0$ でスイッチを切り替えて回路を短絡すると，電流は次式に従って減衰する．

$$i(t) = \frac{E}{R}e^{-(R/L)t} \tag{11.28}$$

図 11.7 に，電流 $i(t)$ の時間変化のグラフを示す．$t = 0$ で $i = E/R$ であり，$t \to \infty$ で定常値 0 に近づく．

式 (11.28) を時間 t で微分すると，

$$\frac{\mathrm{d}i(t)}{\mathrm{d}t} = \left(\frac{E}{R}\right)\left(-\frac{R}{L}\right)e^{-(R/L)t} = -\frac{E}{L}e^{-(R/L)t} \tag{11.29}$$

であるので，R, L の両端にかかる電圧 $v_R(t)$, $v_L(t)$ は，それぞれ次のようになる．

▶ RL 直列回路における回路短絡後の電圧の変化

$$v_R(t) = Ri(t) = Ee^{-(R/L)t} \tag{11.30}$$

$$v_L(t) = L\frac{\mathrm{d}i(t)}{\mathrm{d}t} = -Ee^{-(R/L)t} \tag{11.31}$$

図 11.8 に，電圧 $v_R(t)$ および $v_L(t)$ の時間変化のグラフを示す．$v_R(t)$ と $v_L(t)$ は，時間軸に対して，お互いに上下対称であり，絶対値が同じで符号が異なる．すなわち，回路短絡後においては，外部から電源が加わっていないので，抵抗 R の両端の電圧 $v_R(t)$ とコイル L の両端の電圧 $v_L(t)$ を足し合わせたものは，どの時間においても，

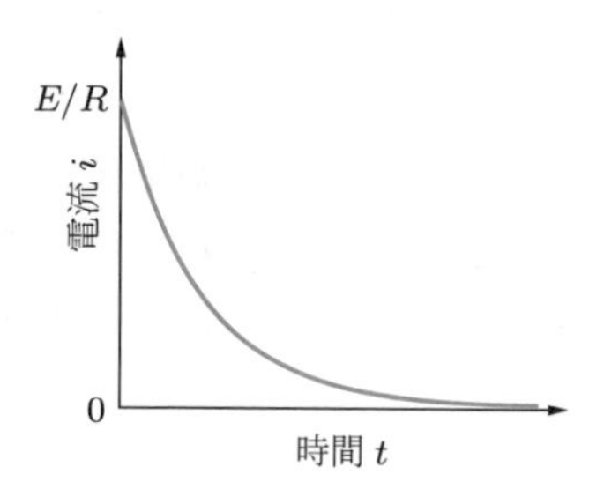

図 11.7　回路短絡後の電流の変化（RL 直列回路）

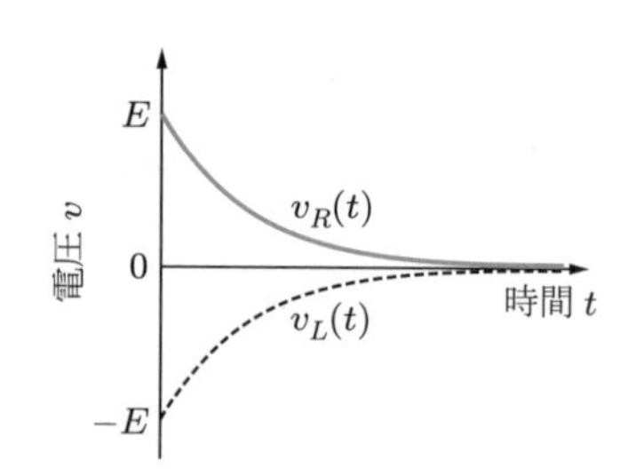

図 11.8　回路短絡後の各端子電圧の変化（RL 直列回路）

つねに 0 となる．

例題 11.1　図 11.6 に示した，直流電圧源 E と切り替えスイッチ S をもつ RL 直列回路を考える．ただし，インダクタンスは $L = 20$ [mH]，抵抗は $R = 2$ [kΩ]，また $E = 10$ [V] とする．$t = 0$ でスイッチ S を b 側から a 側に切り替えた．このとき，以下の問いに答えよ．

(1) この回路の時定数 τ を求めよ．

(2) R, L の両端にかかる電圧 $v_R(t)$, $v_L(t)$ のグラフを，$0 \leqq t \leqq 50$ [μs] の範囲で表せ．

(3) $v_R(t)$ が，定常値の 90%に達するまでの時間 T を求めよ．また，T は τ の何倍になるか．ただし，$\log_e 10 = \ln 10 = 2.30$ を用いよ．

(4) 時間が十分に経過して，電圧が定常値に達したあと，スイッチ S を b 側に切り替えて，回路を短絡した．この時間をあらためて $t = 0$ として，切り替え後の電圧 $v_R(t)$, $v_L(t)$ のグラフを，$0 \leqq t \leqq 50$ [μs] の範囲で表せ．

解答　(1)　式 (11.22) に従って，時定数 τ は次のように計算される．

$$\tau = \frac{L}{R} = \frac{20 \times 10^{-3}}{2 \times 10^{3}} = 1 \times 10^{-5}\ [\mathrm{s}] = 10\ [\mu\mathrm{s}]$$

(2)　式 (11.17) および式 (11.18) より，

$$v_R(t) = E\left\{1 - e^{-(R/L)t}\right\} = E\left(1 - e^{-t/\tau}\right) = 10\left\{1 - e^{-t/(1\times10^{-5})}\right\}\ [\mathrm{V}]$$

$$v_L(t) = Ee^{-(R/L)t} = Ee^{-t/\tau} = 10e^{-t/(1\times10^{-5})}\ [\mathrm{V}]$$

となる．**図 11.9**(a) に，それぞれのグラフを示す．

(3)　定常値は 10 [V] なので，

$$\frac{v_R(T)}{10} = 1 - e^{-T/(1\times10^{-5})} = 0.9 \quad \therefore\ e^{-T/(1\times10^{-5})} = 0.1$$

である．両辺の自然対数をとって，

$$\frac{-T}{1 \times 10^{-5}} = \ln 0.1 = -\ln 10$$

$$\therefore\ T = 1 \times 10^{-5} \ln 10 = 2.30 \times 10^{-5}\ [\mathrm{s}] = 23\ [\mu\mathrm{s}]$$

となる．よって，T は τ の 2.3 倍となる．

(4) 式 (11.30) および式 (11.31) より，

$$v_R(t) = Ee^{-(R/L)t} = Ee^{-t/\tau} = 10e^{-t/(1\times10^{-5})}\ [\mathrm{V}]$$
$$v_L(t) = -Ee^{-(R/L)t} = -Ee^{-t/\tau} = -10e^{-t/(1\times10^{-5})}\ [\mathrm{V}]$$

となる．図 (b) に，それぞれのグラフを示す．

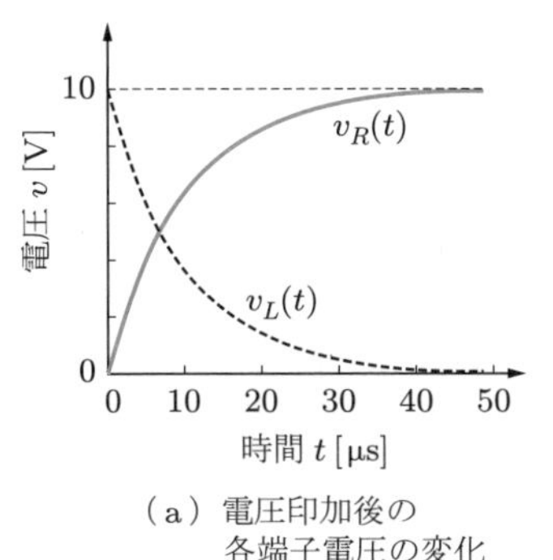

（a）電圧印加後の各端子電圧の変化

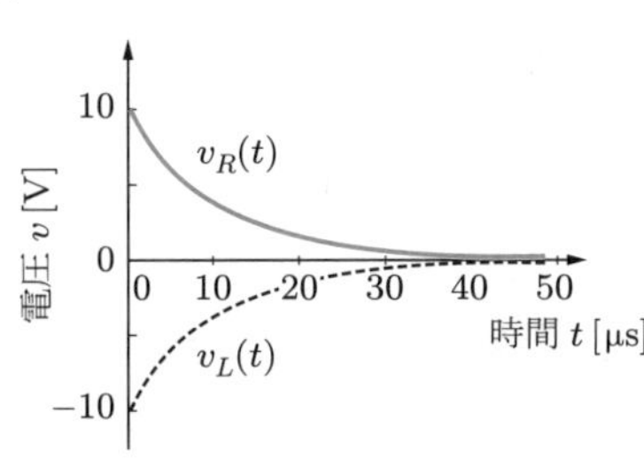

（b）回路短絡後の各端子電圧の変化

図 11.9 例題 11.1

11.2.4 コイルのエネルギーの蓄積と消費

図 11.6 の回路において，スイッチを a に切り替えて電源を接続し，定常状態にする．この過程で，コイルに蓄えられるエネルギー W_L を計算してみよう．これは，式 (11.15) と式 (11.18) を用いて次のようになる．

$$\begin{aligned}W_L &= \int_0^\infty v_L(t)\cdot i(t)\,\mathrm{d}t = \int_0^\infty Ee^{-(R/L)t}\cdot\frac{E}{R}\{1-e^{-(R/L)t}\}\,\mathrm{d}t\\ &= \frac{E^2}{R}\int_0^\infty \{e^{-(R/L)t}-e^{-2(R/L)t}\}\,\mathrm{d}t\\ &= \frac{E^2}{R}\left[-\frac{L}{R}e^{-(R/L)t}+\frac{L}{2R}e^{-2(R/L)t}\right]_0^\infty\\ &= \frac{E^2}{R}\left(-\frac{L}{R}e^{-\infty}+\frac{L}{2R}e^{-\infty}+\frac{L}{R}e^0-\frac{L}{2R}e^0\right) = \frac{L}{2}\left(\frac{E}{R}\right)^2\end{aligned} \tag{11.32}$$

ここで，定常電流を I とするとき，

$$\frac{E}{R} = I \tag{11.33}$$

であるので，これを式 (11.32) に代入して，次のようになる．

▶ コイルに蓄えられるエネルギー

RL 直列回路において，直流電圧源 E を加えて定常状態になったとき，コイルには，次の**電磁エネルギー**が蓄えられる．

$$W_L = \frac{1}{2}LI^2 \tag{11.34}$$

次に，電源が接続されて定常状態になっている図 11.6 の回路において，スイッチを b に切り替えて電源を取り去り，この回路を短絡させる．その後，十分な時間の経過後に，過渡現象が落ち着き，この回路は別の定常状態に移る．この過程で，抵抗で消費されるエネルギー W を計算してみよう．これは，式 (11.28) と式 (11.30) を用いて次のようになる．

$$\begin{aligned} W &= \int_0^{\infty} v_R(t) \cdot i(t)\,\mathrm{d}t = \int_0^{\infty} Ee^{-(R/L)t} \cdot \frac{E}{R}e^{-(R/L)t}\,\mathrm{d}t \\ &= \frac{E^2}{R}\int_0^{\infty} e^{-2(R/L)t}\,\mathrm{d}t = \frac{E^2}{R}\left[-\frac{L}{2R}e^{-2(R/L)t}\right]_0^{\infty} \\ &= -\frac{L}{2}\left(\frac{E}{R}\right)^2 (e^{-\infty} - e^0) = \frac{L}{2}\left(\frac{E}{R}\right)^2 = \frac{1}{2}LI^2 \end{aligned} \tag{11.35}$$

式 (11.35) から，コイル L に蓄えられた電磁エネルギーは，抵抗 R ですべて熱として消費されることがわかる．

例題 11.2　例題 11.1 の (4) で示される回路短絡後に，抵抗 R で熱として消費されるエネルギー W を求めよ．

解答　式 (11.33) より，定常電流 I は次のようになる．

$$I = \frac{E}{R} = \frac{10}{2 \times 10^3} = 5 \times 10^{-3}\ [\mathrm{A}]$$

よって，式 (11.35) にこの結果と素子の値を代入して，次のように求められる．

$$W = \frac{1}{2}LI^2 = \frac{20 \times 10^{-3} \times \left(5 \times 10^{-3}\right)^2}{2} = 2.5 \times 10^{-7}\ [\mathrm{J}]$$

11.3　RC 直列回路の過渡現象

11.3.1　電源投入後の変化

図 11.10 に示す，直流電圧源 E とスイッチ S をもつ RC 直列回路を考える．$t < 0$ では，スイッチ S は開放されている．$t = 0$ のとき，スイッチ S を閉じる．$t \geqq 0$ に

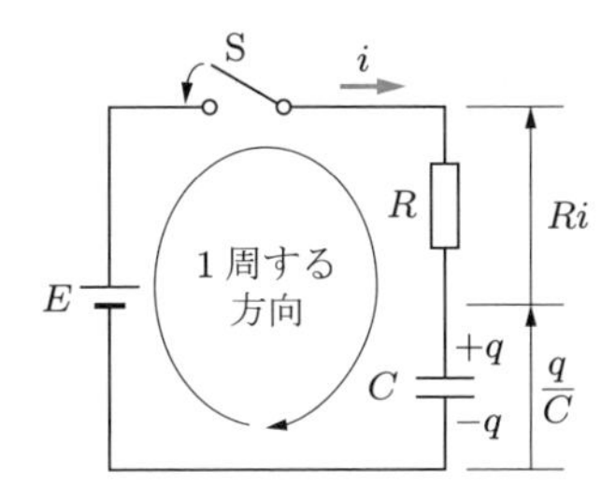

図 11.10　スイッチ S をもつ RC 直列回路

おける電流 i とコンデンサに蓄えられた電荷 q の時間変化を調べてみよう．

$t=0$ でスイッチ S を閉じると，電流 $i(t)$ が，添えられた矢印の向きに流れ始め，コンデンサ C の両端に正負の電荷が充電される．図の閉回路に沿って，キルヒホッフの第二法則を適用すると，次式が成り立つ．

$$Ri(t)+\frac{q(t)}{C}=E \tag{11.36}$$

この式が，この回路で生じている現象を記述している支配方程式である．しかし，未知変数として電流 $i(t)$ と電荷 $q(t)$ の二つが入っているため，このままでは解けない．そこで，電流 $i(t)$ が電荷 $q(t)$ の時間変化率であること，すなわち，t についての微分で表されることを用いることにしよう．

$$i(t)=\frac{\mathrm{d}q(t)}{\mathrm{d}t} \tag{11.37}$$

式 (11.37) を式 (11.36) に代入すると，次のようになる．

$$R\frac{\mathrm{d}q(t)}{\mathrm{d}t}+\frac{1}{C}q(t)=E \tag{11.38}$$

R および C は定数であるので，この式は 1 階の定数係数線形微分方程式である．

式 (11.38) を式 (11.10) と比較してみると，$g(t)\to q(t)$, $a_1\to R$, $a_0\to 1/C$, $b\to E$ の対応関係がある．これらを式 (11.11) に代入すると，式 (11.38) に対する次の一般解が得られる．

$$q(t)=CE+Ae^{-t/(RC)} \tag{11.39}$$

ここで，$t=0$ のとき $q(t)=0$ という初期条件を式 (11.39) に代入すると，次のようになる．

$$0=CE+A\quad\therefore\ A=-CE \tag{11.40}$$

これを式 (11.39) に代入して整理すると，電荷 $q(t)$ は次のようになる．

▶ RC 直列回路における電源投入後の電荷の変化

$t = 0$ でスイッチを閉じて直流電圧 E を加えると，次式のような時間変化に従って，コンデンサの両端に正負の電荷 $q(t)$ が充電される．

$$q(t) = CE\left\{1 - e^{-t/(RC)}\right\} \tag{11.41}$$

このとき，回路に流れる電流 $i(t)$，および抵抗 R，コンデンサ C の両端にかかる電圧 $v_R(t)$, $v_C(t)$ は，次のようになる．

▶ RC 直列回路における電源投入後の電流と電圧の変化

$$i(t) = \frac{\mathrm{d}q}{\mathrm{d}t} = -CE\left(-\frac{1}{RC}\right)e^{-t/(RC)} = \frac{E}{R}e^{-t/(RC)} \tag{11.42}$$

$$v_R(t) = Ri(t) = Ee^{-t/(RC)} \tag{11.43}$$

$$v_C(t) = \frac{q(t)}{C} = E\left\{1 - e^{-t/(RC)}\right\} \tag{11.44}$$

図 11.11 に，電荷 $q(t)$ の時間変化のグラフを示す．$t = 0$ で $q = 0$ であり，$t \to \infty$ で定常値 CE に近づく．**図 11.12** に，電流 $i(t)$ の時間変化のグラフを示す．$t = 0$ で $i = E/R$ であり，$t \to \infty$ で定常値 0 に近づく．**図 11.13** に，電圧 $v_R(t)$ および $v_C(t)$ の時間変化のグラフを示す．$v_R(t)$ は $i(t)$ に比例するので，$i(t)$ と同様の変化を示す．また，$v_C(t)$ は $q(t)$ に比例するので，$q(t)$ と同様の変化を示す．なお，式 (11.43) と式 (11.44) から，$v_R(t)$ と $v_C(t)$ の和は，つねに一定値 E であることがわかる．

$$v_R(t) + v_C(t) = E \tag{11.45}$$

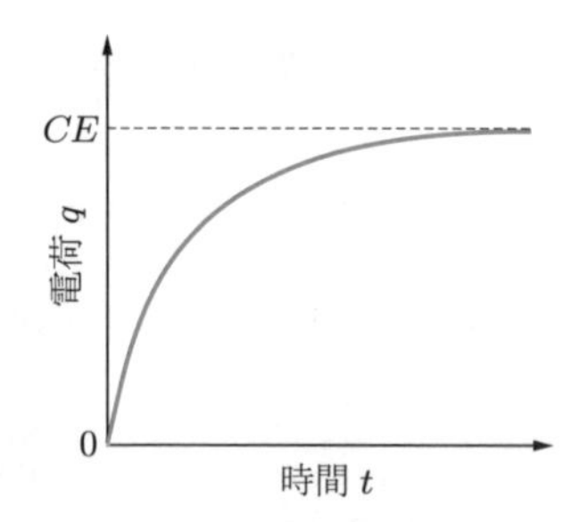

図 11.11　電圧印加後の電荷の変化（RC 直列回路）

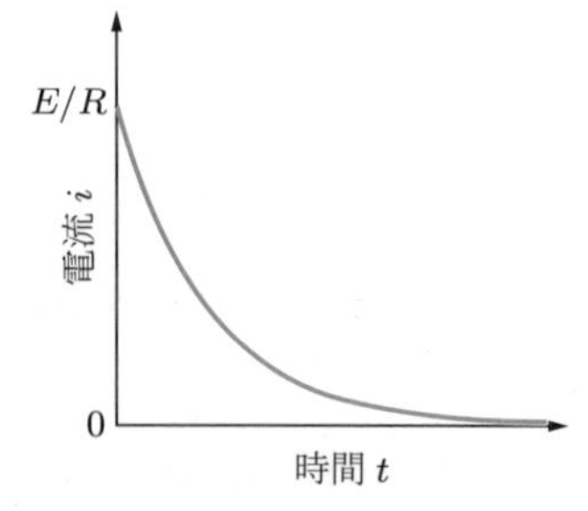

図 11.12　電圧印加後の電流の変化（RC 直列回路）

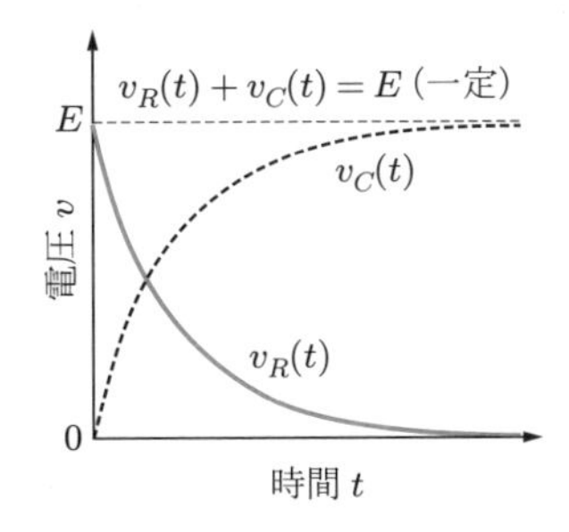

図 11.13 電圧印加後の各端子電圧の変化（RC 直列回路）

11.3.2 時定数

$q(t)$, $i(t)$, $v_R(t)$ および $v_C(t)$ の時間変化を表す式 (11.41)〜(11.44) は,

$$e^{-t/(RC)} = e^{-t/\tau} \tag{11.46}$$

で表される特徴的な項を含む．式 (11.46) の中で導入した $\tau = RC$ を，RC 直列回路の**時定数**という．

▶ RC 直列回路の時定数

RC 直列回路の時定数 τ は次式で与えられる．

$$\tau = RC \tag{11.47}$$

式 (11.43) に，$t = \tau = RC$ を代入すると，

$$v_R(RC) = Ee^{-(RC)/(RC)} = Ee^{-1} = 0.368E \tag{11.48}$$

である．すなわち，$v_R(t)$ は $t = \tau$ で定常値の 36.8％に減少する．同様にして，式 (11.44) に，$t = \tau = RC$ を代入すると，

$$v_C(RC) = E\{1 - e^{-(RC)/(RC)}\} = E(1 - e^{-1}) = 0.632E \tag{11.49}$$

である．すなわち，$v_C(t)$ は $t = \tau$ で定常値の 63.2％に達する．

11.3.3 回路短絡後の変化

図 11.14 に示す，直流電圧源 E と切り替えスイッチ S をもつ RC 直列回路を考える．$t < 0$ においてスイッチ S は a 側に倒され，十分に時間が経過して定常状態になっている．このとき，式 (11.44) からわかるように，コンデンサの両端の電圧は E であり，また，式 (11.41) より，蓄えられている電荷 q は CE である．

$t = 0$ のとき，スイッチ S を b 側に切り替える．このことは，RC 直列回路から電

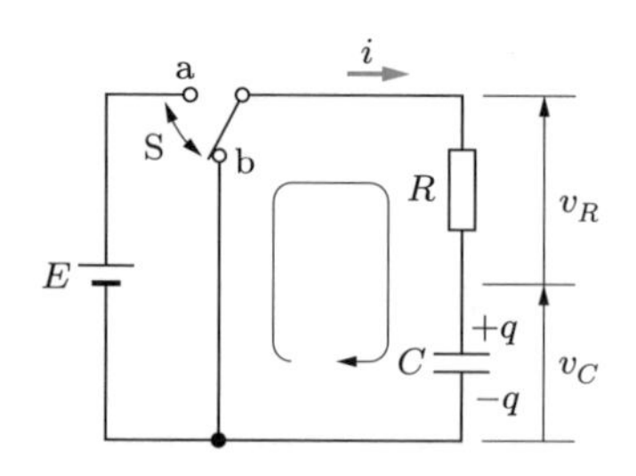

図 11.14　切り替えスイッチ S をもつ RC 直列回路

圧源を取り去って，短絡させることを意味する．コンデンサに蓄えられていたエネルギーは，抵抗を通して放電され，回路に過渡現象が現れる．$t \geqq 0$ における回路を流れる電流 i と，コンデンサに蓄えられた電荷 q の時間変化を調べてみよう．図の閉回路に沿って，キルヒホッフの第二法則を適用すると，次式が成り立つ．

$$Ri(t) + \frac{q(t)}{C} = R\frac{\mathrm{d}q(t)}{\mathrm{d}t} + \frac{q(t)}{C} = 0 \tag{11.50}$$

式 (11.50) を式 (11.10) と比較してみると，$g(t) \to q(t)$, $a_1 \to R$, $a_0 \to 1/C$, $b \to 0$ の対応関係がある．これらを式 (11.11) に代入すると，式 (11.50) に対する次の一般解が得られる．

$$q(t) = Ae^{-t/(RC)} = Ae^{-t/\tau} \tag{11.51}$$

$t = 0$ のとき，$q(t) = CE$ であるので，この初期条件を式 (11.51) に代入すると，

$$A = CE \tag{11.52}$$

となる．これをあらためて式 (11.51) に代入すると，回路短絡後の電荷 $q(t)$ は次のようになる．

▶ RC 直列回路における回路短絡後の電荷の変化

$t = 0$ でスイッチを切り替えて回路を短絡すると，コンデンサに蓄えられた電荷 $q(t)$ は，次式に従って減衰する．

$$q(t) = CEe^{-t/(RC)} \tag{11.53}$$

このとき，回路に流れる電流 $i(t)$ と，R, C の両端にかかる電圧 $v_R(t)$, $v_C(t)$ は，それぞれ次のようになる．

▶ RC 直列回路における回路短絡後の電流と電圧の変化

$$i(t) = \frac{\mathrm{d}q}{\mathrm{d}t} = -\frac{E}{R}e^{-t/(RC)} \tag{11.54}$$

$$v_R(t) = Ri(t) = -Ee^{-t/(RC)} \tag{11.55}$$

$$v_C(t) = \frac{q(t)}{C} = Ee^{-t/(RC)} \tag{11.56}$$

図 11.15 に，電荷 $q(t)$ の時間変化のグラフを示す．$t = 0$ で $q = CE$ であり，$t \to \infty$ で定常値 0 に近づく．**図 11.16** に，電流 $i(t)$ の時間変化のグラフを示す．$t = 0$ で $i = -E/R$ であり，$t \to \infty$ で定常値 0 に近づく．ここで，閉回路を流れる電流の向きは，図 11.14 の周回方向と逆になることに注意してほしい．流れる電流は，コンデンサに蓄えられていた電荷による放電電流である．**図 11.17** に，電圧 $v_R(t)$, $v_C(t)$ の時間変化のグラフを示す．$v_R(t)$ は $i(t)$ に比例することから，また，$v_C(t)$ は $q(t)$ に比例することから，それぞれ $i(t)$ および $q(t)$ と同様の変化を示す．ここで，$v_R(t)$ と $v_C(t)$ は，時間軸に対して，お互いに上下対称であり，絶対値が同じで符号が異なる．

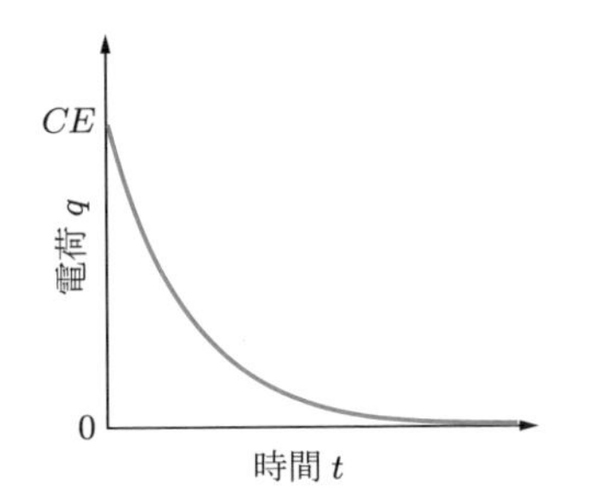

図 11.15　回路短絡後の電荷の変化（RC 直列回路）

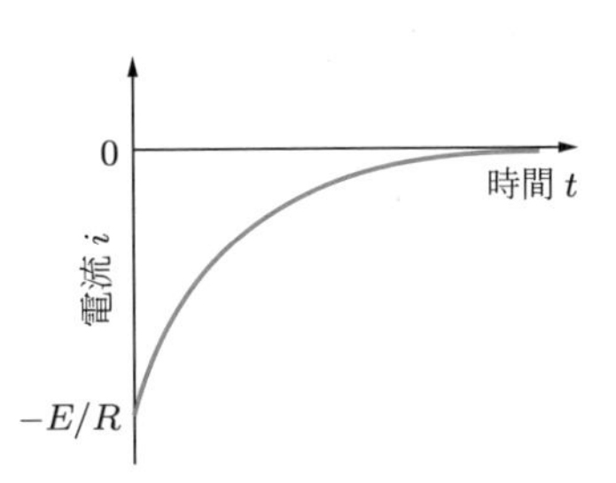

図 11.16　回路短絡後の電流の変化（RC 直列回路）

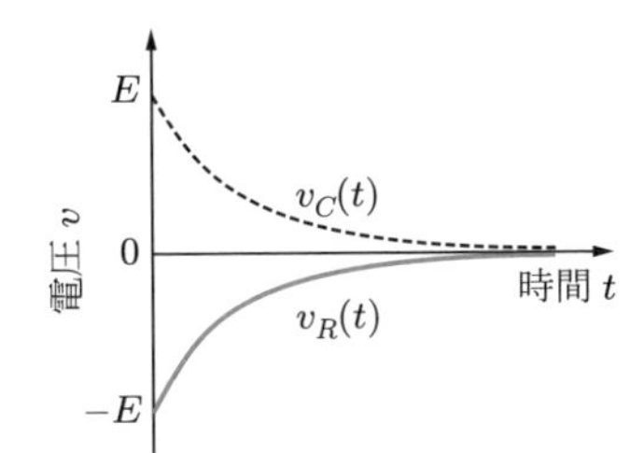

図 11.17　回路短絡後の各端子電圧の変化（RC 直列回路）

例題 11.3　図 11.14 に示した，直流電圧源 E と切り替えスイッチ S をもつ RC 直列回路を考える．ただし，キャパシタンスは $C = 10$ [μF]，抵抗は $R = 20$ [kΩ]，また $E = 10$ [V] とする．$t = 0$ でスイッチ S を a 側に切り替えた．このとき，以下の問いに答えよ．

(1) この回路の時定数 τ を求めよ．

(2) コンデンサに蓄えられている電荷 $q(t)$ のグラフを，$0 \leqq t \leqq 1$ [s] の範囲で表せ．

(3) 電荷 $q(t)$ は，3τ 後には定常値の何%になるか．

(4) 時間が十分に経過したあと，スイッチ S を b 側に切り替えて，回路を短絡した．この時間をあらためて $t = 0$ として，切り替え後の電流 $i(t)$ のグラフを，$0 \leqq t \leqq 1$ [s] の範囲で表せ．

解答　(1) 式 (11.47) に従って，時定数 τ は次のように計算される．

$$\tau = RC = 20 \times 10^3 \times 10 \times 10^{-6} = 0.2 \text{ [s]}$$

(2) 式 (11.41) より，

$$q(t) = CE\{1 - e^{-t/(RC)}\} = 10 \times 10^{-6} \times 10(1 - e^{-t/0.2})$$
$$= 1 \times 10^{-4}(1 - e^{-t/0.2}) \text{ [C]}$$

となる．**図 11.18** に，$q(t)$ のグラフを示す．

(3) 式 (11.41) において，

$$1 - e^{-3\tau/(RC)} = 1 - e^{-3\tau/\tau} = 1 - e^{-3} = 0.95$$

となる．よって，95%になる．

(4) 式 (11.54) より，

$$i(t) = -\frac{E}{R}e^{-t/(RC)} = -\frac{10}{20 \times 10^3}e^{-t/0.2} = -5 \times 10^{-4}e^{-t/0.2} \text{ [A]}$$

となる．**図 11.19** に，$i(t)$ のグラフを示す．

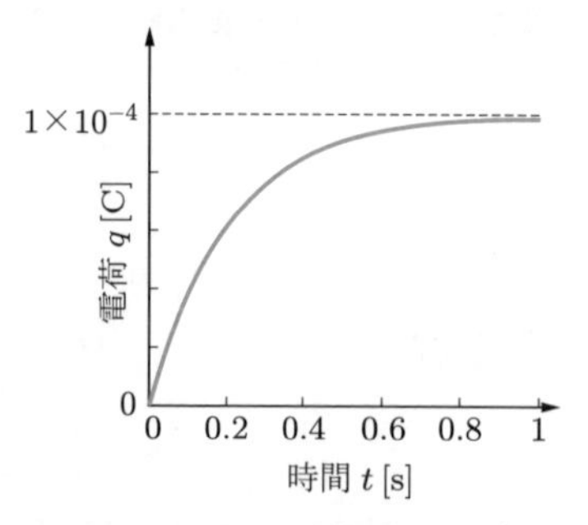

図 11.18　電圧印加後の電荷 $q(t)$ の変化

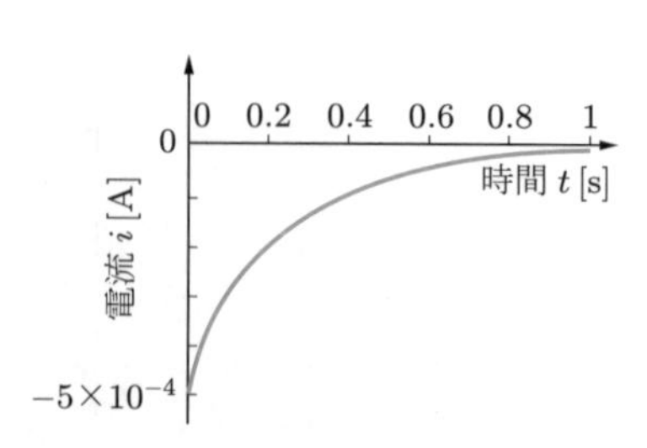

図 11.19　回路短絡後の電流 $i(t)$ の変化

11.3.4 コンデンサのエネルギーの蓄積と消費

図 11.14 の回路において，スイッチを a に切り替えて電源を接続し，定常状態にする．この過程で，コンデンサに蓄えられるエネルギー W_C を計算してみよう．式 (11.42) と式 (11.44) を用いて次のようになる．

$$\begin{aligned} W_C &= \int_0^\infty v_C(t)\cdot i(t)\,\mathrm{d}t = \int_0^\infty E\{1-e^{-t/(RC)}\}\cdot\frac{E}{R}e^{-t/(RC)}\,\mathrm{d}t \\ &= \frac{E^2}{R}\int_0^\infty \left\{e^{-t/(RC)} - e^{-2t/(RC)}\right\}\mathrm{d}t \\ &= \frac{E^2}{R}\left[-RCe^{-t/(RC)} + \frac{RC}{2}e^{-2t/(RC)}\right]_0^\infty = \frac{CE^2}{2} \end{aligned} \tag{11.57}$$

▶ **コンデンサに蓄えられるエネルギー**

RC 直列回路において，直流電圧源 E を加えて定常状態となったとき，コンデンサには次の**静電エネルギー**が蓄えられる．

$$W_C = \frac{1}{2}CE^2 \tag{11.58}$$

一方，電源から抵抗に供給されるエネルギー W_R は，式 (11.42) と式 (11.43) を用いて次のようになる．

$$\begin{aligned} W_R &= \int_0^\infty v_R(t)\cdot i(t)\,\mathrm{d}t = \int_0^\infty Ee^{-t/(RC)}\cdot\frac{E}{R}e^{-t/(RC)}\,\mathrm{d}t \\ &= \frac{E^2}{R}\int_0^\infty e^{-2t/(RC)}\,\mathrm{d}t = \frac{E^2}{R}\left[-\frac{RC}{2}e^{-2t/(RC)}\right]_0^\infty = \frac{CE^2}{2} \end{aligned} \tag{11.59}$$

式 (11.57) と式 (11.59) から，電源から供給されたエネルギーは，抵抗 R とコンデンサ C に等しく配分されることが理解できる．この大きさは，$CE^2/2$ で与えられる．抵抗 R に配分されたエネルギーは，熱として消費される．

次に，電源が接続されて定常状態になっている図 11.14 の回路において，スイッチを b に切り替えて電源を取り去り，この回路を短絡させる．その後，十分な時間の経過後に，過渡現象が落ち着き，この回路は別の定常状態に移る．この過程で，抵抗で消費されるエネルギー W を計算してみよう．式 (11.54) と式 (11.55) を用いると，次のようになる．

$$\begin{aligned} W &= \int_0^\infty v_R(t)\cdot i(t)\,\mathrm{d}t = \int_0^\infty \{-Ee^{-t/(RC)}\}\cdot\left\{-\frac{E}{R}e^{-t/(RC)}\right\}\mathrm{d}t \\ &= \frac{E^2}{R}\int_0^\infty e^{-2t/(RC)}\,\mathrm{d}t = \frac{E^2}{R}\left[-\frac{RC}{2}e^{-2t/(RC)}\right]_0^\infty \end{aligned}$$

$$= \frac{CE^2}{2} \tag{11.60}$$

式 (11.57) と式 (11.60) から，放電時には，コンデンサ C に蓄えられた静電エネルギーは，抵抗 R ですべて熱として消費されることがわかる．

例題 11.4　例題 11.3 の (4) で示される回路短絡後に，抵抗で熱として消費されるエネルギーを求めよ．

解答　式 (11.60) に，例題 11.3 で示された素子の値を代入すると，次のように求められる．

$$W = \frac{CE^2}{2} = \frac{10 \times 10^{-6} \times 10^2}{2} = 5 \times 10^{-4} \text{ [J]}$$

演習問題

11.1 【RL 直列回路】　図 11.1 に示した RL 直列回路において，抵抗は $R = 50$ [Ω]，インダクタンスは $L = 100$ [mH] とする．$t = 0$ でスイッチ S を閉じた．このとき，以下の問いに答えよ．

(1) この回路の時定数 τ を求めよ．

(2) R および L の端子電圧が，お互いに等しくなる時間 t_0 を求めよ．ただし，$\log_e 2 = \ln 2 = 0.693$ を用いよ．

11.2 【RL 直列回路の充電と放電】　図 11.6 に示した直流電圧源 E と切り替えスイッチ S をもつ RL 直列回路において，抵抗は $R = 100$ [Ω]，インダクタンスは $L = 200$ [mH]，$E = 20$ [V] とする．$t = 0$ でスイッチ S を a 側に切り替えた．このとき，以下の問いに答えよ．

(1) この回路の時定数 τ を求めよ．

(2) R, L の端子電圧 $v_R(t)$, $v_L(t)$ のグラフを，$0 \leqq t \leqq 10$ [ms] の範囲で表せ．

(3) $v_R(t)$ が，定常値の 80%に達する時間 T を求めよ．また，T は τ の何倍になるか．$\ln 5 = 1.61$ を用いよ．

(4) 時間が十分に経過したあと，スイッチ S を b 側に切り替えた．この時間をあらためて $t = 0$ として，切り替え後の電圧 $v_R(t)$, $v_L(t)$ のグラフを，$0 \leqq t \leqq 10$ [ms] の範囲で表せ．

11.3 【RC 直列回路】　図 11.10 に示した RC 直列回路において，抵抗は $R = 500$ [Ω]，キャパシタンスは $C = 10$ [μF] とする．$t = 0$ でスイッチ S を閉じた．このとき，以下の問いに答えよ．

(1) この回路の時定数 τ を求めよ．

(2) R および C の端子電圧が，お互いに等しくなる時間 t_0 を求めよ．

11.4 【RC 直列回路の充電と放電】 図 11.14 に示した直流電圧源 E と切り替えスイッチ S をもつ RC 直列回路において，抵抗は $R = 20$ [Ω]，キャパシタンスは $C = 50$ [μF], $E = 10$ [V] とする．$t = 0$ でスイッチ S を a 側に切り替えた．このとき，以下の問いに答えよ．

(1) この回路の時定数 τ を求めよ．

(2) コンデンサに蓄えられている電荷 $q(t)$ のグラフを，$0 \leqq t \leqq 5$ [ms] の範囲で表せ．

(3) 電荷 $q(t)$ は，2τ 後には定常値の何倍になるか．

(4) 時間が十分に経過したあと，スイッチ S を b 側に切り替えた．この時間をあらためて $t = 0$ として，切り替え後の電流 $i(t)$ のグラフを，$0 \leqq t \leqq 5$ [ms] の範囲で表せ．

11.5 【RL 直並列回路の消費電力】 **図 11.20** に示すスイッチ S をもつ RL 回路がある．$t < 0$ においてスイッチ S は閉じられており，定常状態が成立している．$t = 0$ でスイッチ S を開いた．$t \geqq 0$ における，抵抗 R_2 を流れる電流 $i(t)$ を求めよ．また，抵抗 R_2 で消費されるエネルギーを計算せよ．このエネルギーは，どこに蓄えられていたエネルギーであるか．

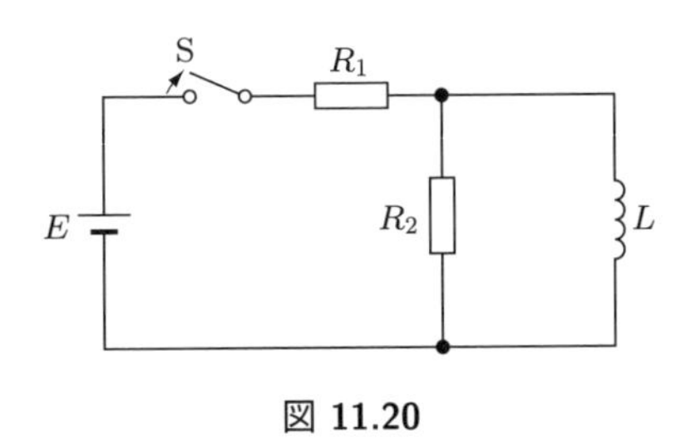

図 11.20

演習問題解答

1章

1.1 式 (1.3) より，$Q=20\times 2=40$ [C] となる．また，通過した電子の個数 N は，$N=Q/e=40/(1.602\times 10^{-19})=2.497\times 10^{20}$ [個] となる．

1.2 式 (1.2) より，$I=50/5=10$ [A] となる．

1.3 式 (1.4) より，$V=20/2=10$ [V] となる．

1.4 式 (1.4) より，$W=qV=100\times 1.602\times 10^{-19}\times(5-1)=6.408\times 10^{-17}$ [J] となる．

1.5 式 (1.8) より，$P=200\times 10^{-3}\times 1.5=0.3$ [W] となる．

1.6 式 (1.9) より，$W=60\times 3\times 60\times 60=6.48\times 10^{5}$ [J] となる．

1.7 式 (1.8) より，$I=P/V=1.5\times 10^{3}/100=15$ [A] となる．

1.8 式 (1.12) より，$R=V/I=5/10=0.5$ [Ω] となる．

1.9 式 (1.12) より，$V=RI=10\times 30=300$ [V] となる．

1.10 式 (1.13) より，電気抵抗 R は，抵抗器の断面積に反比例し，長さに比例する．よって，$27/(3\times 3)=3$ 倍となる．

1.11 式 (1.13) より，$\rho=R\times S/l=30\times 2\times(10^{-3})^2/(10\times 10^{-2})=6\times 10^{-4}$ [Ω·m] となる．

2章

2.1 **解図 2.1** において，C–D 間の合成抵抗 R_{CD} は，R_1 と R_2 の直列接続なので，$R_{\mathrm{CD}}=R_1+R_2$ となる．求める端子 a–b 間の合成抵抗 R は，R_{CD} と R_3 の並列接続なので，式 (2.18) より，次式となる．

$$R=\frac{R_{\mathrm{CD}}R_3}{R_{\mathrm{CD}}+R_3}=\frac{(R_1+R_2)R_3}{R_1+R_2+R_3}$$

2.2 図 2.24 は，**解図 2.2** のように描き直すことができる．ここで，C–D 間の合成抵抗 R_{CD} は，問題 2.1 の解答を参考にして，$R_{\mathrm{CD}}=(R_1+R_2)R_1/(R_1+R_2+R_1)=(R_1+$

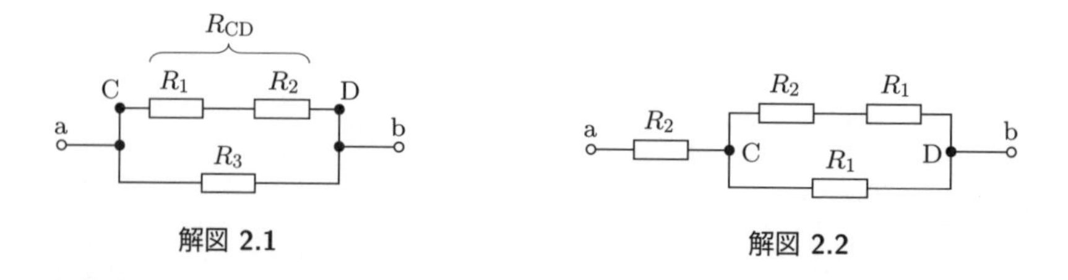

解図 2.1　　解図 2.2

$R_2)R_1/(2R_1+R_2)$ である．求める端子 a-b 間の合成抵抗 R は，R_{CD} と R_2 の直列接続なので，次式となる．

$$R = R_2 + R_{\mathrm{CD}} = \frac{{R_1}^2 + 3R_1R_2 + {R_2}^2}{2R_1 + R_2}$$

2.3　図 2.25 は，**解図 2.3** のように描き直すことができる．C-F 間の合成抵抗を R_{CF} とすると，R_{CF} は，問題 2.1 の図 2.23 で $R_1 = R_2 = R_3 = R$ としたものに等しいので，問題 2.1 の解答に代入して，$R_{\mathrm{CF}} = R(R+R)/(R+R+R) = 2R/3$ となる．さらに，求める端子 a-b 間の合成抵抗は，同様にして，図 2.23 で $R_1 = R_{\mathrm{CF}}$, $R_2 = R_3 = R$ としたものに等しいので，求める合成抵抗 R_{ab} は，次式で与えられる．

$$R_{\mathrm{ab}} = \frac{(R_{\mathrm{CF}} + R)R}{(R_{\mathrm{CF}} + R) + R} = \frac{5}{8}R$$

この問題のように，一見すると複雑に見える回路であっても，理解しやすい形に並べ替え，さらに抵抗の接続構造を解析することによって，容易に解ける場合が多い．

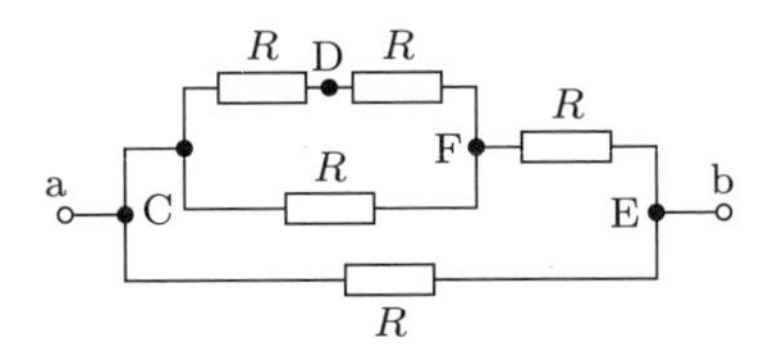

解図 2.3

2.4　乾電池は直列接続されているので，a-b 間の電圧 V は，$V = 6+3 = 9$ [V] となる．よって，電流 I は，オームの法則 (1.12) より，$I = 9/3 = 3$ [A] となる．

2.5　C-D 間は，起電力 E の二つの乾電池が直列接続され，これが三つ並列接続されている．この端子間電圧 V_{CD} は，$V_{\mathrm{CD}} = E + E = 2E$ である．a-b 間の電圧 V_{ab} は，C-D 間，D-b 間の電源の直列接続なので，$V_{\mathrm{ab}} = 2E + E = 3E$ である．よって，$I = V_{\mathrm{ab}}/R = 3E/R$ となる．

2.6　C-E 間の抵抗 R_1 は，$R_1 = 10 + 30 = 40$ [Ω]，F-G 間の抵抗 R_2 は，$R_2 = 60$ [Ω] である．よって，a-b 間の合成抵抗 R は，式 (2.18) より，$R = R_1R_2/(R_1+R_2) = 24$ [Ω] となる．これより，オームの法則を用いて，$I = 12/24 = 0.5$ [A] となる．求める電流 I_1 は，分流の法則 (2.21) あるいは (2.24) より，$I_1 = R_2/(R_1+R_2) \times I = 0.3$ [A] となる．また，分圧の法則 (2.14) あるいは (2.16) より，10 [Ω] の両端の電圧 V_{CD} は，$V_{\mathrm{CD}} = 10/(10+30) \times 12 = 3$ [V] となる．

2.7　**解図 2.4** のように，電流 I, I_1 および I_2 を仮定し，二つの閉回路 S_1 および S_2 を考える．キルヒホッフの第一法則を点 A に適用する．

$$I = I_1 + I_2 \tag{1}$$

閉回路 S_1 および S_2 に沿って，キルヒホッフの第二法則を適用する．

$$4 \times I_1 + 6 \times I = 22 \tag{2}$$

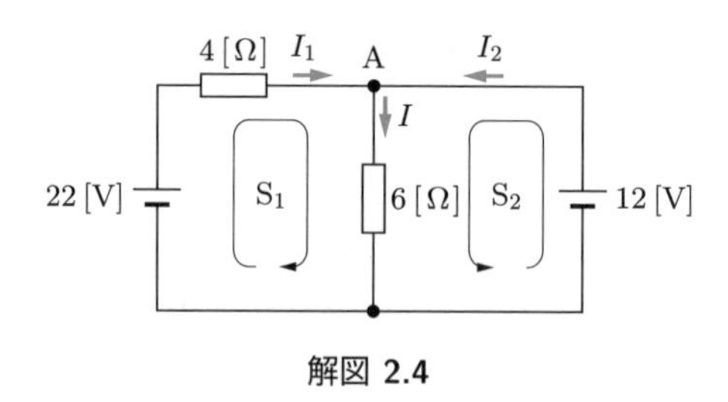

解図 2.4

$$0 \times I_2 + 6 \times I = 12 \tag{3}$$

式 (3) より，$I = 2$ [A] となる．これを式 (2) に代入して，$I_1 = 2.5$ [A] となる．これらを式 (1) に代入すると，$I_2 = -0.5$ [A] となる．I_2 は負の値になるが，これは，I_2 が仮定した方向とは逆向きの電流であることを表す．

2.8　端子 a から mI の電流が流入し，電流計には I のみの電流が流れ，残りの $(m-1)I$ は分流器を流れる．E-F 間と C-D 間の電圧は等しいので，$R \times (m-1)I = rI$ から，$R = r/(m-1)$ となる．題意の数値を代入して，$R = 49/(50-1) = 1$ [mΩ] と求められる．

2.9　a-b 間に mV_0 の電圧が加わっている．また，電圧計には V_0 のみの電圧が加わり，残りの $(m-1)V_0$ は分圧器にかかっている．図 2.31 のように，流れる電流を I とおくと，オームの法則より次の関係が得られる．

$$r \times I = V_0$$
$$(R + r) \times I = mV_0$$

これを R について解くと，$R = r(m-1)$ となる．題意の数値を代入して，$R = 10 \times (50 - 1) = 490$ [kΩ] と求められる．

2.10　式 (2.31) を用いて，$I = E/(r+R) = 4/(1+R)$ [A] となる．この式の R に，1〜9 [Ω] までの値を代入して，**解図 2.5** のグラフが描かれる．

2.11　式 (2.32) を用いて，端子電圧 $V = E - rI = 4 - 1 \times I$ [V] となる．問題 2.10 で求めた R を変化させたときの I と，このときの端子電圧 V との関係をグラフにすると，**解図 2.6** が得られる．

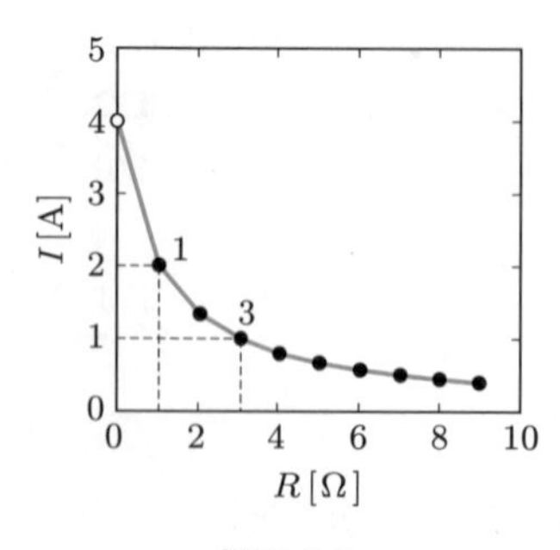

解図 2.5

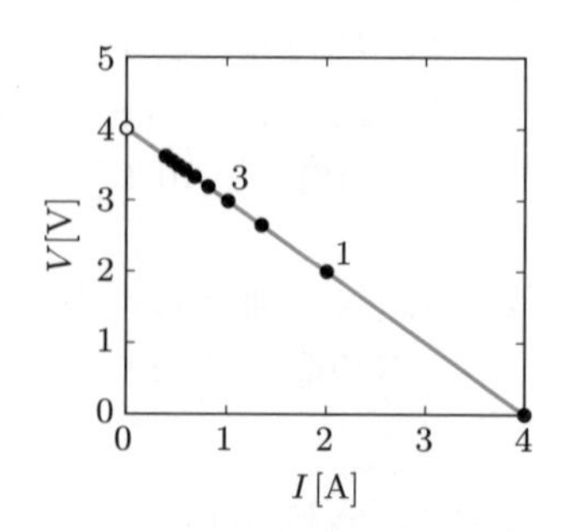

解図 2.6

2.12　図 2.32 のように電圧と電流を定義する．$V=E-rI_L$ なので，$I_L=E/r-V/r=I_0-I_G$ である．よって，$I_0=E/r=80$ [A], $G=1/r=0.5$ [S] と求められる．

3章

3.1　式 (3.5) より，$f=1/T=1/(20\times10^{-3})=50$ [Hz] となる．

3.2　式 (3.7) を用いて，$T=2\pi/\omega=2\pi/1000=6.28\times10^{-3}$ [s] となる．

3.3　与えられた式を，式 (3.12) と対応させる．最大値は $I_m=30$ [A]，角周波数は $\omega=100\pi$ [rad/s] である．よって，周波数は $f=\omega/2\pi=50$ [Hz]，周期は $T=1/f=0.02$ [s] となる．また，初期位相は，$\theta=-\pi/4$ [rad] となる．これをグラフにしたものを，**解図 3.1** に青い実線で示す．なお，初期位相が $\theta=0$ の場合のグラフも，併せて破線で示している．

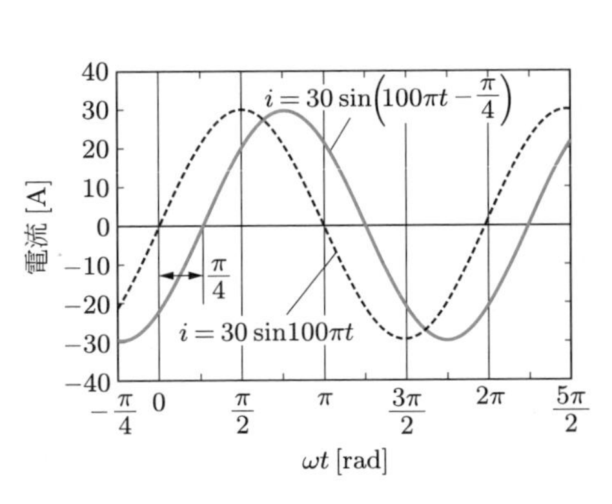

解図 3.1

$v=141\sin\left(524t+\frac{\pi}{2}\right)$

$v=141\sin524t$

電圧 [V]　t [ms]

ただし，3 [ms] $\fallingdotseq\frac{\pi}{2}\times\frac{1}{524}$ [ms]

解図 3.2

3.4　(1) 与えられた v の式を，式 (3.11) と対応させる．最大値は $V_m=256$ [V]，角周波数は $\omega=120\pi$ [rad/s]，初期位相は $\theta=3\pi/2$ [rad] であることが読み取れる．式 (3.18) を用いて，実効値は $V_e=V_m/\sqrt{2}=181$ [V] となる．電圧の平均値 V_{av} は，式 (3.14) を用いて，$V_{av}=0.637\times V_m=163$ [V]，周波数は $f=\omega/2\pi=60$ [Hz]，周期は $T=1/f=0.0167$ [s] となる．

(2) 与えられた i の式を，式 (3.12) と対応させる．最大値は $I_m=120$ [A]，角周波数は $\omega=500$ [rad/s], 初期位相は $\theta=-\pi/6$ [rad] であることが読み取れる．実効値は $I_e=I_m/\sqrt{2}=84.9$ [A]，電流の平均値は $I_{av}=0.637\times I_m=76.4$ [A]，周波数は $f=\omega/2\pi=79.6$ [Hz]，周期は $T=1/f=0.0126$ [s] となる．

3.5　(1) 電流 i は正弦関数で表されているが，電圧 v は余弦関数で表されているので，このままでは比較することができない．よって，v を正弦関数に書き換えて，両者が同じ関数形になるようにしてから比べる必要がある．付録の式 (A.1.13) を用いて，$v=50\cos(\omega t-\pi/4)=50\sin(\omega t-\pi/4+\pi/2)=50\sin(\omega t+\pi/4)$ である．よって，i と v の位相差は，$\pi/3-\pi/4=\pi/12$ となる．すなわち，電流 i は電圧 v に比べて位相が $\pi/12$

進んでいる．

(2) $i=30\cos(\omega t-\pi/6)=30\sin(\omega t-\pi/6+\pi/2)=30\sin(\omega t+\pi/3)$ である．よって，i と v の位相差は，$\pi/3-\pi/2=-\pi/6$ となる．すなわち，電流 i は電圧 v に比べて位相が $\pi/6$ 遅れている．

3.6　$V_m=100\times\sqrt{2}=141$ [V], $\omega=2\pi/T=2\pi/(12\times10^{-3})=523.6$ [rad/s], $\theta=\pi/2$ である．これらを式 (3.11) に代入して，$v=141\sin(524t+\pi/2)$ [V] となる．これをグラフにしたものを，**解図 3.2** に青い実線で示す．なお，初期位相が $\theta=0$ の場合のグラフも，併せて破線で示している．

3.7　(1) 式 (3.21) より，$r=|\boldsymbol{Z}|=\sqrt{(\sqrt{3})^2+1^2}=2$ である．また，式 (3.22) より，偏角は $\theta=\tan^{-1}(1/\sqrt{3})=\pi/6$ である．よって，式 (3.24) および式 (3.33) より，$\boldsymbol{Z}=2\{\cos(\pi/6)+j\sin(\pi/6)\}=2e^{j\pi/6}$ となる．

(2) $r=|\boldsymbol{Z}|=\sqrt{8^2+(-6)^2}=10$, $\theta=\tan^{-1}(-6/8)=-36.9^\circ$, $\boldsymbol{Z}=10\{\cos(-36.9^\circ)+j\sin(-36.9^\circ)\}=10e^{j(-36.9^\circ)}$ となる．

3.8　加減算は直交座標形式のままで行う．加算：$\boldsymbol{Z}_1+\boldsymbol{Z}_2=(3+j3\sqrt{3})+(2-j2)=5+j(3\sqrt{3}-2)$, 減算：$\boldsymbol{Z}_1-\boldsymbol{Z}_2=(3+j3\sqrt{3})-(2-j2)=1+j(3\sqrt{3}+2)$ となる．乗除算は指数関数形式で行う．そのために，$\boldsymbol{Z}_1$ と $\boldsymbol{Z}_2$ を指数関数形式に直す．$r_1=\sqrt{3^2+(3\sqrt{3})^2}=6$, $\theta_1=\tan^{-1}(3\sqrt{3}/3)=\pi/3$, $r_2=\sqrt{2^2+(-2)^2}=2\sqrt{2}$, $\theta_2=\tan^{-1}(-2/2)=-\pi/4$ である．よって，$\boldsymbol{Z}_1=r_1e^{j\theta_1}=6e^{j\pi/3}$, $\boldsymbol{Z}_2=r_2e^{j\theta_2}=2\sqrt{2}e^{-j\pi/4}$ と表せる．これらを用いて，乗算：$\boldsymbol{Z}_1\times\boldsymbol{Z}_2=(6\times2\sqrt{2})e^{j(\pi/3-\pi/4)}=12\sqrt{2}e^{j\pi/12}$, 除算：$\boldsymbol{Z}_1/\boldsymbol{Z}_2=\{6/(2\sqrt{2})\}e^{j(\pi/3+\pi/4)}=(3\sqrt{2}/2)e^{j7\pi/12}$ となる．

3.9　$\boldsymbol{Z}$ をフェーザ形式で表す．$r=|\boldsymbol{Z}|=\sqrt{(3\sqrt{3})^2+3^2}=6$, $\theta=\tan^{-1}\{3/(3\sqrt{3})\}=30^\circ$ である．よって，$\boldsymbol{Z}=6\angle30^\circ$ となる．題意により，複素数 $\boldsymbol{Z}^*=j\times j\times(1/j)\boldsymbol{Z}=j\boldsymbol{Z}$ と計算される．これより，複素数 $\boldsymbol{Z}^*$ は，$\boldsymbol{Z}$ の絶対値は変化させず，その偏角を 90° だけ増加させたものであることがわかる．すなわち，複素数 $\boldsymbol{Z}^*$ は，$\boldsymbol{Z}$ を反時計回りに 90° だけ回転させたものである．

解図 3.3 に，複素数 $\boldsymbol{Z}$ に題意の演算操作を順番に行ったときの動きと，最終的な複素数 $\boldsymbol{Z}^*$ の位置を示す．ここで，最初の 2 回の乗算は①〜②で，次の 1 回の除算は③で示されている．

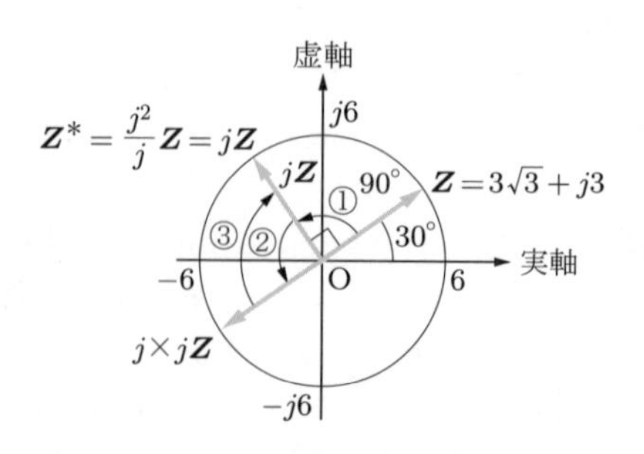

解図 3.3

3.10　(1) 与えられた電圧の実効値 V は 100 [V]，また初期位相 θ は 0 [rad] である．角周波数 ω は 80π [rad/s] であるが，この問題では，さしあたって考慮する必要はない．よって，指数関数形式では $\boldsymbol{V} = Ve^{j\theta} = 100e^{j0}$ [V]，フェーザ形式では $\boldsymbol{V} = 100\angle 0^\circ$ [V]，直交座標形式では $\boldsymbol{V} = 100(\cos 0 + j\sin 0) = 100$ [V] となる．

(2) 与えられた電流の実効値 I は 80 [A]，また，初期位相 ϕ は $-\pi/4$ [rad] である．よって，指数関数形式では $\boldsymbol{I} = 80e^{-j\pi/4}$ [A]，フェーザ形式では $\boldsymbol{I} = 80\angle(-45^\circ)$ [A]，直交座標形式では $\boldsymbol{I} = 80\{\cos(-\pi/4) + j\sin(-\pi/4)\} = 40\sqrt{2} - j40\sqrt{2}$ [A] となる．

3.11　(1) 題意により，この瞬時電圧 v の実効値は $V = 100/\sqrt{2} = 70.7$ [V] である．初期位相は $\pi/3$ である．よって，$\boldsymbol{V} = 70.7\angle 60^\circ$ [V] となる．**解図 3.4** にフェーザ図を示す．

(2) $i = 20\cos(60\pi t - \pi/4) = 20\sin(60\pi t - \pi/4 + \pi/2) = 20\sin(60\pi t + \pi/4)$ [A] であるので，瞬時電流 i の実効値は，$I = 20/\sqrt{2} = 14.1$ [A] である．初期位相は $\pi/4$ である．よって，$\boldsymbol{I} = 14.1\angle 45^\circ$ [A] となる．**解図 3.5** にフェーザ図を示す．

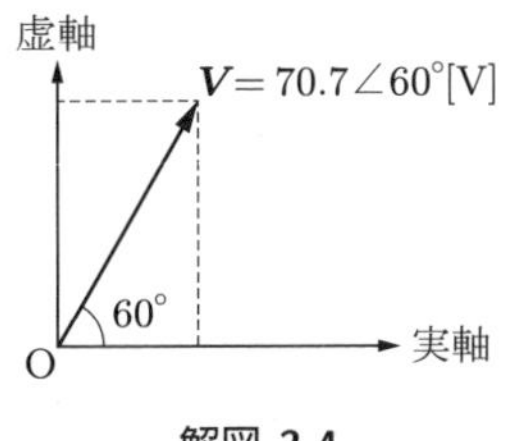

解図 3.4

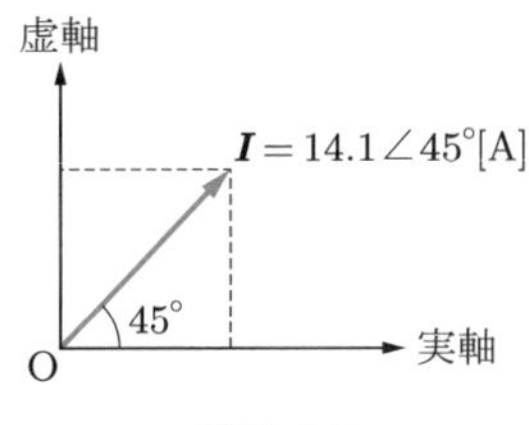

解図 3.5

3.12　(1) 電圧の実効値は，$V = |\boldsymbol{V}| = \sqrt{30^2 + (30\sqrt{3})^2} = 60$ [V] である．よって，最大値 V_m は $60\sqrt{2}$ [V] となる．初期位相は，$\theta = \tan^{-1}(30\sqrt{3}/30) = \pi/3$，また，角周波数は，$\omega = 2\pi f = 100\pi$ である．よって，瞬時値で表した交流電圧は，$v = 60\sqrt{2}\sin(100\pi t + \pi/3)$ [V] となる．

(2) 電流の実効値は，$I = |\boldsymbol{I}| = \sqrt{(10\sqrt{3})^2 + 10^2} = 20$ [A] である．よって，最大値 I_m は $20\sqrt{2}$ [A] となる．初期位相は，$\theta = \tan^{-1}\{10/(10\sqrt{3})\} = \pi/6$，また，角周波数は，$\omega = 2\pi f = 100\pi$ である．よって，瞬時値で表した交流電流は，$i = 20\sqrt{2}\sin(100\pi t + \pi/6)$ [A] となる．

3.13　(1) 電圧の実効値は 60 [V]，初期位相 θ は $\pi/3$，また，角周波数 ω は 360 [rad/s] である．よって，$v = 60\sqrt{2}\sin(360t + \pi/3)$ [V] となる．

(2) 電流の実効値は 30 [A]，初期位相 ϕ は $-\pi/4$，また，角周波数 ω は 360 [rad/s] である．よって，$i = 30\sqrt{2}\sin(360t - \pi/4)$ [A] となる．

3.14　(1) 電圧の実効値は 100 [V]，初期位相 θ は $-\pi/3$ となる．よって，$v = 100\sqrt{2}\sin(360t - \pi/3)$ [V] となる．

(2) 電流の実効値は 20 [A]，初期位相 ϕ は $\pi/4$ となる．よって，$i = 20\sqrt{2}\sin(360t + \pi/4)$ [A] となる．

4 章

4.1　題意より，フェーザ形式で表した電圧は，$\boldsymbol{V} = 150\angle 30^\circ$ [V] である．よって，$\boldsymbol{I} = \boldsymbol{V}/R = 150\angle 30^\circ/30 = 5\angle 30^\circ$ [A] となる．求めるフェーザ図を，**解図 4.1** に示す．

4.2　交流電圧が余弦関数で表されているので，正弦関数に書き換える．$v = 200\sqrt{2}\cos(200t - \pi/6) = 200\sqrt{2}\sin(200t - \pi/6 + \pi/2) = 200\sqrt{2}\sin(200t + \pi/3)$ [V] である．角周波数 ω は 200 [rad/s] であるので，$X_L = \omega L = 200 \times 500 \times 10^{-3} = 100\,[\Omega]$ となる．また，フェーザ形式で表した電圧と電流は，それぞれ $\boldsymbol{V} = 200\angle 60^\circ$ [V], $\boldsymbol{I} = -j(\boldsymbol{V}/\omega L) = -j(200/100)\angle 60^\circ = 2\angle(60^\circ - 90^\circ) = 2\angle(-30^\circ)$ [A] となる．求めるフェーザ図を，**解図 4.2** に示す．

4.3　インダクタンス L は，計算のために MKSA 単位系にそろえると，$L = 100\,[\text{mH}] = 0.1\,[\text{H}]$ である．また，$\omega = 2\pi f = 377$ [rad/s] である．よって，求める誘導性リアクタンス X_L は，式 (4.15) より，$X_L = \omega L = 37.7\,[\Omega]$ となる．また，電流の実効値は，$I = V/X_L = 100/37.7 = 2.65$ [A] となる．電流は，電圧に対して位相が $\pi/2$ 遅れることを考慮すると，瞬時値形式では，$i = 2.65\sqrt{2}\sin(377t - \pi/2)$ [A]，また，フェーザ形式では，$\boldsymbol{I} = 2.65\angle(-90^\circ)$ [A] となる．電圧の初期位相は 0° であるので，これを基準として考えると，電圧と電流のフェーザ図は，**解図 4.3** のようになる．

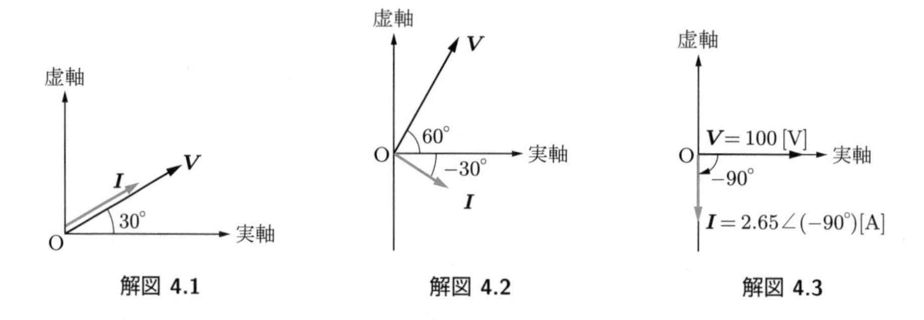

解図 4.1　**解図 4.2**　**解図 4.3**

4.4　電圧をフェーザ形式で表すと，$\boldsymbol{V} = \sqrt{80^2 + 60^2}\angle\tan^{-1}(60/80) = 100\angle 36.9^\circ$ [V] である．よって，$\boldsymbol{I} = -j\{\boldsymbol{V}/(\omega L)\} = -j\{100\angle 36.9^\circ/(500 \times 80 \times 10^{-3})\} = -j2.5\angle 36.9^\circ = 2.5\angle(36.9^\circ - 90^\circ) = 2.5\angle(-53.1^\circ)$ [A] となる．**解図 4.4** が，求める電圧と電流のフェーザ図である．

4.5　式 (4.20) より，$\boldsymbol{V} = j\omega L\boldsymbol{I} = j \times 500 \times 400 \times 10^{-3} \times 1.2\angle(-30^\circ) = j240\angle(-30^\circ) = 240\angle(-30^\circ + 90^\circ) = 240\angle 60^\circ$ [V] となる．**解図 4.5** が，求める電圧と電流のフェーザ図である．

4.6　キャパシタンス C は，MKSA 単位系で，$C = 50\,[\mu\text{F}] = 5 \times 10^{-5}$ [F] である．また，$\omega = 2\pi f = 377$ [rad/s] である．よって，$\omega C = 1.885 \times 10^{-2}$ [S] となる．以上より，求める容量性リアクタンス X_C は，式 (4.24) より，$X_C = 1/(\omega C) = 53.1\,[\Omega]$ となる．式 (4.28) より，電流は，$\boldsymbol{I} = j\omega C\boldsymbol{V} = j(1.885 \times 10^{-2} \times 120)\angle(-60^\circ) = 2.26\angle(-60^\circ + 90^\circ) = 2.26\angle 30^\circ$ [A] となる．**解図 4.6** が求める電圧と電流のフェーザ図である．

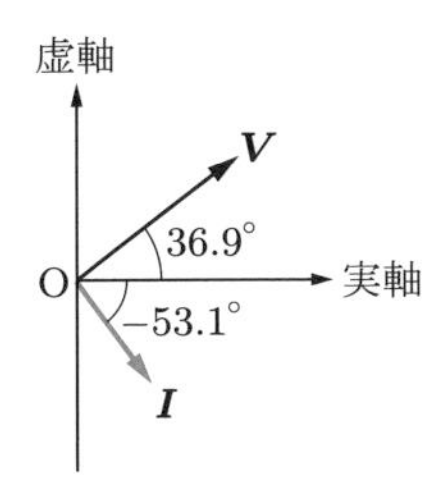

解図 4.4

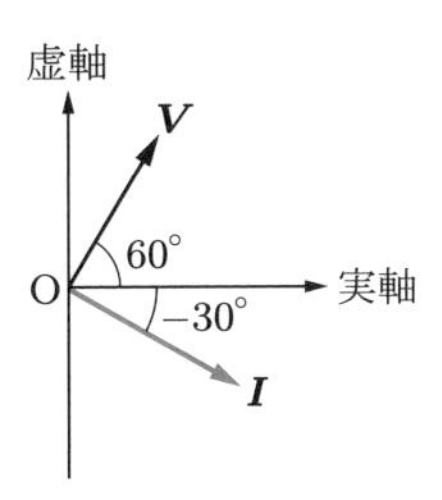

解図 4.5

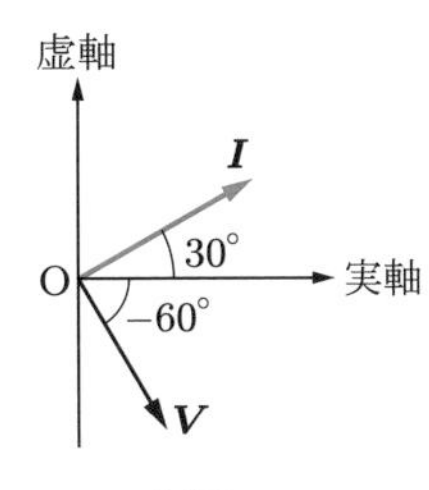

解図 4.6

4.7　式 (4.29) より $\boldsymbol{V} = -j\{1/(\omega C)\}\boldsymbol{I} = -j \times \{1/(500 \times 20 \times 10^{-6})\} \times 0.8\angle 30^\circ = -j80\angle 30^\circ = 80\angle(30^\circ - 90^\circ) = 80\angle(-60^\circ)$ [V] となる．求める電圧と電流のフェーザ図は，問題 4.6 の解図 4.6 と同じになる．

5章

5.1　題意より，角周波数は，$\omega = 2\pi f = 2\pi \times 50 = 314$ [rad/s]，インピーダンスは，$\boldsymbol{Z} = R + j\omega L = 100 + j314 \times 0.4 = 100 + j126$ [Ω]，$\boldsymbol{Z}$ の偏角は，$\tan^{-1}(314 \times 0.4/100) = 51.5^\circ$ である．よって，$\boldsymbol{V}_R = R\boldsymbol{I} = 100 \times 2 = 200$ [V]，$\boldsymbol{V}_L = j\omega L\boldsymbol{I} = j314 \times 0.4 \times 2 = j251$ [V]，$\boldsymbol{V} = \boldsymbol{V}_R + \boldsymbol{V}_L = 200 + j251$ [V] となる．電圧 $\boldsymbol{V}$ の偏角は，$\tan^{-1}(251/200) = 51.5^\circ$ で，$\boldsymbol{Z}$ の偏角と等しい．以上を複素平面上にまとめると，**解図 5.1** のようになる．

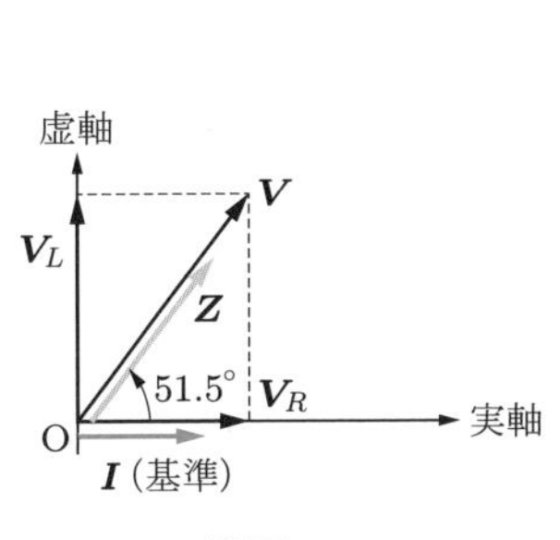

解図 5.1

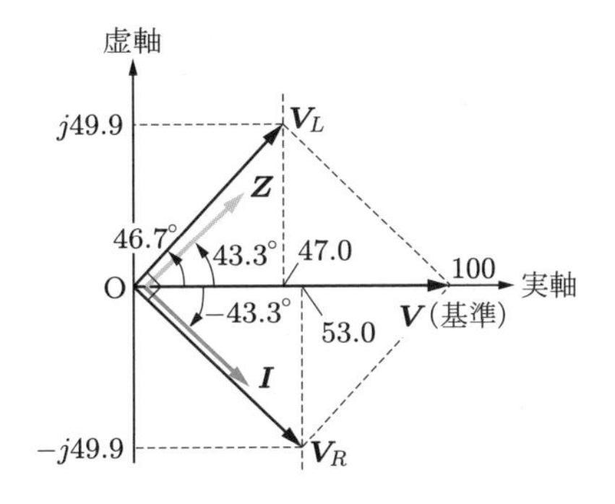

解図 5.2

5.2　題意より，角周波数は，$\omega = 2\pi f = 2\pi \times 60 = 377$ [rad/s]，インピーダンスは，$\boldsymbol{Z} = R + j\omega L = 200 + j377 \times 0.5 = 200 + j188.5$ [Ω]，$\boldsymbol{Z}$ の偏角は，$\theta = \tan^{-1}(\omega L/R) = \tan^{-1}(188.5/200) = 43.3^\circ$ である．よって，電流は，$\boldsymbol{I} = \boldsymbol{V}/\boldsymbol{Z} = 100\angle 0^\circ/(200 + j188.5) = 0.2648 - j0.2496$ [A] となる．電圧を基準にして求めた電流 $\boldsymbol{I}$ の計算結果において，$-j$ が付いていることから，$\boldsymbol{I}$ は $\boldsymbol{V}$ に比べて位相が遅れていることがわかる．電圧に対する電流 $\boldsymbol{I}$ の位相の遅れは，$\phi = \tan^{-1}(-0.2496/0.2648) = -43.3^\circ$ となる．これは，$\boldsymbol{Z}$ の偏角 θ と，その大きさは同じで，符号を変えたものである．

次に，$\boldsymbol{V}_R = R\boldsymbol{I} = 200 \times (0.2648 - j0.2496) = 53.0 - j49.9$ [V]，$\boldsymbol{V}_L = j\omega L\boldsymbol{I} = j188.5 \times (0.2648 - j0.2496) = 47.0 + j49.9$ [V] である．ここで，$\boldsymbol{V}_R$ と $\boldsymbol{V}_L$ をあらためて足し合わせると，$\boldsymbol{V} = \boldsymbol{V}_R + \boldsymbol{V}_L = 100$ [V] となって，この回路に加えた電圧と一致する．

これらを複素平面上にまとめたものが，**解図 5.2** である．この図は次のように見る．電圧 $\boldsymbol{V}$ を基準にしているので，これは実軸上に配置する．実軸方向から，$\theta = 43.3^\circ$ 回転した方向にインピーダンス $\boldsymbol{Z}$ が向いている．電流 $\boldsymbol{I}$ のフェーザは，$\phi = -\theta = -43.3^\circ$ の方向を向いている．抵抗 R にかかる電圧 $\boldsymbol{V}_R$ は $\boldsymbol{I}$ の方向と一致する．$\boldsymbol{V}_R$ は $\boldsymbol{V}_L$ より位相が $\pi/2$ 遅れている．なお，この図では，実軸である横軸，および虚軸である縦軸は，電圧であったり，電流であったり，あるいはインピーダンスであったりするので，これら三者間の大きさを比較することは無意味である．同じ物理量，すなわち，この例では，いくつかの電圧フェーザどうしの大きさを比較するときのみ意味がある．

5.3　題意より，角周波数は，$\omega = 2\pi f = 2\pi \times 50 = 314.2$ [rad/s]，インピーダンスは，$\boldsymbol{Z} = R - j\{1/(\omega C)\} = 30 - j15.92$ [Ω]，$\boldsymbol{Z}$ の偏角は，$\theta = \tan^{-1}\{-1/(\omega CR)\} = \tan^{-1}(-0.531) = -28.0^\circ$ である．よって，電流は，$\boldsymbol{I} = \boldsymbol{V}/\boldsymbol{Z} = 100\angle 0^\circ/(30 - j15.92) = 2.60 + j1.38$ [A] となる．電圧を基準にして求めた電流 $\boldsymbol{I}$ の計算結果において，j が付いていることから，$\boldsymbol{I}$ は $\boldsymbol{V}$ に比べて位相が進んでいることがわかる．電圧に対する電流 $\boldsymbol{I}$ の位相の進みは，$\phi = \tan^{-1}(1.38/2.60) = 28.0^\circ$ となる．これは，$\boldsymbol{Z}$ の偏角 θ と，その大きさは同じで，符号を変えたものである．$\boldsymbol{V}_R = R\boldsymbol{I} = 30 \times (2.60 + j1.38) = 78.0 + j41.4$ [V]，$\boldsymbol{V}_C = -j\{1/(\omega C)\}\boldsymbol{I} = -j15.92 \times (2.60 + j1.38) = 22.0 - j41.4$ [V] である．ここで，$\boldsymbol{V}_R$ と $\boldsymbol{V}_C$ をあらためて足し合わせると，$\boldsymbol{V} = \boldsymbol{V}_R + \boldsymbol{V}_C = (78.0 + j41.4) + (22.0 - j41.4) = 100.0$ [V] となって，この回路に加えた電圧と一致する．これらを複素平面上にまとめたものが，**解図 5.3** である．

5.4　合成インピーダンスは，$\boldsymbol{Z} = R + jX_L - jX_C = 6 + j8$ [Ω]，$\boldsymbol{Z}$ の偏角は，$\tan^{-1}(8/6) = 53.1^\circ$，$\boldsymbol{V}_R = R\boldsymbol{I} = 6 \times 2.5 = 15$ [V]，$\boldsymbol{V}_L = jX_L\boldsymbol{I} = j10 \times 2.5 = j25$ [V]，$\boldsymbol{V}_C = -jX_C\boldsymbol{I} = -j2 \times 2.5 = -j5$ [V]，$\boldsymbol{V} = \boldsymbol{V}_R + \boldsymbol{V}_L + \boldsymbol{V}_C = 15 + j20$ [V] である．電圧 $\boldsymbol{V}$ の大きさは，$V = \sqrt{15^2 + 20^2} = 25$ [V]，電圧 $\boldsymbol{V}$ の偏角は，$\tan^{-1}(20/15) = 53.1^\circ$ で，$\boldsymbol{Z}$ の偏角と等しい．以上を複素平面上にまとめると，**解図 5.4** になる．

5.5　題意より，角周波数は，$\omega = 2\pi f = 2\pi \times 50 = 314.2$ [rad/s]，$X_L = \omega L = 62.84$ [Ω]，$X_C = 1/(\omega C) = 31.83$ [Ω]，インピーダンスは，$\boldsymbol{Z} = R + j\{\omega L - 1/(\omega C)\} = 80 + j31.01$ [Ω]，$\boldsymbol{Z}$ の偏角は，$\tan^{-1}(31.01/80) = 21.2^\circ$ である．電流は，$\boldsymbol{I} = \boldsymbol{V}/\boldsymbol{Z} = 100/(80 + j31.01) =$

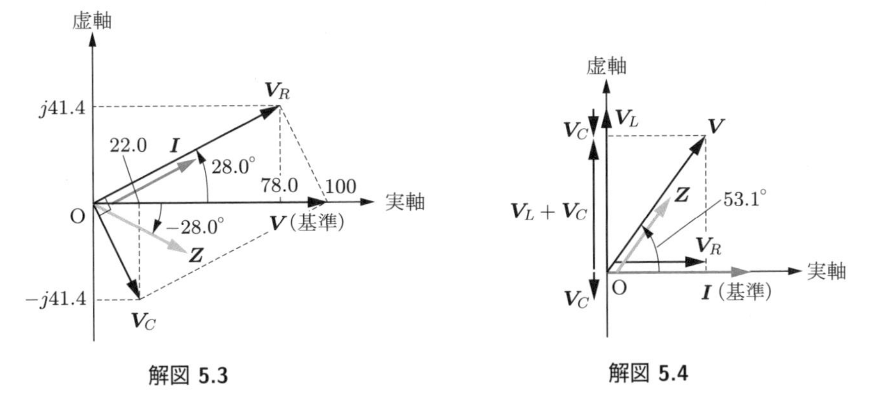

解図 5.3　　解図 5.4

$1.087-j0.421$ [A]，$\boldsymbol{I}$ の偏角は $\phi=\tan^{-1}(-0.421/1.087)=-21.2^\circ$ となる．また，$\boldsymbol{V}_R=R\boldsymbol{I}=80\times(1.087-j0.421)=86.96-j33.68$ [V]，$\boldsymbol{V}_L=j\omega L\boldsymbol{I}=j62.84\times(1.087-j0.421)=26.46+j68.31$ [V]，$\boldsymbol{V}_C=-j\{1/(\omega C)\}\boldsymbol{I}=-j31.83\times(1.087-j0.421)=-13.40-j34.60$ [V] である．よって，$\boldsymbol{V}=\boldsymbol{V}_R+\boldsymbol{V}_L+\boldsymbol{V}_C=100$ [V] となる．小数第 2 位以下で $\boldsymbol{V}$ に端数が生じるが，これは有効数字上の問題で，ここでは無視してよい．以上を複素平面上にまとめたものが，**解図 5.5** である．

5.6　題意より，印加電圧の実効値は 100 [V]，また，角周波数は，$\omega=500$ [rad/s] である．$\boldsymbol{Y}_R=1/R=1/50=0.02$ [S]，$\boldsymbol{Y}_C=j\omega C=j\times500\times100\times10^{-6}=j0.05$ [S] であり，$\boldsymbol{Y}=\boldsymbol{Y}_R+\boldsymbol{Y}_C=0.02+j0.05$ [S] となる．$\boldsymbol{Y}$ の偏角は，$\tan^{-1}(0.05/0.02)=\tan^{-1}2.5=68.2^\circ$ である．$\boldsymbol{I}_R=\boldsymbol{Y}_R\boldsymbol{V}=0.02\times100=2$ [A]，$\boldsymbol{I}_C=\boldsymbol{Y}_C\boldsymbol{V}=j0.05\times100=j5$ [A]，$\boldsymbol{I}=\boldsymbol{Y}\boldsymbol{V}=2+j5$ [A] となる．$\boldsymbol{I}$ の偏角は，$\boldsymbol{Y}$ の偏角と等しい．これらを複素平面上にまとめたものが，**解図 5.6** である．

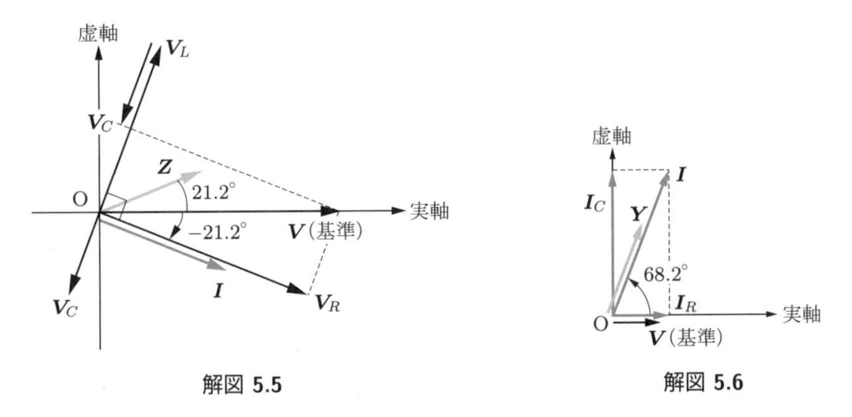

解図 5.5　　解図 5.6

5.7　L の両端にかかっている電圧は，$\boldsymbol{V}=100\angle0^\circ$ [V] である．L の部分のアドミタンスは，$\boldsymbol{Y}_L=-j\{1/(\omega L)\}=-j0.0637$ [S] である．よって，コイルに流れる電流は，$\boldsymbol{I}_L=\boldsymbol{Y}_L\boldsymbol{V}=$

$-j0.0637 \times 100\angle 0^\circ = -j6.37$ [A] となる．この例では，R や C の値とは無関係に，L の値だけで，求める電流が決定される．

5.8 (1) A-B 間，C-D 間および E-F 間のアドミタンスを，それぞれ $\boldsymbol{Y}_1, \boldsymbol{Y}_2, \boldsymbol{Y}_3$ とする．$\boldsymbol{Y}_1 = 1/(R_1 + jX_{L1}) = 1/(5 + j6) = 0.0820 - j0.0984$ [S], $\boldsymbol{Y}_2 = 1/(R_2 - jX_{C2}) = 1/(10 - j3) = 0.0917 + j0.0275$ [S], $\boldsymbol{Y}_3 = 1/(jX_{L3} - jX_{C3}) = 1/(j20 - j5) = -j0.0667$ [S] である．よって，$\boldsymbol{I}_1 = \boldsymbol{Y}_1\boldsymbol{V} = 16.40 - j19.68$ [A], $\boldsymbol{I}_2 = \boldsymbol{Y}_2\boldsymbol{V} = 18.34 + j5.50$ [A], $\boldsymbol{I}_3 = \boldsymbol{Y}_3\boldsymbol{V} = -j13.34$ [A] となる．

(2) $\boldsymbol{Y} = \boldsymbol{Y}_1 + \boldsymbol{Y}_2 + \boldsymbol{Y}_3 = 0.1737 - j0.1376$ [S] となる．

(3) $\boldsymbol{Z} = 1/\boldsymbol{Y} = 1/(0.1737 - j0.1376) = 3.54 + j2.80$ [Ω] となる．

(4) 求める等価回路は，**解図 5.7** に示す RL 直列回路となる．

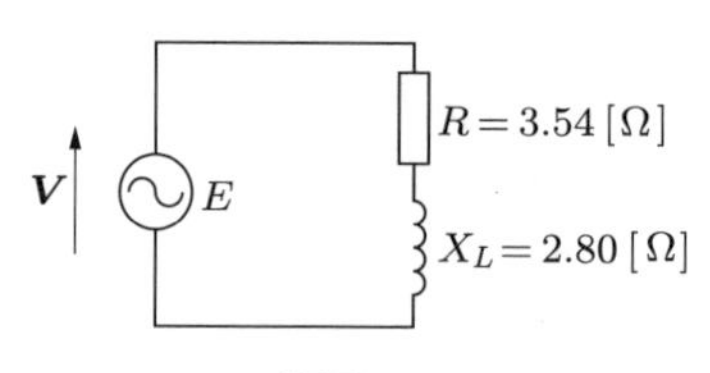

解図 5.7

5.9 L と R の並列接続部分の合成インピーダンスは，式 (5.54) を用いて，$\boldsymbol{Z}_{LR} = (R \times j\omega L)/(R + j\omega L) = (\omega^2 L^2 R + j\omega L R^2)/(R^2 + \omega^2 L^2)$ である．よって，回路全体のインピーダンスは，$\boldsymbol{Z} = \boldsymbol{Z}_{LR} - j\{1/(\omega C)\} = \{\omega^3 L^2 C R + j(\omega^2 L C R^2 - R^2 - \omega^2 L^2)\}/\{\omega C \times (R^2 + \omega^2 L^2)\}$ となる．$\boldsymbol{V} = \boldsymbol{ZI}$ の関係より，$\boldsymbol{I}$ と $\boldsymbol{V}$ の位相が一致するためには，$\boldsymbol{Z}$ が実数であること，すなわち $\boldsymbol{Z}$ の虚部が零であることが必要である．よって，$\omega^2 L C R^2 - R^2 - \omega^2 L^2 = 0$ より，求める条件は，可変抵抗器が $R = \omega L/\sqrt{\omega^2 LC - 1}$ を満たすことである．

6章

6.1 式 (6.7) より，$1800 = 100 \times 30 \times \cos\theta$ [W] である．よって，力率は $\cos\theta = 1800/3000 = 0.6$ となる．皮相電力は $P_a = VI = 3000$ [VA]，無効電力は $P_r = VI\sin\theta = VI\sqrt{1 - \cos^2\theta} = 2400$ [var] となる．

6.2 回路のインピーダンスは，$\boldsymbol{Z} = R + jX_L - jX_C = 4 + j4$，$\boldsymbol{Z}$ の大きさは，$|\boldsymbol{Z}| = \sqrt{4^2 + 4^2} = 5.66$ [Ω]，$\boldsymbol{Z}$ の偏角は $\theta = \tan^{-1}(4/4) = 45^\circ$ である．よって，$\boldsymbol{I} = \boldsymbol{V}/\boldsymbol{Z} = (150\angle 0^\circ)/(5.66\angle 45^\circ) = 26.5\angle(-45^\circ)$ となる．$\boldsymbol{Z}$ の偏角 θ は，電流と電圧の位相差と等しいので，力率は $\cos\theta = \cos 45^\circ = 0.707$ となる．よって，皮相電力 P_a，有効電力 P，無効電力 P_r は，それぞれ，$P_a = VI = 150 \times 26.5 = 3980$ [VA], $P = VI\cos\theta = 2810$ [W], $P_r = VI\sin\theta = 2810$ [var] となる．

6.3 題意より，角周波数は，$\omega = 2\pi f = 2\pi \times 50 = 314.2$ [rad/s] で，$X_L = \omega L = 62.84$ [Ω], $X_C = 1/(\omega C) = 31.83$ [Ω] である．インピーダンスは，$\boldsymbol{Z} = R + j(X_L - X_C) = 50 +$

$j31.01$ [Ω]，よって，$\boldsymbol{Z}$ の大きさは $|\boldsymbol{Z}| = \sqrt{50^2 + 31.01^2} = 58.84$ [Ω]，$\boldsymbol{Z}$ の偏角は $\theta = \tan^{-1}(31.01/50) = 31.8^\circ$ となる．求める電流は，$\boldsymbol{I} = \boldsymbol{V}/\boldsymbol{Z} = 100/(58.84\angle 31.8^\circ) = 1.70\angle(-31.8^\circ)$ [A] となり，力率は $\cos\theta = \cos 31.8^\circ = 0.850$ となる．よって，皮相電力 P_a，有効電力 P，無効電力 P_r は，それぞれ $P_a = VI = 100 \times 1.70 = 170$ [VA], $P = VI\cos\theta = 144.5$ [W], $P_r = VI\sin\theta = 89.60$ [var] となる．

6.4　並列回路の解析であるので，まず，各素子のアドミタンスを求める．$\boldsymbol{Y}_R = 1/R = 0.04$ [S], $\boldsymbol{Y}_L = -j\{1/(\omega L)\} = -j(1/X_L) = -j0.025$ [S]，$\boldsymbol{Y}_C = j\omega C = j(1/X_C) = j0.05$ [S] である．よって，合成アドミタンスは，$\boldsymbol{Y} = \boldsymbol{Y}_R + \boldsymbol{Y}_L + \boldsymbol{Y}_C = 0.04 + j0.025$ [S] となる．合成インピーダンスは，$\boldsymbol{Z} = 1/\boldsymbol{Y} = 17.98 - j11.24$ [Ω] となる．よって，$\boldsymbol{Z}$ の偏角は，$\theta = \tan^{-1}(-11.24\ /17.98) = -32.0^\circ$ で，力率は $\cos\theta = 0.848$ となる．電流は，$\boldsymbol{I} = \boldsymbol{Y}\boldsymbol{V} = (0.04 + j0.025) \times 100 = 4 + j2.5$ [A] となる．$I = |\boldsymbol{I}| = \sqrt{4^2 + 2.5^2} = 4.72$ [A] であるので，皮相電力 P_a，有効電力 P，無効電力 P_r は，それぞれ $P_a = VI = 100 \times 4.72 = 472$ [VA], $P = VI\cos\theta = 400$ [W], $P_r = VI\sin\theta = -250$ [var] となる．

6.5　$\boldsymbol{I} = \boldsymbol{V}/\boldsymbol{Z} = 2 + j4$ [A]，電流 $\boldsymbol{I}$ の共役複素数は $\overline{\boldsymbol{I}} = 2 - j4$ [A]，よって，複素電力 $\boldsymbol{P}$ は $\boldsymbol{P} = \boldsymbol{V}\overline{\boldsymbol{I}} = 800 - j600$ [VA] となる．有効電力 P は，複素電力 $\boldsymbol{P}$ の実部をとって，$P = 800$ [W] であり，また，無効電力 P_r は，複素電力 $\boldsymbol{P}$ の虚部をとり，$P_r = -600$ [var] である．皮相電力は $P_a = \sqrt{P^2 + {P_r}^2} = 1000$ [VA] となる．

6.6　$\boldsymbol{I} = \boldsymbol{Y}\boldsymbol{V}$ より，$\boldsymbol{Y} = \boldsymbol{I}/\boldsymbol{V} = 0.05 + j0.02$ [S]，$\boldsymbol{Z} = 1/\boldsymbol{Y} = 17.24 - j6.90$ [Ω] となる．$\boldsymbol{Z}$ の偏角は，$\theta = \tan^{-1}(-6.90/17.24) = -21.8^\circ$ であるので，力率は，$\cos\theta = 0.928$ となる．複素電力は $\boldsymbol{P} = \boldsymbol{V}\overline{\boldsymbol{I}} = 1460 - j584$ [VA] となる．有効電力 P は，複素電力 $\boldsymbol{P}$ の実部をとって，$P = 1460$ [W] であり，また，無効電力 P_r は，複素電力 $\boldsymbol{P}$ の虚部をとり，$P_r = -584$ [var] である．皮相電力は $P_a = \sqrt{P^2 + {P_r}^2} = 1572$ [VA] となる．

6.7　力率が 1 であるためには，A-B から右側を見た回路の合成インピーダンスが抵抗成分のみであること，すなわち，実部のみをもつことが必要である．このためには，アドミタンス

$$\boldsymbol{Y} = \frac{1}{R + j\omega L} + j\omega C = \frac{R}{R^2 + \omega^2 L^2} + j\left(\omega C - \frac{\omega L}{R^2 + \omega^2 L^2}\right)$$

において，虚部が零であればよい．これより，$C = L/(R^2 + \omega^2 L^2)$ となる．この式に具体的な数値を代入して，$C = 2 \times 10^{-5}$ [F] となる．

7章

7.1　節点 A に対しキルヒホッフの第一法則を適用することにより，

$$\boldsymbol{I}_1 = \boldsymbol{I}_2 + \boldsymbol{I}_3 \tag{1}$$

となる．二つの独立な閉回路 $\mathrm{S_a}$ および $\mathrm{S_b}$ に対してキルヒホッフの第二法則を適用する．

$$\mathrm{S_a}: \boldsymbol{Z}_1\boldsymbol{I}_1 + \boldsymbol{Z}_2\boldsymbol{I}_2 = \boldsymbol{E} \quad \text{すなわち，} 40\boldsymbol{I}_1 - j10\boldsymbol{I}_2 = 100\angle 0^\circ \tag{2}$$

$$\mathrm{S_b}: \boldsymbol{Z}_2\boldsymbol{I}_2 - (\boldsymbol{Z}_3 + \boldsymbol{Z}_4)\boldsymbol{I}_3 = 0 \quad \text{すなわち，} -j10\boldsymbol{I}_2 - (10 + j20)\boldsymbol{I}_3 = 0 \tag{3}$$

この連立方程式 (1), (2), (3) を行列で表すと，

$$\begin{bmatrix} 1 & -1 & -1 \\ 40 & -j10 & 0 \\ 0 & -j10 & -(10+j20) \end{bmatrix} \begin{bmatrix} \boldsymbol{I}_1 \\ \boldsymbol{I}_2 \\ \boldsymbol{I}_3 \end{bmatrix} = \begin{bmatrix} 0 \\ 100 \\ 0 \end{bmatrix}$$

となる．これをクラメールの公式を用いて解く．左辺の行列の行列式 $\varDelta$ は，

$$\begin{aligned} \varDelta &= \begin{vmatrix} 1 & -1 & -1 \\ 40 & -j10 & 0 \\ 0 & -j10 & -(10+j20) \end{vmatrix} \\ &= 1\times(-j10)\times\{-(10+j20)\}+(-1)\times40\times(-j10)-(-1)\times40\times\{-(10+j20)\} \\ &= -600-j300 \end{aligned}$$

であるので，求める枝電流 $\boldsymbol{I}_1, \boldsymbol{I}_2, \boldsymbol{I}_3$ は，次式のようになる．

$$\begin{aligned} \boldsymbol{I}_1 &= \frac{1}{\varDelta}\begin{vmatrix} 0 & -1 & -1 \\ 100 & -j10 & 0 \\ 0 & -j10 & -(10+j20) \end{vmatrix} \\ &= \frac{(-j10)\times100\times(-1)-(-1)\times100\times\{-(10+j20)\}}{-600-j300} = 2+j0.667\,[\mathrm{A}] \end{aligned}$$

$$\boldsymbol{I}_2 = \frac{1}{\varDelta}\begin{vmatrix} 1 & 0 & -1 \\ 40 & 100 & 0 \\ 0 & 0 & -(10+j20) \end{vmatrix} = \frac{1\times100\times\{-(10+j20)\}}{-600-j300} = 2.667+j2\,[\mathrm{A}]$$

$$\boldsymbol{I}_3 = \frac{1}{\varDelta}\begin{vmatrix} 1 & -1 & 0 \\ 40 & -j10 & 100 \\ 0 & -j10 & 0 \end{vmatrix} = \frac{(-1)\times100\times(-j10)}{-600-j300} = -0.667-j1.333\,[\mathrm{A}]$$

7.2 式 (7.12), (7.13) に従い，閉回路 $\mathrm{S_a}$, $\mathrm{S_b}$ にキルヒホッフの第二法則を適用し，整理すると，

$$\mathrm{S_a}:(\boldsymbol{Z}_1+\boldsymbol{Z}_2)\boldsymbol{I}_\mathrm{a}+\boldsymbol{Z}_2\boldsymbol{I}_\mathrm{b}=E \quad \text{すなわち，} (40-j10)\boldsymbol{I}_\mathrm{a}-j10\boldsymbol{I}_\mathrm{b}=100$$

$$\mathrm{S_b}:\boldsymbol{Z}_2\boldsymbol{I}_\mathrm{a}+(\boldsymbol{Z}_2+\boldsymbol{Z}_3+\boldsymbol{Z}_4)\boldsymbol{I}_\mathrm{b}=0 \quad \text{すなわち，} -j10\boldsymbol{I}_\mathrm{a}+(10+j10)\boldsymbol{I}_\mathrm{b}=0$$

となる．この連立方程式を行列で表すと，

$$\begin{bmatrix} 40-j10 & -j10 \\ -j10 & 10+j10 \end{bmatrix} \begin{bmatrix} \boldsymbol{I}_\mathrm{a} \\ \boldsymbol{I}_\mathrm{b} \end{bmatrix} = \begin{bmatrix} 100 \\ 0 \end{bmatrix}$$

となる．これをクラメールの公式を用いて解く．左辺の行列の行列式 $\varDelta$ は，

$$\varDelta = \begin{vmatrix} 40-j10 & -j10 \\ -j10 & 10+j10 \end{vmatrix} = (40-j10)\times(10+j10)-(-j10)\times(-j10) = 600+j300$$

であるので，求める閉路電流 $\boldsymbol{I}_\mathrm{a}$ および $\boldsymbol{I}_\mathrm{b}$ は，次のように計算できる．

$$\boldsymbol{I}_\mathrm{a} = \frac{1}{\varDelta}\begin{vmatrix} 100 & -j10 \\ 0 & 10+j10 \end{vmatrix} = \frac{100\times(10+j10)}{600+j300} = 2+j0.667\ [\mathrm{A}]$$

$$\boldsymbol{I}_{\mathrm{b}} = \frac{1}{\varDelta}\begin{vmatrix} 40-j10 & 100 \\ -j10 & 0 \end{vmatrix} = \frac{j10 \times 100}{600+j300} = 0.667 + j1.333 \text{ [A]}$$

よって，$\boldsymbol{I}_1, \boldsymbol{I}_2, \boldsymbol{I}_3$ は，$\boldsymbol{I}_1 = \boldsymbol{I}_{\mathrm{a}} = 2 + j0.667$ [A], $\boldsymbol{I}_2 = \boldsymbol{I}_{\mathrm{a}} + \boldsymbol{I}_{\mathrm{b}} = 2.667 + j2$ [A], $\boldsymbol{I}_3 = -\boldsymbol{I}_{\mathrm{b}} = -0.667 - j1.333$ [A] となる．

7.3　各点間のアドミタンスは，$\boldsymbol{Y}_{\mathrm{BA}} = 1/40 = 0.025$ [S], $\boldsymbol{Y}_{\mathrm{AD}} = 1/(-j10) = j0.1$ [S], $\boldsymbol{Y}_{\mathrm{AF}} = 1/(10 + j20) = 0.02 - j0.04$ [S] となる．回路中の一つの節点 D を接地する．点 A, B, D, F の電位を，それぞれ $\boldsymbol{V}_{\mathrm{A}}, \boldsymbol{V}_{\mathrm{B}}, \boldsymbol{V}_{\mathrm{D}}, \boldsymbol{V}_{\mathrm{F}}$ と仮定する．$\boldsymbol{V}_{\mathrm{B}} = \boldsymbol{E} = 100$ [V] である．また，$\boldsymbol{V}_{\mathrm{D}} = \boldsymbol{V}_{\mathrm{F}} = 0$ [V] である．図中の各電流は，アドミタンスを用いて，$\boldsymbol{I}_1 = \boldsymbol{Y}_{\mathrm{BA}}(\boldsymbol{V}_{\mathrm{B}} - \boldsymbol{V}_{\mathrm{A}}) = 0.025 \times (100 - \boldsymbol{V}_{\mathrm{A}})$, $\boldsymbol{I}_2 = \boldsymbol{Y}_{\mathrm{AD}}(\boldsymbol{V}_{\mathrm{A}} - \boldsymbol{V}_{\mathrm{D}}) = \boldsymbol{Y}_{\mathrm{AD}}\boldsymbol{V}_{\mathrm{A}} = j0.1\boldsymbol{V}_{\mathrm{A}}$, $\boldsymbol{I}_3 = \boldsymbol{Y}_{\mathrm{AF}}(\boldsymbol{V}_{\mathrm{A}} - \boldsymbol{V}_{\mathrm{F}}) = (0.02 - j0.04)\boldsymbol{V}_{\mathrm{A}}$ となる．これらの式を，節点 A におけるキルヒホッフの第一法則である $\boldsymbol{I}_1 = \boldsymbol{I}_2 + \boldsymbol{I}_3$ に代入する．

$$0.025 \times (100 - \boldsymbol{V}_{\mathrm{A}}) = j0.1\boldsymbol{V}_{\mathrm{A}} + (0.02 - j0.04)\boldsymbol{V}_{\mathrm{A}}$$

これを解いて，$\boldsymbol{V}_{\mathrm{A}} = 20 - j26.67$ と求められる．これを，枝電流 $\boldsymbol{I}_1, \boldsymbol{I}_2, \boldsymbol{I}_3$ の式に代入して，$\boldsymbol{I}_1 = 2 + j0.667$ [A], $\boldsymbol{I}_2 = 2.667 + j2$ [A], $\boldsymbol{I}_3 = -0.667 - j1.333$ [A] となる．以上より，閉路電流は，$\boldsymbol{I}_{\mathrm{a}} = \boldsymbol{I}_1 = 2 + j0.667$ [A], $\boldsymbol{I}_{\mathrm{b}} = -\boldsymbol{I}_3 = 0.667 + j1.333$ [A] と求められる．

7.4　重ね合わせの理を用いるために，電源がそれぞれ単独に存在する場合について考える．まず，**解図 7.1** に示すように，左側の電源 $\boldsymbol{E}_1$ のみが存在する場合を考える．水色の矢印のように，電源 $\boldsymbol{E}_1$ 側から右方向を見た合成インピーダンス $\boldsymbol{Z}_1$ は，

$$\boldsymbol{Z}_1 = \frac{R \times j\omega L}{R + j\omega L} + \frac{1}{j\omega C} = \frac{R - \omega^2 LCR + j\omega L}{-\omega^2 LC + j\omega CR}$$

となる．よって，電流 $\boldsymbol{I}'$ は，次のようになる．

$$\boldsymbol{I}' = \frac{\boldsymbol{E}_1}{\boldsymbol{Z}_1} = \frac{(-\omega^2 LC + j\omega CR)\boldsymbol{E}_1}{R - \omega^2 LCR + j\omega L}$$

並列回路における分流の法則を表す式 (5.55)，(5.56) を用いて，

$$\boldsymbol{I}_1 = \frac{j\omega L}{R + j\omega L}\boldsymbol{I}' = \frac{-\omega^2 LC\boldsymbol{E}_1}{R - \omega^2 LCR + j\omega L}$$

である．次に，**解図 7.2** に示すように，右側の電源 $\boldsymbol{E}_2$ のみが存在する場合を考える．水色の矢印のように，電源 $\boldsymbol{E}_2$ 側から左方向を見た合成インピーダンス $\boldsymbol{Z}_2$ は，

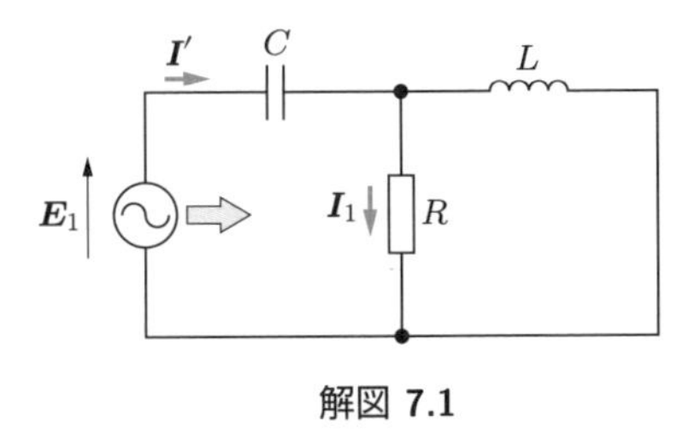

解図 7.1

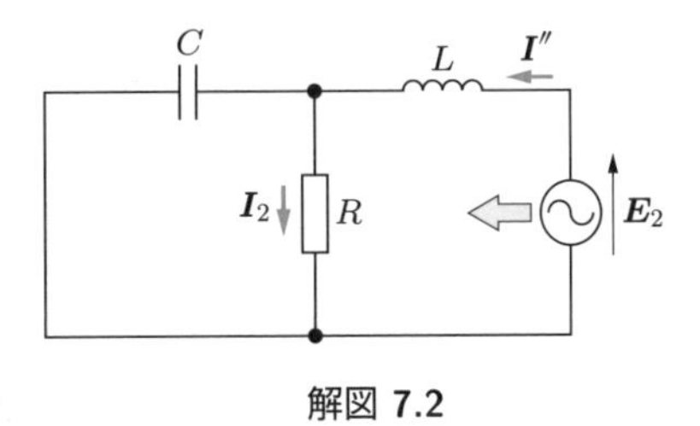

解図 7.2

$$\boldsymbol{Z}_2=\frac{R/(j\omega C)}{R+1/(j\omega C)}+j\omega L=\frac{R-\omega^2 LCR+j\omega L}{1+j\omega CR}$$

となる．よって，電流 $\boldsymbol{I}''$ は，次のようになる．

$$\boldsymbol{I}''=\frac{\boldsymbol{E}_2}{\boldsymbol{Z}_2}=\frac{1+j\omega CR}{R-\omega^2 LCR+j\omega L}\boldsymbol{E}_2$$

並列回路における分流の法則を用いて，

$$\boldsymbol{I}_2=\frac{1/(j\omega C)}{R+1/(j\omega C)}\boldsymbol{I}''=\frac{1}{R-\omega^2 LCR+j\omega L}\boldsymbol{E}_2$$

である．以上より，求める電流 $\boldsymbol{I}$ は，$\boldsymbol{I}_1$ と $\boldsymbol{I}_2$ の分母の実数化を行ったあとに，両者を足し合わせて，

$$\boldsymbol{I}=\boldsymbol{I}_1+\boldsymbol{I}_2=\frac{(R-\omega^2 LCR-j\omega L)(-\omega^2 LC\boldsymbol{E}_1+\boldsymbol{E}_2)}{R^2(1-\omega^2 LC)^2+\omega^2 L^2}$$

となる．この式に題意の数値を代入すると，$\boldsymbol{I}=5.38+j1.92\,[\mathrm{A}]$ となる．

7.5　重ね合わせの理を用いるために，まず，**解図 7.3**(a) に示す，電圧源 $\boldsymbol{E}$ のみが存在し，電流源 $\boldsymbol{J}$ は取り除いて，この部分を開放した回路を考える．この回路は，解図 7.3(b) のように描き換えることができる．A–B で回路を上下に分離したとき，水色の矢印のように，A–B から上側を見た合成インピーダンスは，$\boldsymbol{Z}'=\{(\boldsymbol{Z}_1+\boldsymbol{Z}_3)\boldsymbol{Z}_2\}/\{(\boldsymbol{Z}_1+\boldsymbol{Z}_3)+\boldsymbol{Z}_2\}$ となる．よって，電源側から見た，A–C 間の回路全体のインピーダンス $\boldsymbol{Z}$ は，

$$\boldsymbol{Z}=\boldsymbol{Z}'+\boldsymbol{Z}_4=\frac{\boldsymbol{Z}_2(\boldsymbol{Z}_1+\boldsymbol{Z}_3)+\boldsymbol{Z}_4(\boldsymbol{Z}_1+\boldsymbol{Z}_2+\boldsymbol{Z}_3)}{\boldsymbol{Z}_1+\boldsymbol{Z}_2+\boldsymbol{Z}_3}$$

となる．よって，$\boldsymbol{Z}_4$ を流れる電流 $\boldsymbol{I}'$ は，次式となる．

$$\boldsymbol{I}'=\frac{\boldsymbol{E}}{\boldsymbol{Z}}=\frac{\boldsymbol{Z}_1+\boldsymbol{Z}_2+\boldsymbol{Z}_3}{\boldsymbol{Z}_2(\boldsymbol{Z}_1+\boldsymbol{Z}_3)+\boldsymbol{Z}_4(\boldsymbol{Z}_1+\boldsymbol{Z}_2+\boldsymbol{Z}_3)}\boldsymbol{E}$$

次に，**解図 7.4**(a) に示す，電流源 $\boldsymbol{J}$ のみが存在し，電圧源 $\boldsymbol{E}$ は取り除いて，この部分を短絡させた回路を考える．この回路は，解図 7.4(b) のように描き換えることができる．$\boldsymbol{Z}_2, \boldsymbol{Z}_3, \boldsymbol{Z}_4$ で構成される D–E 間のインピーダンス $\boldsymbol{Z}_{\mathrm{DE}}$ は，$\boldsymbol{Z}_{\mathrm{DE}}=\boldsymbol{Z}_3+\boldsymbol{Z}_2\boldsymbol{Z}_4/(\boldsymbol{Z}_2+\boldsymbol{Z}_4)$ である．並列回路における分流の法則を用いて，電流源から流れ出した電流 $\boldsymbol{J}$ のう

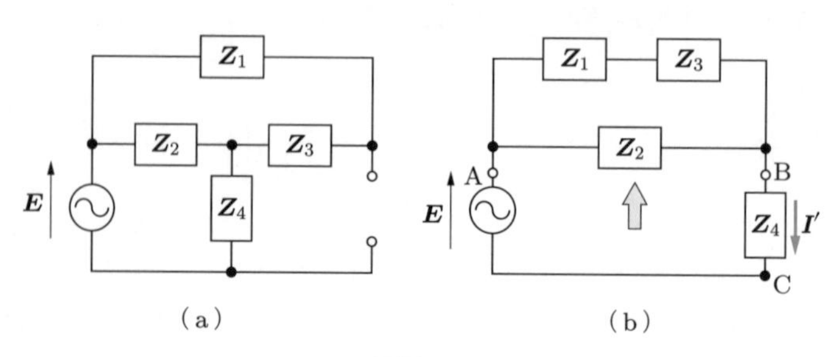

解図 7.3

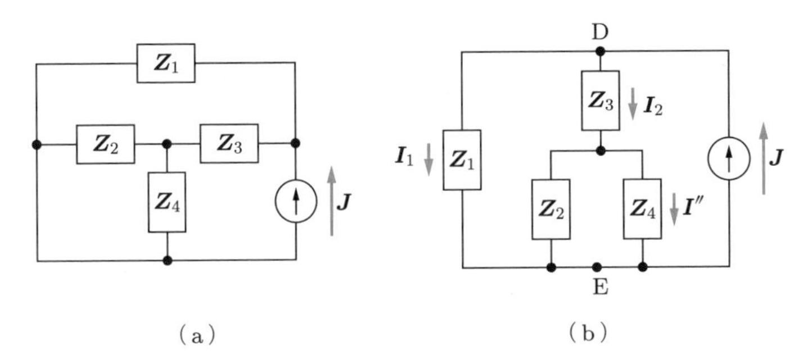

解図 7.4

ち D-E の経路を流れる電流は，$\boldsymbol{I}_2 = \{\boldsymbol{Z}_1/(\boldsymbol{Z}_1 + \boldsymbol{Z}_{\mathrm{DE}})\}\boldsymbol{J}$ である．さらに，この $\boldsymbol{I}_2$ のうち，$\boldsymbol{Z}_4$ を流れる電流 $\boldsymbol{I}''$ は，同様に分流の法則に従い，$\boldsymbol{I}'' = \{\boldsymbol{Z}_2/(\boldsymbol{Z}_2 + \boldsymbol{Z}_4)\}\boldsymbol{I}_2$ となる．すなわち，

$$\boldsymbol{I}'' = \frac{\boldsymbol{Z}_2}{\boldsymbol{Z}_2 + \boldsymbol{Z}_4} \times \frac{\boldsymbol{Z}_1}{\boldsymbol{Z}_1 + \boldsymbol{Z}_{\mathrm{DE}}}\boldsymbol{J} = \frac{\boldsymbol{Z}_1\boldsymbol{Z}_2}{(\boldsymbol{Z}_2 + \boldsymbol{Z}_4)(\boldsymbol{Z}_1 + \boldsymbol{Z}_3) + \boldsymbol{Z}_2\boldsymbol{Z}_4}\boldsymbol{J}$$

となる．

以上より，求める電流 $\boldsymbol{I}$ は，次式となる．

$$\begin{aligned}\boldsymbol{I} &= \boldsymbol{I}' + \boldsymbol{I}'' \\ &= \frac{\boldsymbol{Z}_1 + \boldsymbol{Z}_2 + \boldsymbol{Z}_3}{\boldsymbol{Z}_2(\boldsymbol{Z}_1 + \boldsymbol{Z}_3) + \boldsymbol{Z}_4(\boldsymbol{Z}_1 + \boldsymbol{Z}_2 + \boldsymbol{Z}_3)}\boldsymbol{E} + \frac{\boldsymbol{Z}_1\boldsymbol{Z}_2}{(\boldsymbol{Z}_2 + \boldsymbol{Z}_4)(\boldsymbol{Z}_1 + \boldsymbol{Z}_3) + \boldsymbol{Z}_2\boldsymbol{Z}_4}\boldsymbol{J}\end{aligned}$$

7.6　テブナンの定理 (7.47) に題意の値を代入して，$\boldsymbol{I} = \boldsymbol{V}_0/(\boldsymbol{Z}_0 + \boldsymbol{Z}) = (60 + j30)/\{(3 + j9) + (5 - j3)\} = 6.6 - j1.2\,[\mathrm{A}]$ となる．

7.7　**ステップ 1**　端子 a-b 間の両端の電圧 $\boldsymbol{V}_0$ を求める．インピーダンス $\boldsymbol{Z}$ を接続する前の回路について考える．この R, L, C が直列接続された閉回路を流れる電流 $\boldsymbol{I}'$ は，

$$\boldsymbol{I}' = \frac{\boldsymbol{E}}{R + j\omega L + 1/(j\omega C)} = \frac{j\omega C}{(1 - \omega^2 LC) + j\omega CR}\boldsymbol{E}$$

となる．端子 a-b 間の電圧 $\boldsymbol{V}_0$ は，インダクタンス L の両端にかかる電圧であるので，次のようになる．

$$\boldsymbol{V}_0 = j\omega L\boldsymbol{I}' = \frac{-\omega^2 LC}{(1 - \omega^2 LC) + j\omega CR}\boldsymbol{E}$$

ステップ 2　電圧源を取り除いて，この部分を短絡させた回路を考える．端子 a-b からこの回路を見た内部インピーダンス $\boldsymbol{Z}_0$ は，次のように求められる．

$$\boldsymbol{Z}_0 = \frac{\{R + 1/(j\omega C)\}j\omega L}{\{R + 1/(j\omega C)\} + j\omega L} = \frac{-\omega^2 LCR + j\omega L}{1 - \omega^2 LC + j\omega CR}$$

ステップ 3　端子 a-b の両端にインピーダンス $\boldsymbol{Z}$ を接続したとき，このインピーダンス $\boldsymbol{Z}$ に流れる電流は，テブナンの定理を用いて次のようになる．

$$\boldsymbol{I} = \frac{\boldsymbol{V}_0}{\boldsymbol{Z}_0 + \boldsymbol{Z}} = \frac{-\omega^2 LC\left[\{(1-\omega^2 LC)\boldsymbol{Z} - \omega^2 LCR\} - j(\omega CR\boldsymbol{Z} + \omega L)\right]}{\{(1-\omega^2 LC)\boldsymbol{Z} - \omega^2 LCR\}^2 + (\omega CR\boldsymbol{Z} + \omega L)^2}\boldsymbol{E}$$

7.8　ノートンの定理 (7.48) に題意の数値を代入して，$\boldsymbol{V} = \boldsymbol{I}_0/(\boldsymbol{Y}_0 + \boldsymbol{Y}) = (5+j3)/\{(3+j2)+(1-j5)\} = 0.44 + j1.08$ [V] となる．

7.9　ステップ1　**解図 7.5** に示すように，端子 a–b 間を短絡したときに流れる電流 $\boldsymbol{I}_0$ を求める．a–b 間に並列に接続されている L には電流が流れないので，次のようになる．

$$\boldsymbol{I}_0 = \frac{\boldsymbol{E}}{R + 1/(j\omega C)} = \frac{j\omega C\boldsymbol{E}}{1 + j\omega CR}$$

ステップ2　**解図 7.6** に示すように，電圧源を取り除いた回路を考える．端子 a–b からこの回路を見た内部アドミタンス $\boldsymbol{Y}_0$ は，次のようになる．

$$\boldsymbol{Y}_0 = \frac{1}{R + 1/(j\omega C)} + \frac{1}{j\omega L} = \frac{1 - \omega^2 LC + j\omega CR}{j\omega L(1 + j\omega CR)}$$

ステップ3　よって，端子 a–b の両端にアドミタンス $\boldsymbol{Y}$ を接続したとき，このアドミタンスにかかる電圧は，ノートンの定理より，

$$\boldsymbol{V} = \frac{\boldsymbol{I}_0}{\boldsymbol{Y}_0 + \boldsymbol{Y}} = \frac{-\omega^2 LC\{1 - \omega^2 LC - \omega^2 LCR\boldsymbol{Y} - j(\omega CR + \omega L\boldsymbol{Y})\}}{(1 - \omega^2 LC - \omega^2 LCR\boldsymbol{Y})^2 + (\omega CR + \omega L\boldsymbol{Y})^2}\boldsymbol{E}$$

となる．ここで，アドミタンス $\boldsymbol{Y}$ を流れる電流は，$\boldsymbol{I} = \boldsymbol{Y}\boldsymbol{V}$ であることに着目する．この演算を行い，$\boldsymbol{Y} = 1/\boldsymbol{Z}$ の関係を代入すると，同じ回路を対象とした問題 7.7 の結果と一致することが確かめられる．

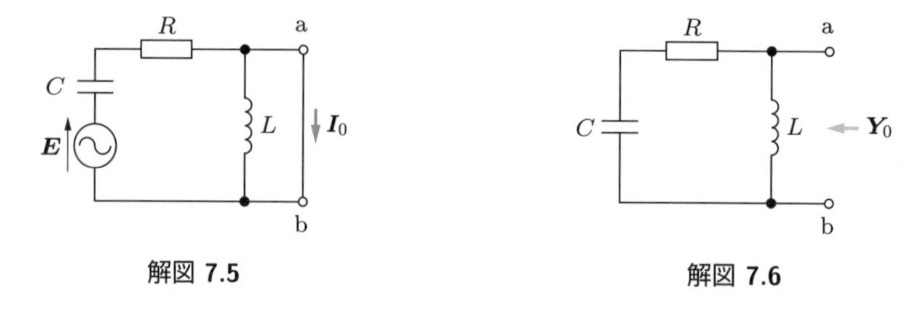

解図 7.5　　　解図 7.6

8章

8.1　共振角周波数 ω_0 は，式 (8.8) より，$\omega_0 = 1/\sqrt{LC} = 816$ [rad/s] となる．共振周波数 f_0 は，式 (8.9) より，$f_0 = 1/(2\pi\sqrt{LC}) = 130$ [Hz]，最大電流，すなわち共振電流 I_0 は，式 (8.14) より，$I_0 = |\boldsymbol{V}|/R = 100/20 = 5$ [A]，Q 値は，式 (8.15) より，$Q = \omega_0 L/R = 20.4$ となる．$\boldsymbol{V}_R, \boldsymbol{V}_L, \boldsymbol{V}_C$ は，式 (8.25)〜(8.27) より，$\boldsymbol{V}_R = |\boldsymbol{V}| = 100$ [V]，$\boldsymbol{V}_L = jQ|\boldsymbol{V}| = j2040$ [V]，$\boldsymbol{V}_C = -jQ|\boldsymbol{V}| = -j2040$ [V] となる．

8.2　(1) **解図 8.1** のように，式 (8.18) に従い，縦軸が $1/\sqrt{2} = 0.707$ となる水平線を引く．この直線と共振曲線との交点の角周波数を読み取ると，$\omega_1 = 2440$ [rad/s] および $\omega_2 =$

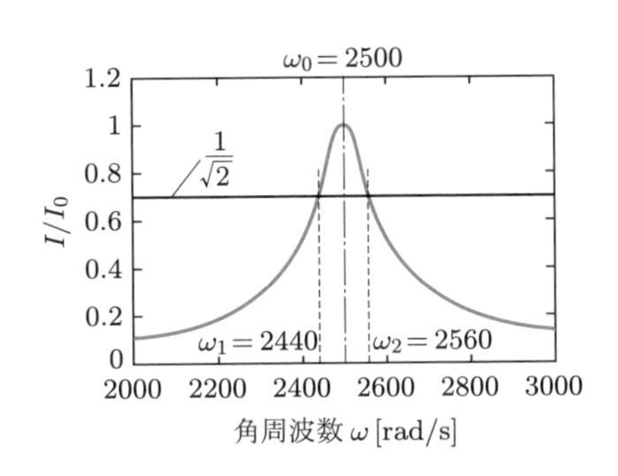

解図 8.1

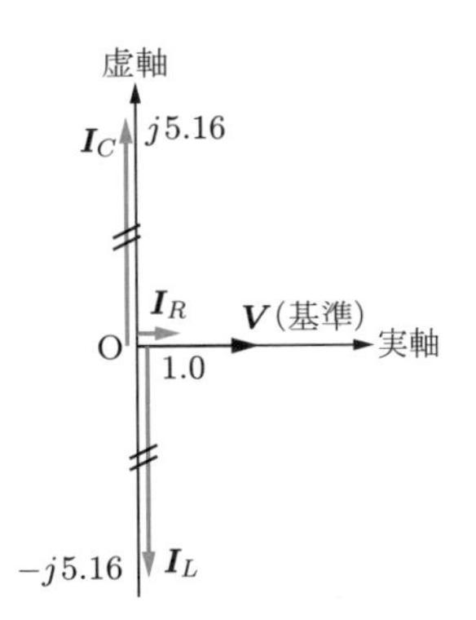

解図 8.2

2560 [rad/s] である．共振角周波数は，$\omega_0 = 2500$ [rad/s] であるので，$Q = \omega_0/(\omega_2 - \omega_1) = 20.8$ となる．

(2) Q 値は，$Q = \omega_0 L/R$ で与えられるので，$L = (R/\omega_0)Q = (10/2500) \times 20.8 = 0.0832$ [H] となる．

8.3　(1) 共振周波数 f_0 は，式 (8.9) より，$f_0 = 1/(2\pi\sqrt{LC})$ となる．C は 50〜500 [pF] の値をとることができるので，f_0 は $C = 50$ [pF] のとき最大，$C = 500$ [pF] のとき最小となる．よって，共振を実現する周波数の範囲は $5.03 \times 10^4 \leqq f_0 \leqq 1.59 \times 10^5$ [Hz] である．

(2) 式 (8.15), (8.16) より，キャパシタンス値 C が最小値のときに，Q 値は最大値となる．(1) の結果より，そのときのキャパシタンス値 C は 50 [pF]，周波数は $f_0 = 1.59 \times 10^5$ [Hz] である．よって，Q 値の最大値は，$Q_{\max} = (1/R)\sqrt{L/C} = (1/30)\sqrt{20 \times 10^{-3}/(50 \times 10^{-12})} = 667$ となる．

(3) 共振条件を満たしているときの回路のインピーダンス $\boldsymbol{Z}$ は，式 (8.2) と式 (8.6) より，$\boldsymbol{Z} = R$ で与えられるので，$\boldsymbol{Z} = 30$ [Ω] となる．

8.4　(1) 式 (8.36) より，$\omega_0 = 1/\sqrt{LC} = 1291$ [rad/s] となる．よって，共振周波数 f_0 は，$f_0 = \omega_0/2\pi = 205$ [Hz] となる．

(2) 式 (8.45) を用いて，$Q = \omega_0 CR = 5.16$ となる．

(3) $\boldsymbol{I}_R = \boldsymbol{V}/R = 100/100 = 1.0$ [A]，$\boldsymbol{I}_L = -j\{1/(\omega_0 L)\}\boldsymbol{V} = -j5.16$ [A]，$\boldsymbol{I}_C = j\omega_0 C\boldsymbol{V} = j5.16$ [A] となる．

(4) これらの結果をまとめると，**解図 8.2** のようになる．

8.5　(1) R と L の直列部分のインピーダンスは，$\boldsymbol{Z}_{RL} = R + j\omega L$ である．よって，この部分のアドミタンスは $\boldsymbol{Y}_{RL} = 1/(R + j\omega L)$，$C$ の部分のアドミタンスは，$\boldsymbol{Y}_C = j\omega C$ である．以上の二つの部分が並列接続されているので，回路の合成アドミタンス $\boldsymbol{Y}$ は，次式となる．

$$\boldsymbol{Y} = \boldsymbol{Y}_{RL} + \boldsymbol{Y}_C = \frac{1}{R + j\omega L} + j\omega C = \frac{R}{R^2 + \omega^2 L^2} + j\left(\omega C - \frac{\omega L}{R^2 + \omega^2 L^2}\right)$$

(2) 電流 $\boldsymbol{I}$ と電圧 $\boldsymbol{V}$ との間には，$\boldsymbol{I} = \boldsymbol{Y}\boldsymbol{V}$ の関係がある．よって，$\boldsymbol{I}$ と $\boldsymbol{V}$ とが同相である

ためには，(1) で求めた $\boldsymbol{Y}$ の虚部が零であればよい．$C - L/(R^2 + \omega_0{}^2 L^2) = 0$ すなわち，$\omega_0{}^2 = 1/(LC) - R^2/L^2$ である．$\omega_0 > 0$ であるので，$\omega_0 = \sqrt{1/(LC) - R^2/L^2}$ となる．

(3) (2) で求めた式を変形すると，$1 = 1/(\omega_0{}^2 LC) - R^2/(\omega_0{}^2 L^2)$ となる．$R^2 \ll \omega_0{}^2 L^2$ のとき，この式は $1 \simeq 1/(\omega_0{}^2 LC)$，すなわち $\omega_0{}^2 \simeq 1/(LC)$ と近似できる．よって，$\omega_0 = 1/\sqrt{LC}$ となる．この条件は，コイル L に含まれる抵抗 R の成分が無視できる，理想的な場合の共振条件を与える．

8.6　この回路の合成インピーダンスは，角周波数を ω として，次式となる．

$$\boldsymbol{Z} = j\omega L + \frac{R \times 1/(j\omega C)}{R + 1/(j\omega C)} = \frac{R - \omega^2 LCR + j\omega L}{1 + j\omega CR}$$
$$= \frac{\{(R - \omega^2 LCR) + \omega^2 LCR\} + j\{-\omega CR(R - \omega^2 LCR) + \omega L\}}{1 + \omega^2 C^2 R^2}$$

$\boldsymbol{I}$ と $\boldsymbol{V}$ がお互いに同相であるためには，$\boldsymbol{V} = \boldsymbol{ZI}$ より，$\boldsymbol{Z}$ の虚部が零であればよい．すなわち，$-\omega CR(R - \omega^2 LCR) + \omega L = 0$ から，$R = \sqrt{L/\{C(1 - \omega^2 LC)\}}$ となる．

8.7　ω を変化させても，$\boldsymbol{Z}$ の実部は，$R =$ 一定 である．一方，$\boldsymbol{Z}$ の虚部は，$\omega = 0$ のときに $-\infty$ となり，また，$\omega = \infty$ のときに零となる．よって，$\boldsymbol{Z}$ の軌跡（インピーダンス軌跡）は，**解図 8.3** に示すように，虚軸に平行な半直線上を，ω の増加とともに，下から上に向かって動くものとなる．アドミタンスは，次式となる．

$$\boldsymbol{Y} = \frac{1}{R - j\{1/(\omega C)\}} = \frac{R}{R^2 + \{1/(\omega C)\}^2} + j\frac{1/(\omega C)}{R^2 + \{1/(\omega C)\}^2} = G + jB$$

ただし，

$$G = \frac{\omega^2 C^2 R}{1 + \omega^2 C^2 R^2}, \quad B = \frac{\omega C}{1 + \omega^2 C^2 R^2} \tag{1}$$

である．例題 8.3 に従って，この軌跡を与える式を導くと，円の方程式 $\{G - 1/(2R)\}^2 + B^2 = \{1/(2R)\}^2$ となる．式 (1) より，$\omega = 0$ で $G = B = 0$，$\omega = \infty$ で $G = 1/R, B = 0$ であり，また，ω を 0 から ∞ に増加させるとき，G も B も正値である．よって，$\boldsymbol{Y}$ の軌跡（アドミタンス軌跡）は，**解図 8.4** に示すように，ω の増加とともに，実軸より上方にある半円上を時計回りに動くものとなる．

8.8　図 8.18 を図 8.12 と比べて，$\boldsymbol{Z}_1 = R_1 + j\omega L_1$, $\boldsymbol{Z}_2 = R_2$, $\boldsymbol{Z}_3 = R_3$, $\boldsymbol{Z}_4 = \{R_4/(j\omega C_4)\}/\{R_4 + 1/(j\omega C_4)\}$ であるので，これらをブリッジ回路の平衡条件である式 (8.55) に代入し整理すると，$R_4(R_1 + j\omega L_1) = R_2 R_3(1 + j\omega C_4 R_4)$ が得られる．この式の両辺の実部

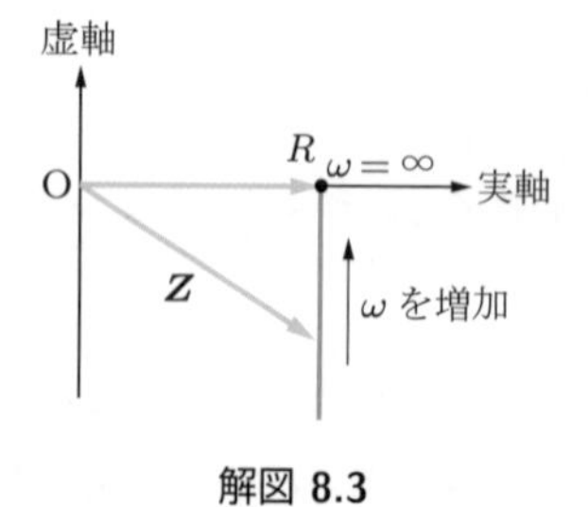

解図 8.3

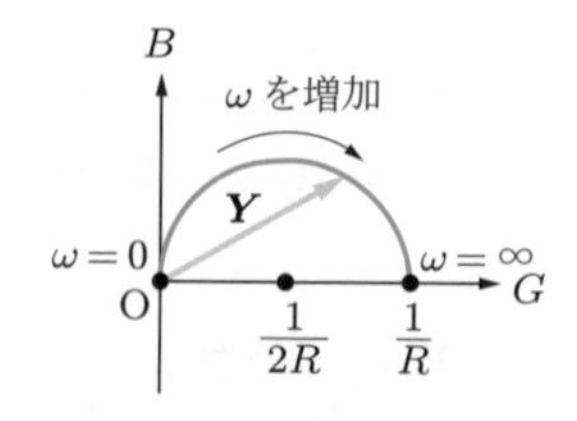

解図 8.4

と虚部をそれぞれ等しいとおいて，$R_1 = R_2R_3/R_4$, $L_1 = C_4R_2R_3$ となる．

8.9 図 8.19 を図 8.12 と比べて，$\boldsymbol{Z}_1 = R_1$, $\boldsymbol{Z}_2 = R_2$, $\boldsymbol{Z}_3 = R_3 + 1/(j\omega C_3)$, $\boldsymbol{Z}_4 = \{R_4/(j\omega C_4)\}/\{R_4 + 1/(j\omega C_4)\}$ であるので，これらをブリッジ回路の平衡条件である式 (8.55) に代入し整理すると，$R_2(1 - \omega^2 C_3C_4R_3R_4) + j\omega(C_3R_2R_3 + C_4R_2R_4 - C_3R_1R_4) = 0$ が得られる．この式の実部と虚部がともに零に等しいとおいて，$\omega = 1/\sqrt{C_3C_4R_3R_4}$, $R_1 = (C_3R_2R_3 + C_4R_2R_4)/(C_3R_4)$ となる．

9 章

9.1 式 (9.2) より，$V = 30 \times 10^{-3} \times 10/0.02 = 15$ [V] となる．

9.2 式 (9.5) に題意の数値を代入すると，$30 = M \times 20/0.04$ となる．よって，$M = 0.06$ [H]，すなわち，60 [mH] となる．

9.3 1 次側 : $j\omega L_1\boldsymbol{I}_1 + j\omega M\boldsymbol{I}_2 = \boldsymbol{E}$, 2 次側 : $j\omega L_2\boldsymbol{I}_2 + j\omega M\boldsymbol{I}_1 = \boldsymbol{V}_2$ である．ここで，a-b 間は開放されているので，$\boldsymbol{I}_2 = 0$ をそれぞれの式に代入して，$j\omega L_1\boldsymbol{I}_1 = \boldsymbol{E}$, $j\omega M\boldsymbol{I}_1 = \boldsymbol{V}_2$ が得られる．これを解いて，$\boldsymbol{V}_2 = (M/L_1)\boldsymbol{E}$ となる．

9.4 **解図 9.1** を考える．

$$1 次側：j\omega L_1\boldsymbol{I}_1 - j\omega M\boldsymbol{I}_2 = \boldsymbol{E} \quad (1)$$

$$2 次側：j\omega L_2\boldsymbol{I}_2 - j\omega M\boldsymbol{I}_1 = \boldsymbol{V}_2 \quad (2)$$

ここで，2 次側は短絡されているので，$\boldsymbol{V}_2 = 0$ を式 (2) に代入して，$\boldsymbol{I}_1 = (L_2/M)\boldsymbol{I}_2$ となる．これを式 (1) に代入して，$\boldsymbol{I}_2 = -jM\boldsymbol{E}/\{\omega(L_1L_2 - M^2)\}$ となる．

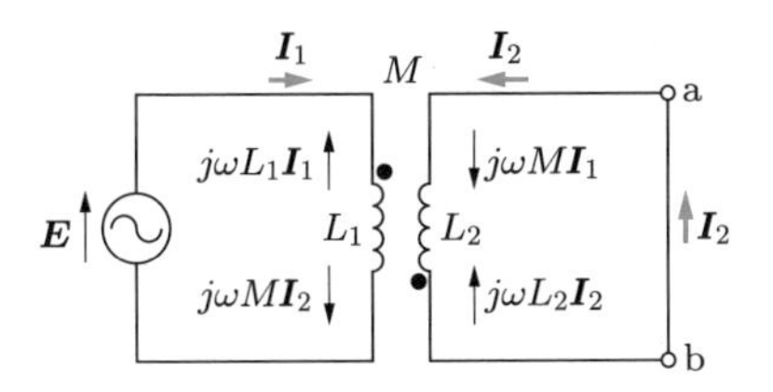

解図 9.1

9.5 （開放した場合）等価回路は**解図 9.2** のように表される．c-d 間は開放されているので，a-b 間に電源を加えても，E-c 間には電流は流れない．よって，$\boldsymbol{Z}_{\text{open}} = j\omega M + j\omega(L_1 - M) = j\omega L_1$ となる．

（短絡した場合）等価回路は**解図 9.3** のように表される．E-F 間より右側の部分は，$j\omega(L_2 - M)$ と $j\omega M$ の二つのインピーダンスの並列接続である．求める $\boldsymbol{Z}_{\text{short}}$ は，これに a-E 間のインピーダンス $j\omega(L_1 - M)$ を加えればよい．

$$\boldsymbol{Z}_{\text{short}} = j\omega(L_1 - M) + \frac{j\omega(L_2 - M)j\omega M}{j\omega(L_2 - M) + j\omega M} = j\omega\frac{L_1L_2 - M^2}{L_2}$$

$\boldsymbol{Z}_{\text{short}}$ は正の値であるので，$L_1L_2 - M^2 \geqq 0$ となる．すなわち，$0 \leqq M \leqq \sqrt{L_1L_2}$ が M

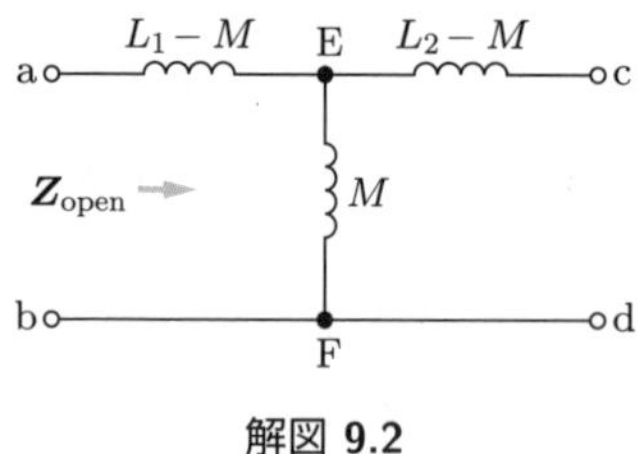

解図 9.2

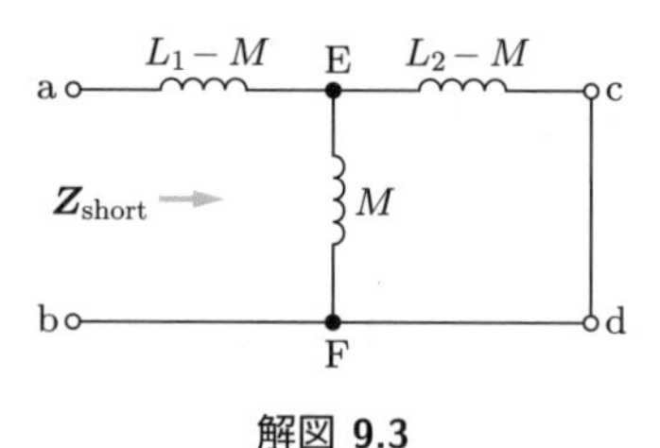

解図 9.3

のとり得る値の範囲である．

9.6　式 (9.20)〜(9.22) を用いて，

$$\boldsymbol{V}_{\mathrm{ab}} = j\omega L_1 \boldsymbol{I} - j\omega M \boldsymbol{I} \tag{1}$$

$$\boldsymbol{V}_{\mathrm{cd}} = j\omega L_2 \boldsymbol{I} - j\omega M \boldsymbol{I} \tag{2}$$

$$\boldsymbol{V} = \boldsymbol{V}_{\mathrm{ab}} + \boldsymbol{V}_{\mathrm{cd}} = 100\angle 0^\circ\,[\mathrm{V}] \tag{3}$$

となる．式 (1), (2) に題意の値を代入して，$\boldsymbol{V}_{\mathrm{ab}} = j10\boldsymbol{I}$, $\boldsymbol{V}_{\mathrm{cd}} = j6\boldsymbol{I}$ となる．これらを式 (3) に代入して解くと，$\boldsymbol{I} = -j6.25\,[\mathrm{A}]$ となる．よって，$\boldsymbol{V}_{\mathrm{ab}} = j10\boldsymbol{I} = 62.5\,[\mathrm{V}]$ となる．

9.7　この等価回路は，**解図 9.4** のようになる．端子 C–E から右上側を見たインピーダンス $\boldsymbol{Z}_{\mathrm{CE}}$ は，

$$\boldsymbol{Z}_{\mathrm{CE}} = j\omega(L_2 - M) + R + j\omega L - j\frac{1}{\omega C} = R + j\left\{\omega(L + L_2 - M) - \frac{1}{\omega C}\right\}$$

となる．端子 C–D から右側を見たインピーダンス $\boldsymbol{Z}_{\mathrm{CD}}$ は，並列接続の合成インピーダンスを与える式 (5.54) を用いて，

$$\boldsymbol{Z}_{\mathrm{CD}} = \frac{j\omega M\big[R + j\{\omega(L + L_2 - M) - 1/(\omega C)\}\big]}{j\omega M + R + j\{\omega(L + L_2 - M) - 1/(\omega C)\}}$$

となる．端子 a–b から右側を見たインピーダンス $\boldsymbol{Z}$ は，$\boldsymbol{Z} = j\omega(L_1 - M) + \boldsymbol{Z}_{\mathrm{CD}}$ で与えられるので，題意の数値を代入して，$\boldsymbol{Z} = 2.5 + j12\ [\Omega]$ となる．また，$\boldsymbol{Z} = \sqrt{2.5^2 + 12^2}\angle\tan^{-1}(12/2.5) = 12.3\angle 78.2^\circ\ [\Omega]$ である．よって，$\boldsymbol{I}_1 = \boldsymbol{E}/\boldsymbol{Z} = 1.66 - j7.99\,[\mathrm{A}]$，すなわち $\boldsymbol{I}_1 = 8.16\angle(-78.2^\circ)\ [\mathrm{A}]$ である．求めるフェーザ図を，**解図 9.5** に示す．

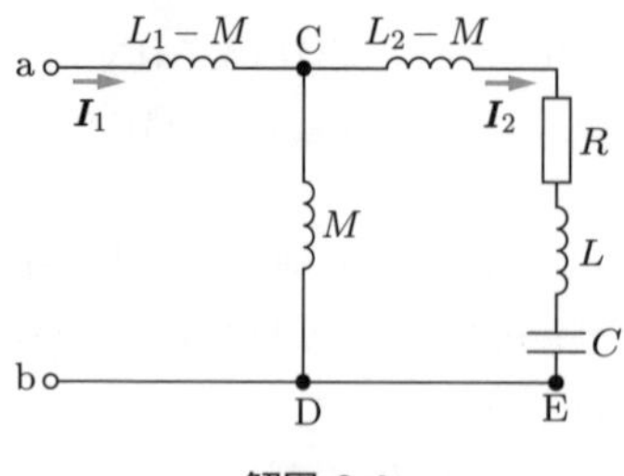

解図 9.4

虚軸
$\boldsymbol{Z} = 2.5 + j12\,[\Omega]$
78.2°
$\boldsymbol{E} = 100\angle 0^\circ\,[\mathrm{V}]$
O
実軸
−78.2°
$\boldsymbol{I}_1 = 1.66 - j7.99\,[\mathrm{A}]$

解図 9.5

10章

10.1　この回路はT形回路である．図10.4のT形回路と対応させると，$\boldsymbol{Z}_1 = 2 - j$, $\boldsymbol{Z}_2 = 1 + j2$, $\boldsymbol{Z}_3 = 4$となる．よって，式(10.10)を用いて，$\boldsymbol{Z}_{11} = \boldsymbol{Z}_1 + \boldsymbol{Z}_2 = 3 + j$ [Ω]，$\boldsymbol{Z}_{21} = \boldsymbol{Z}_{12} = \boldsymbol{Z}_2 = 1 + j2$ [Ω]，$\boldsymbol{Z}_{22} = \boldsymbol{Z}_2 + \boldsymbol{Z}_3 = 5 + j2$ [Ω]となる．

10.2　この回路はπ形回路である．図10.10のπ形回路と対応させると，$\boldsymbol{Y}_1 = 2$, $\boldsymbol{Y}_2 = 1 + j$, $\boldsymbol{Y}_3 = 2 - j$となる．よって，式(10.26)を用いて，$\boldsymbol{Y}_{11} = \boldsymbol{Y}_1 + \boldsymbol{Y}_2 = 3 + j$ [S], $\boldsymbol{Y}_{21} = \boldsymbol{Y}_{12} = -\boldsymbol{Y}_2 = -1 - j$ [S], $\boldsymbol{Y}_{22} = \boldsymbol{Y}_2 + \boldsymbol{Y}_3 = 3$ [S]となる．

10.3　この回路はT形回路である．点Aにおいてキルヒホッフの第一法則を，また，二つの閉回路に沿ってキルヒホッフの第二法則を適用する．

$$\boldsymbol{I}_3 = \boldsymbol{I}_1 + \boldsymbol{I}_2 \tag{1}$$

$$\boldsymbol{V}_1 = j\omega L\boldsymbol{I}_1 - j\frac{1}{\omega C}\boldsymbol{I}_3, \quad \boldsymbol{V}_2 = R\boldsymbol{I}_2 - j\frac{1}{\omega C}\boldsymbol{I}_3 \tag{2}$$

式(1)を式(2)に代入して整理すると，

$$\boldsymbol{V}_1 = j\omega L\boldsymbol{I}_1 - j\frac{1}{\omega C}(\boldsymbol{I}_1 + \boldsymbol{I}_2) = j\left(\omega L - \frac{1}{\omega C}\right)\boldsymbol{I}_1 - j\frac{1}{\omega C}\boldsymbol{I}_2$$

$$\boldsymbol{V}_2 = R\boldsymbol{I}_2 - j\frac{1}{\omega C}(\boldsymbol{I}_1 + \boldsymbol{I}_2) = -j\frac{1}{\omega C}\boldsymbol{I}_1 + \left(R - j\frac{1}{\omega C}\right)\boldsymbol{I}_2$$

となる．これらを行列を用いて表現し直すと，次のようになる．

$$\begin{bmatrix}\boldsymbol{V}_1\\\boldsymbol{V}_2\end{bmatrix} = \begin{bmatrix}j\{\omega L - 1/(\omega C)\} & -j/(\omega C)\\ -j/(\omega C) & R - j/(\omega C)\end{bmatrix}\begin{bmatrix}\boldsymbol{I}_1\\\boldsymbol{I}_2\end{bmatrix}$$

10.4　問題10.3の解答より，

$$\boldsymbol{V}_1 = j\left(\omega L - \frac{1}{\omega C}\right)\boldsymbol{I}_1 - j\frac{1}{\omega C}\boldsymbol{I}_2 \tag{1}$$

$$\boldsymbol{V}_2 = -j\frac{1}{\omega C}\boldsymbol{I}_1 + \left(R - j\frac{1}{\omega C}\right)\boldsymbol{I}_2 \tag{2}$$

となる．式(2)を$\boldsymbol{I}_1$について解くと，次のようになる．

$$\boldsymbol{I}_1 = j\omega C\left\{\boldsymbol{V}_2 - \left(R - j\frac{1}{\omega C}\right)\boldsymbol{I}_2\right\} = j\omega C\boldsymbol{V}_2 - (1 + j\omega CR)\boldsymbol{I}_2$$

これを式(1)に代入すると，

$$\begin{aligned}\boldsymbol{V}_1 &= j\left(\omega L - \frac{1}{\omega C}\right)\{j\omega C\boldsymbol{V}_2 - (1 + j\omega CR)\boldsymbol{I}_2\} - j\frac{1}{\omega C}\boldsymbol{I}_2\\
&= -(\omega^2 LC - 1)\boldsymbol{V}_2 - j\left(\omega L - \frac{1}{\omega C}\right)(1 + j\omega CR)\boldsymbol{I}_2 - j\frac{1}{\omega C}\boldsymbol{I}_2\\
&= (1 - \omega^2 LC)\boldsymbol{V}_2 - \left(j\omega L - j\frac{1}{\omega C} - \omega^2 LCR + R + j\frac{1}{\omega C}\right)\boldsymbol{I}_2\\
&= (1 - \omega^2 LC)\boldsymbol{V}_2 - \{(1 - \omega^2 LC)R + j\omega L\}\boldsymbol{I}_2\end{aligned}$$

となる．よって，$\boldsymbol{V}_1$, $\boldsymbol{I}_1$ を $\boldsymbol{V}_2$ と $\boldsymbol{I}_2$ で表すことができた．ここで，$\boldsymbol{F}$ 行列の $\boldsymbol{I}_2$ の符号が，$\boldsymbol{Z}$ 行列のそれと逆になることに注意すると，$\boldsymbol{F}$ 行列は次のようになる．

$$\begin{bmatrix} \boldsymbol{A} & \boldsymbol{B} \\ \boldsymbol{C} & \boldsymbol{D} \end{bmatrix} = \begin{bmatrix} 1-\omega^2 LC & (1-\omega^2 LC)R + j\omega L \\ j\omega C & 1+j\omega CR \end{bmatrix}$$

10.5　図 10.25 を，図 10.10 の π 形回路と対応させると，$\boldsymbol{Y}_1 = j\omega C_1 + j\omega C_2$, $\boldsymbol{Y}_2 = 1/(R + j\omega L_1)$, $\boldsymbol{Y}_3 = 1/(j\omega L_2)$ となる．よって，式 (10.26) を用いて，

$$\begin{aligned}
\boldsymbol{Y}_{11} &= \boldsymbol{Y}_1 + \boldsymbol{Y}_2 = j\omega C_1 + j\omega C_2 + \frac{1}{R + j\omega L_1} \\
&= \frac{\{1-\omega^2 L_1(C_1+C_2)\} + j\omega(C_1+C_2)R}{R+j\omega L_1} \\
&= \frac{R + j\{-\omega L_1 + \omega^3 {L_1}^2 (C_1+C_2) + \omega(C_1+C_2)R^2\}}{R^2 + \omega^2 {L_1}^2} \\
\boldsymbol{Y}_{12} &= \boldsymbol{Y}_{21} = -\boldsymbol{Y}_2 = -\frac{1}{R+j\omega L_1} = \frac{-R + j\omega L_1}{R^2 + \omega^2 {L_1}^2} \\
\boldsymbol{Y}_{22} &= \boldsymbol{Y}_2 + \boldsymbol{Y}_3 = \frac{1}{R+j\omega L_1} + \frac{1}{j\omega L_2} = \frac{R + j\omega(L_1+L_2)}{-\omega^2 L_1 L_2 + j\omega L_2 R} \\
&= \frac{\omega^2 {L_2}^2 R - j\{\omega^3 L_1 L_2 (L_1+L_2) + \omega L_2 R^2\}}{\omega^4 {L_1}^2 {L_2}^2 + \omega^2 {L_2}^2 R^2}
\end{aligned}$$

となる．これらの式に題意の数値を代入すると，$\omega L_1 = 1000 \times 10 \times 10^{-3} = 10$, $\omega L_2 = 1000 \times 20 \times 10^{-3} = 20$, $\omega C_1 = 1000 \times 20 \times 10^{-6} = 2 \times 10^{-2}$, $\omega C_2 = 1000 \times 50 \times 10^{-6} = 5 \times 10^{-2}$ であるので，求める四つの $\boldsymbol{Y}$ パラメータの値は，次のようになる．

$$\begin{aligned}
\boldsymbol{Y}_{11} &= \frac{20 + j\{-10 + 10^2 \times (2+5) \times 10^{-2} + (2+5) \times 10^{-2} \times 20^2\}}{20^2 + 10^2} \\
&= \frac{20 + j25}{500} = 0.04 + j0.05 \text{ [S]} \\
\boldsymbol{Y}_{12} &= \boldsymbol{Y}_{21} = \frac{-20 + j10}{20^2 + 10^2} = \frac{-20 + j10}{500} = -0.04 + j0.02 \text{ [S]} \\
\boldsymbol{Y}_{22} &= \frac{20^2 \times 20 - j\{10 \times 20 \times (10+20) + 20 \times 20^2\}}{10^2 \times 20^2 + 20^2 \times 20^2} = \frac{8 - j14}{200} \\
&= 0.04 - j0.07 \text{ [S]}
\end{aligned}$$

10.6　題意より，1 次側 1-1′ 間，2 次側 2-2′ 間の電圧 $\boldsymbol{V}_1$, $\boldsymbol{V}_2$ の間には，$\boldsymbol{V}_2 = n\boldsymbol{V}_1$ の関係がある．また，電流 $\boldsymbol{I}_1$, $\boldsymbol{I}_2$ の間には，$\boldsymbol{I}_2 = \boldsymbol{I}_1/n$ の関係がある．これらを行列を用いて整理すると，以下のようになる．

$$\begin{bmatrix} \boldsymbol{V}_1 \\ \boldsymbol{I}_1 \end{bmatrix} = \begin{bmatrix} \boldsymbol{A} & \boldsymbol{B} \\ \boldsymbol{C} & \boldsymbol{D} \end{bmatrix} \begin{bmatrix} \boldsymbol{V}_2 \\ \boldsymbol{I}_2 \end{bmatrix} = \begin{bmatrix} 1/n & 0 \\ 0 & n \end{bmatrix} \begin{bmatrix} \boldsymbol{V}_2 \\ \boldsymbol{I}_2 \end{bmatrix}$$

すなわち，求める $\boldsymbol{F}$ 行列は次式で与えられる．

$$[\boldsymbol{F}] = \begin{bmatrix} 1/n & 0 \\ 0 & n \end{bmatrix}$$

10.7　全体の回路網は，回路網 1 と回路網 2 を直列接続したものである．よって，接続後の回路網全体の $\boldsymbol{Z}$ 行列は，式 (10.13) より，次のようになる．

$$[\boldsymbol{Z}_1]+[\boldsymbol{Z}_2]=\begin{bmatrix} 8+5 & 5+j2+3-j2 \\ 5+j2+3-j2 & 5+6 \end{bmatrix}=\begin{bmatrix} 13 & 8 \\ 8 & 11 \end{bmatrix}$$

10.8　全体の回路網は，回路網 1 と回路網 2 を並列接続したものである．よって，接続後の回路網全体の $\boldsymbol{Y}$ 行列は，式 (10.29) より，次のようになる．

$$[\boldsymbol{Y}_1]+[\boldsymbol{Y}_2]=\begin{bmatrix} 7+3 & 8-j3+3+j5 \\ 8-j3+3+j5 & 6+2 \end{bmatrix}=\begin{bmatrix} 10 & 11+j2 \\ 11+j2 & 8 \end{bmatrix}$$

10.9　図 10.27 の T 形回路を，図 10.4 の T 形回路と対応させると，各インピーダンスは，$\boldsymbol{Z}_1=3\,[\Omega]$, $\boldsymbol{Z}_2=-j2\,[\Omega]$, $\boldsymbol{Z}_3=j4\,[\Omega]$ となる．左側，真ん中，右側の三つの部分の $\boldsymbol{F}$ 行列を，それぞれ $[\boldsymbol{F}_1]$, $[\boldsymbol{F}_2]$, $[\boldsymbol{F}_3]$ とする．これらの $\boldsymbol{F}$ 行列は，例題 10.5 の結果を用いて，次のように与えられる．

$$[\boldsymbol{F}_1]=\begin{bmatrix} 1 & \boldsymbol{Z}_1 \\ 0 & 1 \end{bmatrix}=\begin{bmatrix} 1 & 3 \\ 0 & 1 \end{bmatrix},\quad [\boldsymbol{F}_2]=\begin{bmatrix} 1 & 0 \\ 1/\boldsymbol{Z}_2 & 1 \end{bmatrix}=\begin{bmatrix} 1 & 0 \\ j/2 & 1 \end{bmatrix},$$

$$[\boldsymbol{F}_3]=\begin{bmatrix} 1 & \boldsymbol{Z}_3 \\ 0 & 1 \end{bmatrix}=\begin{bmatrix} 1 & j4 \\ 0 & 1 \end{bmatrix}$$

よって，回路全体の $\boldsymbol{F}$ 行列は，次のようになる．

$$[\boldsymbol{F}]=[\boldsymbol{F}_1][\boldsymbol{F}_2][\boldsymbol{F}_3]=\begin{bmatrix} 1 & 3 \\ 0 & 1 \end{bmatrix}\begin{bmatrix} 1 & 0 \\ j/2 & 1 \end{bmatrix}\begin{bmatrix} 1 & j4 \\ 0 & 1 \end{bmatrix}=\begin{bmatrix} 1+j3/2 & -3+j4 \\ j/2 & -1 \end{bmatrix}$$

10.10　左側，真ん中，右側のそれぞれの部分の $\boldsymbol{F}$ 行列を，$[\boldsymbol{F}_1]$, $[\boldsymbol{F}_2]$, $[\boldsymbol{F}_3]$ とする．これらの $\boldsymbol{F}$ 行列は，例題 10.5 より，次のように与えられる．

$$[\boldsymbol{F}_1]=\begin{bmatrix} 1 & 0 \\ 1/\boldsymbol{Z}_1 & 1 \end{bmatrix},\quad [\boldsymbol{F}_2]=\begin{bmatrix} 1 & \boldsymbol{Z}_2 \\ 0 & 1 \end{bmatrix},\quad [\boldsymbol{F}_3]=\begin{bmatrix} 1 & 0 \\ 1/\boldsymbol{Z}_3 & 1 \end{bmatrix}$$

よって，回路全体の $\boldsymbol{F}$ 行列は，次のようになる．

$$[\boldsymbol{F}]=[\boldsymbol{F}_1][\boldsymbol{F}_2][\boldsymbol{F}_3]=\begin{bmatrix} 1 & 0 \\ 1/\boldsymbol{Z}_1 & 1 \end{bmatrix}\begin{bmatrix} 1 & \boldsymbol{Z}_2 \\ 0 & 1 \end{bmatrix}\begin{bmatrix} 1 & 0 \\ 1/\boldsymbol{Z}_3 & 1 \end{bmatrix}$$

$$=\begin{bmatrix} 1+\boldsymbol{Z}_2/\boldsymbol{Z}_3 & \boldsymbol{Z}_2 \\ (\boldsymbol{Z}_1+\boldsymbol{Z}_2+\boldsymbol{Z}_3)/(\boldsymbol{Z}_1\boldsymbol{Z}_3) & \boldsymbol{Z}_2/\boldsymbol{Z}_1+1 \end{bmatrix}$$

10.11　式 (10.53) より，$\boldsymbol{Z}$ 行列の行列式は，$\Delta_Z=\boldsymbol{Z}_{11}\boldsymbol{Z}_{22}-\boldsymbol{Z}_{12}\boldsymbol{Z}_{21}=(4-j3)\times 4-(3-j2)\times(3-j2)=11$ となる．よって，式 (10.52) を用いて，$\boldsymbol{Y}$ 行列は次のようになる．

$$[\boldsymbol{Y}]=[\boldsymbol{Z}]^{-1}=\frac{1}{\Delta_Z}\begin{bmatrix} \boldsymbol{Z}_{22} & -\boldsymbol{Z}_{12} \\ -\boldsymbol{Z}_{21} & \boldsymbol{Z}_{11} \end{bmatrix}=\frac{1}{11}\begin{bmatrix} 4 & -3+j2 \\ -3+j2 & 4-j3 \end{bmatrix}$$

10.12　(1)　図 10.29 を図 10.4 と対応させると，$\boldsymbol{Z}_1=5+j8$, $\boldsymbol{Z}_2=-j8$, $\boldsymbol{Z}_3=j8$ となる．よって，式 (10.10) より，$\boldsymbol{Z}_{11}=\boldsymbol{Z}_1+\boldsymbol{Z}_2=5\ [\Omega]$, $\boldsymbol{Z}_{12}=\boldsymbol{Z}_{21}=\boldsymbol{Z}_2=-j8\ [\Omega]$, $\boldsymbol{Z}_{22}=\boldsymbol{Z}_2+\boldsymbol{Z}_3=0\ [\Omega]$ となる．よって，$\boldsymbol{Z}$ 行列は次のようになる．

$$[\boldsymbol{Z}] = \begin{bmatrix} \boldsymbol{Z}_{11} & \boldsymbol{Z}_{12} \\ \boldsymbol{Z}_{21} & \boldsymbol{Z}_{22} \end{bmatrix} = \begin{bmatrix} 5 & -j8 \\ -j8 & 0 \end{bmatrix}$$

(2)　$\Delta_Z = \boldsymbol{Z}_{11}\boldsymbol{Z}_{22} - \boldsymbol{Z}_{12}\boldsymbol{Z}_{21} = 64$ より，式 (10.52) を用いて，$\boldsymbol{Y}$ 行列は次のようになる．

$$[\boldsymbol{Y}] = \frac{1}{\Delta_Z}\begin{bmatrix} \boldsymbol{Z}_{22} & -\boldsymbol{Z}_{12} \\ -\boldsymbol{Z}_{21} & \boldsymbol{Z}_{11} \end{bmatrix} = \frac{1}{64}\begin{bmatrix} 0 & j8 \\ j8 & 5 \end{bmatrix} = \begin{bmatrix} 0 & j/8 \\ j/8 & 5/64 \end{bmatrix}$$

(3)　(2) の結果と式 (10.26) から，$\boldsymbol{Y}_2 = -\boldsymbol{Y}_{12} = -j/8$, $\boldsymbol{Y}_1 = \boldsymbol{Y}_{11} - \boldsymbol{Y}_2 = j/8$, $\boldsymbol{Y}_3 = \boldsymbol{Y}_{22} - \boldsymbol{Y}_2 = 5/64 + j/8$ となる．よって，インピーダンスに直すと，$\boldsymbol{Z}_1 = 1/\boldsymbol{Y}_1 = -j8$ [Ω], $\boldsymbol{Z}_2 = 1/\boldsymbol{Y}_2 = j8$ [Ω], $\boldsymbol{Z}_3 = 1/\boldsymbol{Y}_3 = 3.60 - j5.75$ [Ω] となる．**解図 10.1** に等価な π 形回路を示す．

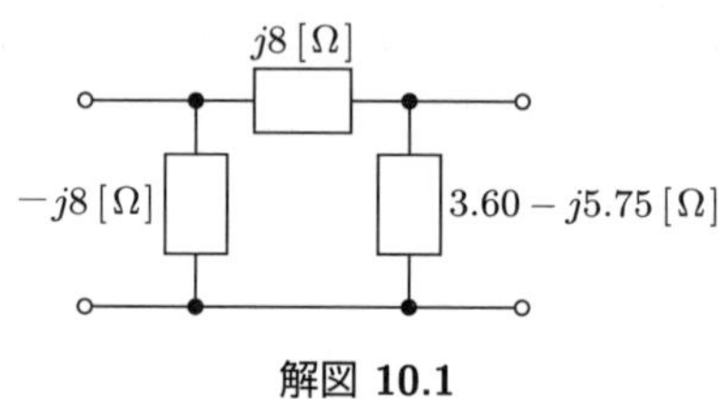

解図 10.1

10.13　$\boldsymbol{Y}$ 行列と $\boldsymbol{F}$ 行列とでは，$\boldsymbol{I}_2$ の符号の定義が異なることに注意する．$\boldsymbol{F}$ 行列の電流の向きの定義に従って，2 端子対回路方程式を $\boldsymbol{Y}$ 行列を用いて書くと，次のようになる．

$$\begin{bmatrix} \boldsymbol{I}_1 \\ -\boldsymbol{I}_2 \end{bmatrix} = \begin{bmatrix} \boldsymbol{Y}_{11} & \boldsymbol{Y}_{12} \\ \boldsymbol{Y}_{21} & \boldsymbol{Y}_{22} \end{bmatrix}\begin{bmatrix} \boldsymbol{V}_1 \\ \boldsymbol{V}_2 \end{bmatrix}$$

すなわち，

$$\boldsymbol{I}_1 = \boldsymbol{Y}_{11}\boldsymbol{V}_1 + \boldsymbol{Y}_{12}\boldsymbol{V}_2 \tag{1}$$

$$-\boldsymbol{I}_2 = \boldsymbol{Y}_{21}\boldsymbol{V}_1 + \boldsymbol{Y}_{22}\boldsymbol{V}_2 \tag{2}$$

となる．式 (2) を $\boldsymbol{V}_1$ について解く．

$$\boldsymbol{V}_1 = \frac{1}{\boldsymbol{Y}_{21}}(-\boldsymbol{I}_2 - \boldsymbol{Y}_{22}\boldsymbol{V}_2) = -\frac{\boldsymbol{Y}_{22}}{\boldsymbol{Y}_{21}}\boldsymbol{V}_2 - \frac{1}{\boldsymbol{Y}_{21}}\boldsymbol{I}_2 \tag{3}$$

これを式 (1) に代入する．

$$\boldsymbol{I}_1 = \boldsymbol{Y}_{11}\left(-\frac{\boldsymbol{Y}_{22}}{\boldsymbol{Y}_{21}}\boldsymbol{V}_2 - \frac{1}{\boldsymbol{Y}_{21}}\boldsymbol{I}_2\right) + \boldsymbol{Y}_{12}\boldsymbol{V}_2 = -\frac{\boldsymbol{Y}_{11}\boldsymbol{Y}_{22} - \boldsymbol{Y}_{12}\boldsymbol{Y}_{21}}{\boldsymbol{Y}_{21}}\boldsymbol{V}_2 - \frac{\boldsymbol{Y}_{11}}{\boldsymbol{Y}_{21}}\boldsymbol{I}_2 \tag{4}$$

式 (3), (4) を，式 (10.30), (10.31) と比べると，$\boldsymbol{A} = -\boldsymbol{Y}_{22}/\boldsymbol{Y}_{21}$，$\boldsymbol{B} = -1/\boldsymbol{Y}_{21}$，$\boldsymbol{C} = -(\boldsymbol{Y}_{11}\boldsymbol{Y}_{22} - \boldsymbol{Y}_{12}\boldsymbol{Y}_{21})/\boldsymbol{Y}_{21}$, $\boldsymbol{D} = -\boldsymbol{Y}_{11}/\boldsymbol{Y}_{21}$ が得られる．よって，$\boldsymbol{F}$ 行列は，$\boldsymbol{Y}$ パラメータを用いて次のようになる．

$$[\boldsymbol{F}] = \begin{bmatrix} \boldsymbol{A} & \boldsymbol{B} \\ \boldsymbol{C} & \boldsymbol{D} \end{bmatrix} = \frac{1}{\boldsymbol{Y}_{21}}\begin{bmatrix} -\boldsymbol{Y}_{22} & -1 \\ -(\boldsymbol{Y}_{11}\boldsymbol{Y}_{22} - \boldsymbol{Y}_{12}\boldsymbol{Y}_{21}) & -\boldsymbol{Y}_{11} \end{bmatrix}$$

11 章

11.1　(1)　時定数は，$\tau = L/R = 100 \times 10^{-3}/50 = 2 \times 10^{-3}$ [s] $= 2$ [ms] となる．

(2)　R, L の両端にかかる電圧 $v_R(t)$, $v_L(t)$ は，それぞれ，式 (11.17), (11.18) より，$v_R(t) = E\{1 - e^{-(R/L)t}\}$, $v_L(t) = Ee^{-(R/L)t}$ で与えられる．題意より，

$$E\{1 - e^{-(R/L)t_0}\} = Ee^{-(R/L)t_0} \quad \therefore \ e^{-(R/L)t_0} = \frac{1}{2}$$

となる．両辺の自然対数をとって，次のようになる．

$$-\frac{R}{L}t_0 = -\ln 2$$

$$\therefore \ t_0 = \frac{L}{R}\ln 2 = \tau \times 0.693 = 2 \times 10^{-3} \times 0.693 = 1.39 \times 10^{-3} \text{ [s]} = 1.39 \text{ [ms]}$$

11.2　(1)　時定数は，$\tau = L/R = 200 \times 10^{-3}/100 = 2 \times 10^{-3}$ [s] $= 2$ [ms] となる．

(2)　式 (11.17) および式 (11.18) より，

$$v_R(t) = E\{1 - e^{-(R/L)t}\} = 20\{1 - e^{-t/(2\times10^{-3})}\} \text{ [V]} \tag{1}$$

$$v_L(t) = Ee^{-(R/L)t} = 20e^{-t/(2\times10^{-3})} \text{ [V]} \tag{2}$$

となる．**解図 11.1** に，式 (1), (2) のグラフを示す．

(3)　式 (1) において，$1 - e^{-T/(2\times10^{-3})} = 0.8$ であればよい．よって，$e^{-T/(2\times10^{-3})} = 0.2$ となる．両辺の自然対数をとって，$-T/(2\times10^{-3}) = \ln 0.2 = -\ln 5$ から，$T = 2\times10^{-3}\ln 5 = 2\times10^{-3}\times1.61 = 3.22\times10^{-3}$ [s] $= 3.22$ [ms] となる．また，T は τ の 1.61 倍となる．

(4)　式 (11.30), (11.31) より，

$$v_R(t) = Ee^{-(R/L)t} = 20e^{-t/(2\times10^{-3})} \text{ [V]} \tag{3}$$

$$v_L(t) = -Ee^{-(R/L)t} = -20e^{-t/(2\times10^{-3})} \text{ [V]} \tag{4}$$

となる．**解図 11.2** に，式 (3), (4) のグラフを示す．

11.3　(1)　時定数は，$\tau = RC = 500 \times 10 \times 10^{-6} = 5 \times 10^{-3}$ [s] $= 5$ [ms] となる．

(2)　R, C の両端にかかる電圧 $v_R(t)$, $v_C(t)$ は，それぞれ，式 (11.43), (11.44) より，$v_R(t) = Ee^{-t/(RC)}$, $v_C(t) = E\{1 - e^{-t/(RC)}\}$ となる．題意より，

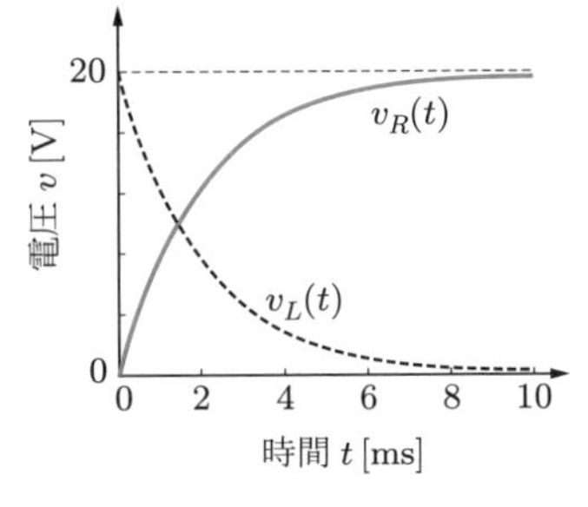

解図 11.1

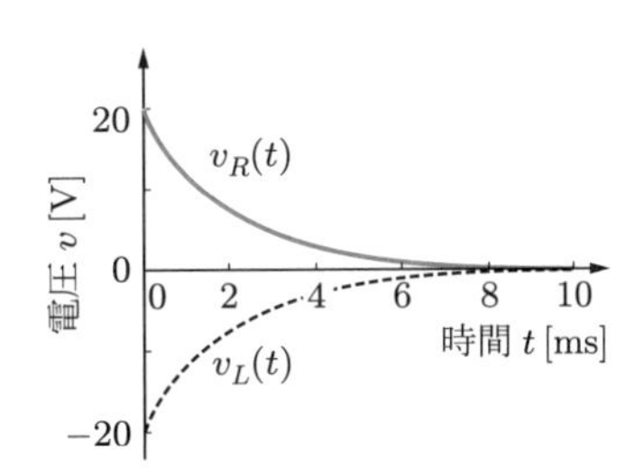

解図 11.2

$$Ee^{-t_0/(RC)} = E\left\{1 - e^{-t_0/(RC)}\right\} \quad \therefore\ e^{-t_0/(RC)} = \frac{1}{2}$$

となる．両辺の自然対数をとって，次のようになる．

$$-\frac{1}{RC}t_0 = -\ln 2 \quad \therefore\ t_0 = RC\ln 2 = \tau \times 0.693 = 3.47\ [\mathrm{ms}]$$

11.4　(1)　時定数は，$\tau = RC = 20 \times 50 \times 10^{-6} = 1 \times 10^{-3}$ [s] $= 1$ [ms] となる．

(2)　式 (11.41) より，$q(t) = CE\left\{1 - e^{-t/(RC)}\right\} = 50 \times 10^{-6} \times 10 \times \left\{1 - e^{-t/(1\times10^{-3})}\right\}$ $= 5 \times 10^{-4} \times \left\{1 - e^{-t/(1\times10^{-3})}\right\}$ [C] となる．**解図 11.3** に，$q(t)$ のグラフを示す．

(3)　式 (11.41) より，$1 - e^{-2\tau/(RC)} = 1 - e^{-2\tau/\tau} = 1 - e^{-2} = 0.865$ 倍になる．

(4)　式 (11.54) より，次のようになる．

$$i(t) = -\frac{E}{R}e^{-t/(RC)} = -\frac{10}{20}e^{-t/(1\times10^{-3})} = -0.5e^{-t/(1\times10^{-3})}\ [\mathrm{A}]$$

解図 11.4 に，$i(t)$ のグラフを示す．

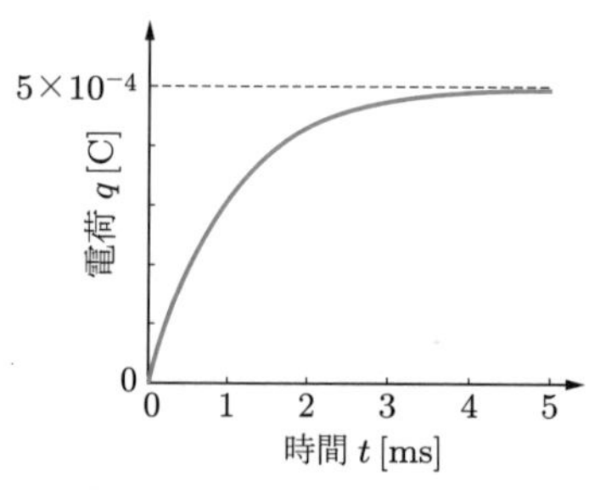

解図 11.3

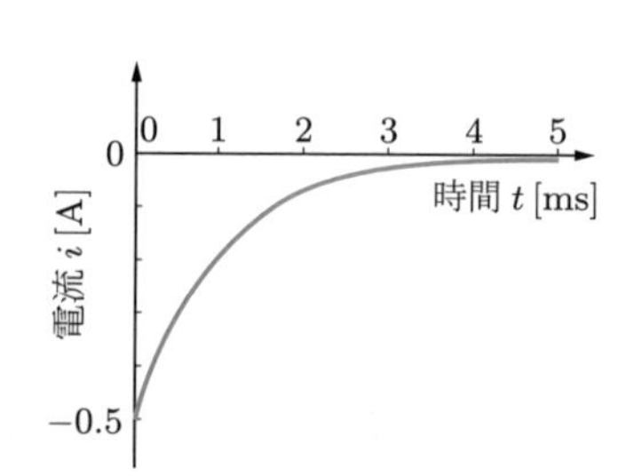

解図 11.4

11.5　$t \leqq 0$ では電流は抵抗 R_2 には流れず，$I = E/R_1$ で与えられる電流がインダクタンス L をもつコイルを流れている．$t \geqq 0$ における抵抗 R_2 を流れる電流 $i(t)$ の時間変化を求める．R_2 と L が作る閉回路に沿ってキルヒホッフの第二法則を適用すると，$L\,\mathrm{d}i(t)/\mathrm{d}t + R_2 i(t) = 0$ が成り立つ．この一般解は，式 (11.26) を参考にして，次のようになる．

$$i(t) = Ae^{-(R_2/L)t} \tag{1}$$

$t = 0$ で $i(0) = I = E/R_1$ という初期条件より，$E/R_1 = A$ となる．これを式 (1) に代入して整理すると，次の解が得られる．

$$i(t) = \frac{E}{R_1}e^{-(R_2/L)t}$$

よって，抵抗 R_2 で消費されるエネルギーは，次のようになる．

$$R_2\int_0^\infty i(t)^2\,\mathrm{d}t = R_2\left(\frac{E}{R_1}\right)^2\int_0^\infty e^{-(2R_2/L)t}\,\mathrm{d}t$$
$$= R_2\left(\frac{E}{R_1}\right)^2\left(-\frac{L}{2R_2}\right)\left[e^{-(2R_2/L)t}\right]_0^\infty = \frac{1}{2}L\left(\frac{E}{R_1}\right)^2 = \frac{1}{2}LI^2$$

これは，コイル L に蓄えられていたエネルギーを表している．

付　録

A.1　三角関数

A.1.1　弧度法

角度の大きさを表す単位として，日常的には度 [°] が用いられる．1 度は，1 回転を 360 等分した角度である．一方，図 **A.1.1** に示すように，半径 r の長さと等しい円周長 $l = r$ に相当する角度を 1 ラジアン [rad] とする弧度法がある．円周の 1 周長は $2\pi r$ であるので，1 回転の角度は 2π [rad] である．

$$1\ [\mathrm{rad}] = \frac{360^\circ}{2\pi} \fallingdotseq 57.3^\circ \tag{A.1.1}$$

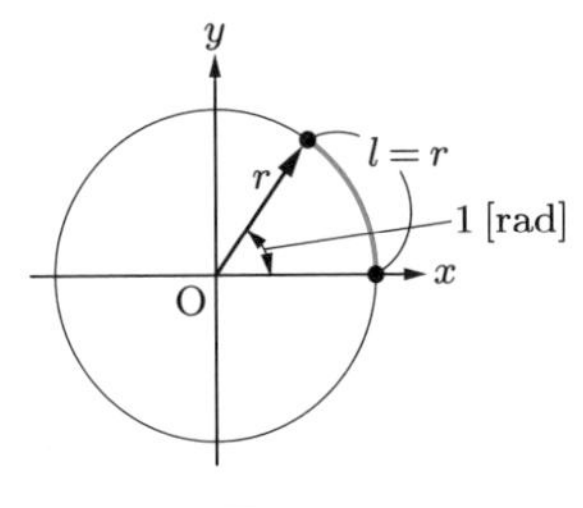

図 **A.1.1**

A.1.2　三角関数の定義

図 **A.1.2** の直角三角形 ABC において，図に示すように各辺の長さと角度を定義するとき，正弦 (sin)，余弦 (cos)，および正接 (tan) は，それぞれ次式で与えられる．

$$\sin\theta = \frac{\mathrm{BC}}{\mathrm{AB}} = \frac{a}{c} \tag{A.1.2}$$

$$\cos\theta = \frac{\mathrm{AC}}{\mathrm{AB}} = \frac{b}{c} \tag{A.1.3}$$

$$\tan\theta = \frac{\mathrm{BC}}{\mathrm{AC}} = \frac{a}{b} \tag{A.1.4}$$

典型的な角度 θ の値に対する正弦，余弦，正接の値を，表 **A.1.1** に示す．

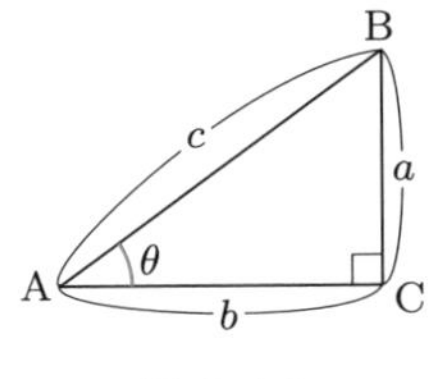

図 **A.1.2**

表 **A.1.1**

ラジアン	0	$\frac{\pi}{6}$	$\frac{\pi}{4}$	$\frac{\pi}{3}$	$\frac{\pi}{2}$
度	0°	30°	45°	60°	90°
sin	0	$\frac{1}{2}$	$\frac{1}{\sqrt{2}}$	$\frac{\sqrt{3}}{2}$	1
cos	1	$\frac{\sqrt{3}}{2}$	$\frac{1}{\sqrt{2}}$	$\frac{1}{2}$	0
tan	0	$\frac{1}{\sqrt{3}}$	1	$\sqrt{3}$	∞

A.1.3 動径と三角関数

図 **A.1.3** において，OP は，xy 平面上の原点 O を中心として，もう一方の端点 P が半径 r の円周上を回転する線分である．この OP を**動径**という．回転角 θ は，x 軸の正の方向 OX を始線として，反時計回りに回転する向きを正と定義する．このとき，次式が成り立つ．

$$\sin\theta = \frac{y}{r} \tag{A.1.5}$$

$$\cos\theta = \frac{x}{r} \tag{A.1.6}$$

$$\tan\theta = \frac{y}{x} \tag{A.1.7}$$

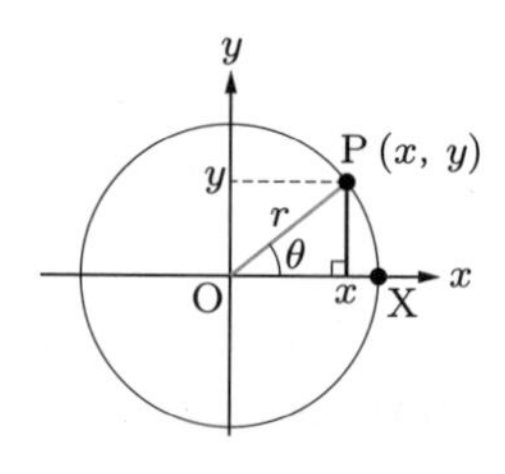

図 **A.1.3**

A.1.4 三角関数の公式

三角関数において，以下の公式が成り立つ．

相互関係

$$\sin^2\theta + \cos^2\theta = 1 \tag{A.1.8}$$

$$\tan\theta = \frac{\sin\theta}{\cos\theta} \tag{A.1.9}$$

$$\sin(-\theta) = -\sin\theta \tag{A.1.10}$$

$$\cos(-\theta) = \cos\theta \tag{A.1.11}$$

$$\tan(-\theta) = -\tan\theta \tag{A.1.12}$$

$$\sin\left(\theta + \frac{\pi}{2}\right) = \cos\theta \tag{A.1.13}$$

$$\cos\left(\theta + \frac{\pi}{2}\right) = -\sin\theta \tag{A.1.14}$$

$$\tan\left(\theta + \frac{\pi}{2}\right) = -\frac{1}{\tan\theta} \tag{A.1.15}$$

$$\sin(\theta + \pi) = -\sin\theta \tag{A.1.16}$$

$$\cos(\theta + \pi) = -\cos\theta \tag{A.1.17}$$

$$\tan(\theta + \pi) = \tan\theta \tag{A.1.18}$$

加法定理

$$\sin(\alpha + \beta) = \sin\alpha\cos\beta + \cos\alpha\sin\beta \tag{A.1.19}$$

$$\sin(\alpha - \beta) = \sin\alpha\cos\beta - \cos\alpha\sin\beta \tag{A.1.20}$$

$$\cos(\alpha + \beta) = \cos\alpha\cos\beta - \sin\alpha\sin\beta \tag{A.1.21}$$

$$\cos(\alpha - \beta) = \cos\alpha\cos\beta + \sin\alpha\sin\beta \tag{A.1.22}$$

倍角および半角の公式

$$\sin 2\alpha = 2\sin\alpha\cos\alpha \tag{A.1.23}$$

$$\cos 2\alpha = \cos^2\alpha - \sin^2\alpha \tag{A.1.24}$$

$$\sin^2\left(\frac{\alpha}{2}\right) = \frac{1 - \cos\alpha}{2} \tag{A.1.25}$$

$$\cos^2\left(\frac{\alpha}{2}\right) = \frac{1 + \cos\alpha}{2} \tag{A.1.26}$$

和を積に直す公式

$$\sin\alpha + \sin\beta = 2\sin\frac{\alpha + \beta}{2}\cos\frac{\alpha - \beta}{2} \tag{A.1.27}$$

$$\sin\alpha - \sin\beta = 2\cos\frac{\alpha + \beta}{2}\sin\frac{\alpha - \beta}{2} \tag{A.1.28}$$

$$\cos\alpha + \cos\beta = 2\cos\frac{\alpha + \beta}{2}\cos\frac{\alpha - \beta}{2} \tag{A.1.29}$$

$$\cos\alpha - \cos\beta = -2\sin\frac{\alpha + \beta}{2}\sin\frac{\alpha - \beta}{2} \tag{A.1.30}$$

積を和に直す公式

$$\sin\alpha\cos\beta = \frac{1}{2}\{\sin(\alpha + \beta) + \sin(\alpha - \beta)\} \tag{A.1.31}$$

$$\cos\alpha\sin\beta = \frac{1}{2}\{\sin(\alpha + \beta) - \sin(\alpha - \beta)\} \tag{A.1.32}$$

$$\cos\alpha\cos\beta = \frac{1}{2}\{\cos(\alpha + \beta) + \cos(\alpha - \beta)\} \tag{A.1.33}$$

$$\sin\alpha\sin\beta = -\frac{1}{2}\{\cos(\alpha + \beta) - \cos(\alpha - \beta)\} \tag{A.1.34}$$

A.2　マクローリン展開

関数 $f(x)$ が $x = 0$ を含むある区間において無限回微分可能であり，かつ，いわゆる剰余項が $n \to \infty$ で 0 に収束する場合には，$f(x)$ は次のように展開できる．

$$f(x) = f(0) + \frac{f'(0)}{1!}x + \frac{f''(0)}{2!}x^2 + \cdots + \frac{f^{(n)}(0)}{n!}x^n + \cdots \tag{A.2.1}$$

これをマクローリン展開という．

本書で取り上げるおもな関数のマクローリン展開を，以下に示す．

$$e^x = 1 + \frac{x}{1!} + \frac{x^2}{2!} + \cdots + \frac{x^n}{n!} + \cdots \tag{A.2.2}$$

$$\sin x = x - \frac{x^3}{3!} + \frac{x^5}{5!} - \cdots + (-1)^n \frac{x^{2n+1}}{(2n+1)!} + \cdots \tag{A.2.3}$$

$$\cos x = 1 - \frac{x^2}{2!} + \frac{x^4}{4!} - \cdots + (-1)^n \frac{x^{2n}}{(2n)!} + \cdots \tag{A.2.4}$$

$$\log_e(1+x) = \ln(1+x) = x - \frac{x^2}{2} + \frac{x^3}{3} - \cdots + (-1)^n \frac{x^{n+1}}{n+1} + \cdots \tag{A.2.5}$$

A.3　クラメールの公式

クラメールの公式は，未知数と方程式の個数が等しい連立 1 次方程式を機械的に解く方法である．ここでは，本書にしばしば現れる，未知数が 3 個の場合について説明する．

これら未知数を x_1, x_2, x_3 として，次の連立 1 次方程式を考える．

$$\left.\begin{aligned} a_{11}x_1 + a_{12}x_2 + a_{13}x_3 &= b_1 \\ a_{21}x_1 + a_{22}x_2 + a_{23}x_3 &= b_2 \\ a_{31}x_1 + a_{32}x_2 + a_{33}x_3 &= b_3 \end{aligned}\right\} \tag{A.3.1}$$

この連立 1 次方程式は，行列を用いて表現すると次のようになる．

$$\begin{bmatrix} a_{11} & a_{12} & a_{13} \\ a_{21} & a_{22} & a_{23} \\ a_{31} & a_{32} & a_{33} \end{bmatrix} \begin{bmatrix} x_1 \\ x_2 \\ x_3 \end{bmatrix} = \begin{bmatrix} b_1 \\ b_2 \\ b_3 \end{bmatrix} \tag{A.3.2}$$

左辺に現れている 3×3 行列の行列式を Δ とおく．

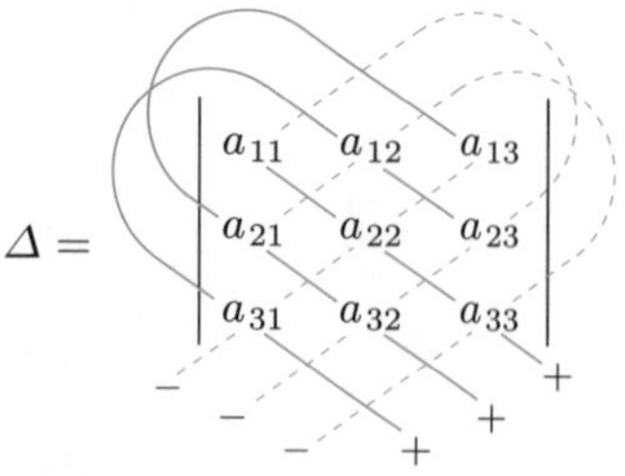

$$\Delta = \begin{vmatrix} a_{11} & a_{12} & a_{13} \\ a_{21} & a_{22} & a_{23} \\ a_{31} & a_{32} & a_{33} \end{vmatrix}$$

− − − + + +

$$
\begin{aligned}
&= a_{11}a_{22}a_{33} + a_{21}a_{32}a_{13} + a_{31}a_{12}a_{23} \\
&\quad - a_{31}a_{22}a_{13} - a_{21}a_{12}a_{33} - a_{11}a_{32}a_{23}
\end{aligned}
\tag{A.3.3}
$$

すなわち，3×3 行列の行列式の計算結果は，式 (A.3.3) に示すように，3 個の行列要素を乗算し符号をつけたもの 6 組で構成されている．右下から左上に向かう実線に沿っての乗算を行ったものには $+$，左下から右上に向かう破線に沿っての乗算を行ったものには $-$ をつける，と覚えておくと便利である．

未知数 x_j (ただし $j = 1, 2, 3$) は，次のようにして求める．先ほど計算した行列式 Δ を分母にし，分子には，行列の j 番目の列ベクトルを式 (A.3.2) の右辺の列ベクトルで置き換えた行列の行列式をもってくる．x_1 について具体的に書き下すと，次のようになる．

$$
\begin{aligned}
x_1 &= \frac{1}{\Delta}\begin{vmatrix} b_1 & a_{12} & a_{13} \\ b_2 & a_{22} & a_{23} \\ b_3 & a_{32} & a_{33} \end{vmatrix} \\
&= \frac{b_1a_{22}a_{33} + b_2a_{32}a_{13} + b_3a_{12}a_{23} - b_3a_{22}a_{13} - b_2a_{12}a_{33} - b_1a_{32}a_{23}}{a_{11}a_{22}a_{33} + a_{21}a_{32}a_{13} + a_{31}a_{12}a_{23} - a_{31}a_{22}a_{13} - a_{21}a_{12}a_{33} - a_{11}a_{32}a_{23}}
\end{aligned}
\tag{A.3.4}
$$

同様にして，x_2, x_3 は次のようになる．

$$
x_2 = \frac{1}{\Delta}\begin{vmatrix} a_{11} & b_1 & a_{13} \\ a_{21} & b_2 & a_{23} \\ a_{31} & b_3 & a_{33} \end{vmatrix} \tag{A.3.5}
$$

$$
x_3 = \frac{1}{\Delta}\begin{vmatrix} a_{11} & a_{12} & b_1 \\ a_{21} & a_{22} & b_2 \\ a_{31} & a_{32} & b_3 \end{vmatrix} \tag{A.3.6}
$$

なお，未知数が 2 個の場合についても，以下に，その結果だけをまとめておく．

$$
\begin{bmatrix} a_{11} & a_{12} \\ a_{21} & a_{22} \end{bmatrix} \begin{bmatrix} x_1 \\ x_2 \end{bmatrix} = \begin{bmatrix} b_1 \\ b_2 \end{bmatrix} \tag{A.3.7}
$$

に対して，次のようになる．

$$
\Delta = \begin{vmatrix} a_{11} & a_{12} \\ a_{21} & a_{22} \end{vmatrix} = a_{11}a_{22} - a_{12}a_{21} \tag{A.3.8}
$$

$$
x_1 = \frac{1}{\Delta}\begin{vmatrix} b_1 & a_{12} \\ b_2 & a_{22} \end{vmatrix} = \frac{b_1a_{22} - b_2a_{12}}{a_{11}a_{22} - a_{12}a_{21}} \tag{A.3.9}
$$

$$
x_2 = \frac{1}{\Delta}\begin{vmatrix} a_{11} & b_1 \\ a_{21} & b_2 \end{vmatrix} = \frac{b_2a_{11} - b_1a_{21}}{a_{11}a_{22} - a_{12}a_{21}} \tag{A.3.10}
$$

参考文献

[1] 服藤憲司：例題と演習で学ぶ 電気回路 第 2 版，森北出版 (2017)
[2] 服藤憲司：例題と演習で学ぶ 続・電気回路 第 2 版，森北出版 (2017)
[3] 五十嵐満：電気回路［1］，森北出版 (1998)
[4] 三浦光：ポイントで学ぶ電気回路 直流・交流基礎編，昭晃堂 (2008)・コロナ社 (2015)
[5] 三浦光：ポイントで学ぶ電気回路 交流活用編，昭晃堂 (2010)・コロナ社 (2015)
[6] 家村道雄，原谷直実，中原正俊，松岡剛志：入門電気回路 基礎編，オーム社 (2005)
[7] 家村道雄，村田勝昭，園田義人，原谷直実，松岡剛志：入門電気回路 発展編，オーム社 (2005)
[8] 西巻正郎，森武昭，荒井俊彦：電気回路の基礎 第 3 版，森北出版 (2014)
[9] 西巻正郎，下川博文，奥村万規子：続電気回路の基礎 第 3 版，森北出版 (2014)
[10] 大野克郎，西哲生：大学課程 電気回路 (1) 第 3 版，オーム社 (1999)
[11] 尾崎弘：大学課程 電気回路 (2) 第 3 版，オーム社 (2000)
[12] 雨宮好文：基礎電気回路，オーム社 (1991)
[13] 佐治學：電気回路 A 改訂 2 版，オーム社 (2003)
[14] 金原粲監修，加藤政一，和田成夫，佐野雅敏，田井野徹，鷹野致和，高田進：電気回路 改訂版，実教出版 (2016)
[15] 山本弘明，高橋謙三，谷口秀次，森幹男：電気回路，共立出版 (2008)
[16] 大下眞二郎：詳解電気回路演習（上），共立出版 (1979)
[17] 大下眞二郎：詳解電気回路演習（下），共立出版 (1980)
[18] 飯田修一，大野和郎，神前熙，熊谷寛夫，沢田正三：新版 物理定数表，朝倉書店 (1978)
[19] 森口繁一，宇田川銈久，一松信：数学公式 I，II，III，岩波書店 (1987)
[20] 和田秀三，岩田恒一，大野芳希，酒井隆：線形代数学，廣川書店 (1972)
[21] 御園生善尚，渡利千波，斎藤偵四郎，望月望：大学課程 解析学大要，養賢堂 (1973)
[22] 矢野健太郎，石原繁：科学技術者のための基礎数学（新版），裳華房 (1982)
[23] 矢嶋信男：常微分方程式，岩波書店 (1989)

索　引

記号・英数字

1 次側　128
2 次側　129
2 端子対回路　138
4 端子定数　149
π 形回路　145
F 行列　149
F パラメータ　149
Q 値　111, 118
RC 直列回路　69
RLC 直列回路　72
RLC 並列回路　76
RL 直列回路　66
T 形回路　140
Y 行列　144
Y パラメータ　144
Z 行列　139
Z の大きさ　40
Z の絶対値　40
Z パラメータ　139

あ　行

アドミタンス　77
アドミタンス軌跡　120
アドミタンス行列　144
アドミタンスパラメータ　144
アンペア　4
位相　33
位相が遅れている　36
位相が進んでいる　36
位相差　36
一般解　161
インダクタンス　56
インピーダンス　63
インピーダンス軌跡　115
インピーダンス行列　139
インピーダンスパラメータ　139
ウィーンブリッジ回路　126
ウェーバ　127
枝電流　20
枝電流法　91
枝路　20
オイラーの公式　42
オーウェンブリッジ回路　123
オーム　9
オームの法則　8

か　行

回転オペレータ　46
回転ベクトル　48
開放　14
開放駆動点インピーダンス　140
開放伝達インピーダンス　140
回路の線形性　99
回路網　20, 138
回路要素　2
加極性　130
角周波数　33
角速度　33
重ね合わせの理　99
過渡解　162
過渡現象　161
過渡状態　161
起電力　5
逆起電力　57
キャパシタンス　60
共振角周波数　109, 117
共振曲線　112
共振周波数　109, 117
共振電圧　118
共振電流　110
共通の電圧　15
共通の電流　14
共役な関係　44
共役複素数　44
極形式　41, 42
極座標形式　41, 42
極性　130
虚軸　40
虚数軸　40

虚数単位 39
虚部 40
キルヒホッフの法則 20
キロワット時 7
クラメールの公式 92, 210
クーロン 3
減極性 130
合成インダクタンス 135
合成抵抗 15
交流 1, 32
交流回路 99
交流電力 84
弧度法 207
コンダクタンス 11, 77
コンデンサ 59

さ 行

最大値 33
最大電力 29
最大電力の法則 29
サセプタンス 77
差動結合 131
自己インダクタンス 56, 127
自己誘導 127
指数関数形式 42
実効値 38
実軸 40
実数軸 40
実部 40
時定数 165, 173
ジーメンス 11, 77
周期 33
縦続接続 151
自由電子 3
周波数 34
ジュール 6, 7
瞬時値 33
瞬時電圧 33
瞬時電力 84
初期位相 36
初期条件 162
振幅 33
正イオン 9
正弦 207
正弦波曲線 34
正弦波交流 32
正弦波交流の複素数表示 48
静止ベクトル 49
正接 207
静電エネルギー 177
静電容量 60
接地 97
節点 14, 20
節点電位法 97
尖鋭度 111, 118
線形 99
線形素子 99
相互インダクタンス 128
相互誘導 128
相互誘導回路 128
双対性 105
相反性 153

た 行

対称性 153
端子 14
端子対 138
端子電圧 17
短絡 14
短絡駆動点アドミタンス 144, 145
短絡伝達アドミタンス 144, 145
直流 1
直列共振条件 109
直列接続 13, 14, 143
直交座標形式 40
抵抗 8
抵抗率 9
定常解 162
定常状態 161
定数係数線形微分方程式 161
定電圧源 25
定電流源 25
テブナンの定理 102
電圧 5
電圧共振 110
電圧計 31
電圧源 25
電圧降下 18
電圧上昇 18
電圧伝送係数 149
電位 5
電位差 5

電荷 3
電気回路 2
電気素量 3
電気抵抗 8
電気量 3
電子 3
電磁エネルギー 170
伝送行列 149
伝達アドミタンス 149
伝達インピーダンス 149
電流 2
電流共振 117
電流計 31
電流源 25
電流伝送係数 150
電力 7
電力量 7
度 207
等価電圧源 103
等価電圧源の定理 103
等価電流源 106
等価電流源の定理 106
動径 208
特解 161
トランス 132

な 行

内部アドミタンス 105
内部インピーダンス 102
内部抵抗 23
ノートンの定理 105

は 行

バール 85
半値幅 112, 119
皮相電力 85
ファラデーの電磁誘導の法則 56
ファラド 60
フェーザ 41
フェーザ形式 41
フェーザ図 50
負荷アドミタンス 105
負荷インピーダンス 102
負荷抵抗 23
複素電圧 48
複素電流 48
複素電力 87
複素平面 40
ブリッジ回路 122
ブリッジ回路の平衡条件 122
分圧の法則 17
分流の法則 19
閉回路 21
平均値 37
並列共振条件 116
並列接続 14, 15, 147
閉路 21
閉路電流 94
閉路電流法 94
ベクトル図 67, 79
ヘルツ 34
変圧器 132, 159
偏角 40
ヘンリー 56
補助解 161
ボルト 5
ボルトアンペア 85

ま 行

マクスウェルブリッジ回路 126
マクローリン展開 210
無効電力 85

や 行

有効電力 84
誘導性 110
誘導性リアクタンス 58
容量性 110
容量性リアクタンス 61
余弦 207

ら 行

ラジアン 207
力率 85
力率改善 86
力率角 85

わ 行

ワット 7
和動結合 130

著 者 略 歴

服藤　憲司（はらふじ・けんじ）

1977 年　東北大学工学部卒業
1982 年　東北大学大学院工学研究科博士後期課程修了
　　　　工学博士（東北大学）
1987 年　松下電器産業株式会社 半導体研究センター
2006 年　高松工業高等専門学校 教授
2008 年　立命館大学理工学部電気電子工学科 教授
2020 年　立命館大学理工学部 特別任用教授
　　　　現在に至る

編集担当　宮地亮介（森北出版）
編集責任　富井　晃（森北出版）
組　　版　プレイン
印　　刷　丸井工文社
製　　本　　同

2020 年 9 月 30 日　第 1 版第 1 刷発行

著　　者　服藤憲司
発 行 者　森北博巳
発 行 所　森北出版株式会社
東京都千代田区富士見 1-4-11（〒102-0071）
電話 03-3265-8341／FAX 03-3264-8709
https://www.morikita.co.jp/
日本書籍出版協会・自然科学書協会　会員
JCOPY ＜(一社)出版者著作権管理機構 委託出版物＞

落丁・乱丁本はお取替えいたします.

Printed in Japan／ISBN978-4-627-78711-7